Java 编程动手学

汪建 汪立 著

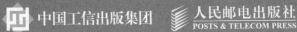

图书在版编目（CIP）数据

Java编程动手学 / 汪建，汪立著. -- 北京：人民邮电出版社，2023.9
ISBN 978-7-115-61739-2

Ⅰ. ①J… Ⅱ. ①汪… ②汪… Ⅲ. ①JAVA语言－程序设计 Ⅳ. ①TP312.8

中国国家版本馆CIP数据核字(2023)第083099号

内 容 提 要

这是一本讲解Java基本语法的书，全书始终从初学者的角度，用通俗易懂的语言和形象生动的例子来讲解Java基础知识，让读者能轻松快速掌握。

本书共分为12章，首先介绍Java语言的基本情况；然后介绍如何在Windows、Linux和macOS三种操作系统中安装Java和集成开发环境以及JShell交互式编程；接着讲解Java的一些常见概念和数据类型以及Java的八大类运算符、各种表达式和语句；之后介绍类和对象这两个核心概念，数组与集合的概念和使用，Java常用工具类，以及Java的异常处理、注解以及泛型机制；最后讲解Java的文件与I/O的相关操作以及Java多线程和网络编程。

本书适合Java入门人员、初级开发人员以及想巩固Java基础的人阅读，也可作为自学Java或者正在参加Java培训的人员的参考书。

◆ 著　　汪建 汪立
责任编辑　傅道坤
责任印制　王 郁

◆ 人民邮电出版社出版发行　　北京市丰台区成寿寺路11号
邮编 100164　　电子邮件 315@ptpress.com.cn
网址 https://www.ptpress.com.cn
三河市君旺印务有限公司印刷

◆ 开本：800×1000　1/16
印张：19.75　　　　　　　2023年9月第1版
字数：484千字　　　　　　2023年9月河北第1次印刷

定价：89.90元

读者服务热线：(010)81055410　印装质量热线：(010)81055316
反盗版热线：(010)81055315
广告经营许可证：京东市监广登字20170147号

作者简介

汪建（笔名 seaboat），拥有 10 年以上的软件开发经验，擅长 Java、Python 和 C++等编程语言，从事各类业务系统、中间件、基础架构、人工智能系统等研发工作。目前负责一个人工智能团队，致力于开发各种人工智能能力并赋能到业务系统中。精研工程算法、人工智能算法、自然语言处理、计算机视觉、架构、分布式、高并发、大数据、搜索引擎等方面的技术。平时喜欢看书、运动、写作、编程、绘画。崇尚技术自由，思想开放。著有《图解 Java 并发编程》《图解数据结构与算法》《Tomcat 内核设计剖析》。

个人博客：blog.csdn.net/wangyangzhizhou

个人公众号：远洋号

汪立，拥有多年的大型系统开发经验，对 Java 语言及生态有浓厚的兴趣，对 Spring、Spring Boot、Spring MVC、Spring Cloud、MyBatis、Dubbo、ZooKeeper 等有较深入的研究，熟悉常用消息中间件（RocketMQ、Kafka、Elasticsearch、Redis）的使用及原理。此外，对 JVM 和分布式技术也有一定的研究，并持续关注 Java 开源技术的发展。

致谢

感谢读者,您的阅读让本书更有价值。

感谢公司提供的平台让我得到了很多学习和成长的机会。

感谢人民邮电出版社的傅道坤编辑一直以来给我的帮助和机会,如果没有他帮我出版第一本书,也就不会有后续的作品。

感谢好兄弟汪立花费很多时间和精力跟我一起完成本书的编写和内容审核。

感谢一直默默支持我的家人,你们让我能专心写作,让我的世界拥有更多色彩。

在此,也希望我可爱的儿子和女儿能健康快乐地成长。

前言

记得早在 2017 年，在我跟人民邮电出版社的傅道坤编辑合作完《Tomcat 内核设计剖析》这本书后，他就邀请我写一本面向 Java 初学者的图书，书的定位是专门为无 Java 基础的人提供入门指导。当时我谢绝了邀请，一来我当时已经把大部分精力投入人工智能相关的学习和研究上，二来我一直觉得市面上 Java 入门书已经很多了，我不觉得在时间和精力都比较受限的情况下能写得比那几本经典的图书好，况且写入门级的教程对我自己而言没有什么太大的意义。其间我又陆续跟傅编辑合作出版了另外两本书，还有一本人工智能科普书也快完稿了。转眼到 2021 年，此时傅编辑又问我要不要考虑写一本面向 Java 初学者的书，这一次我欣然地接受了这个任务。回望这些年，我写的书都是面向中高级开发人员的，冥冥之中觉得现在是时候写一本入门书了。

Java 从 1995 年正式发布第一个版本开始到现在已有近 30 年，经过几十年的发展，它已经成为互联网时代主要的开发语言之一。如今整个 Java 生态已经相当繁荣，开发者数量也达到千万级，可见其在开发领域的受欢迎程度。近些年 Java 始终保持着快速的发展趋势，整个 Java 社区非常活跃且大版本的发布保持着很高的频率。虽然 Java 不断受到其他编程语言的挑战，但仍然一直在编程语言排行榜中位居前三名，这也足以证明它的生命力之顽强。

最早 Java 诞生的本意是用于智能电器，然而没有在该领域取得太大的成功。后来由于互联网兴起，Java 凭借跨平台和面向网络的特性突然火了起来，当然这其中有一个非常重要的原因就是代码开源。Java 最初的设计理念是"编写一次，到处运行"（Write Once, Run Anywhere），也就是说不管是什么硬件、什么操作系统，只要安装了 Java 运行环境就可以运行已经编译好的 Java 程序，而且不必针对硬件和操作系统重新进行编译。如今 Java 主要应用于移动端和服务器端的开发，移动端主要是安卓，而服务器端则是企业的业务系统、中间件和大数据组件等。从应用范围和发展趋势来看，开发者学会使用 Java 是非常有必要的。

本书具备如下特点。

- 本书鼓励你一定要动手，跟着书中代码一个个字母敲起来！
- 本书的定位是对 Java 基本语法的讲解，始终从初学者的角度，用通俗易懂的语言和形象生动的例子来讲解 Java 基础知识。
- 本书秉承"talk is cheap, show me the code"的极客精神，全书给出了数百个代码示例，对于每个细小的知识点都提供相应的代码。
- 本书非常适合自学，每节都有"考考你"和"动手做一做"两项任务，只要读者积极思考并动手完成任务便能快速掌握相关知识点。

组织结构

全书共分为 12 章，具体如下。

- 第 1 章，走进 Java 世界：介绍了 Java 语言的基本情况、Java 的发展史、如何选择 Java 版本以及 Java 语言的特性，同时讲解了 JVM、JRE 和 JDK 三个容易混淆的概念之间的关系，还介绍了 Java 的执行机制，最后介绍了 Java 的应用领域。
- 第 2 章，开发环境：介绍了如何在 Windows、Linux 和 macOS 三种操作系统中安装 Java，然后通过第一个 Java 程序让我们第一次接触 Java 代码，接着介绍如何安装 IDEA 编程开发环境，最后介绍了 JShell 工具的使用。
- 第 3 章，基础知识：介绍了 Java 语言的基础知识，包括注释、标识符、关键字、变量、常量、数据类型、整数类型、浮点类型、字符类型、布尔类型、隐式类型转换以及显式类型转换。
- 第 4 章，运算符：讲解了 Java 八大类运算符，包括算术运算符、关系运算符、自增自减运算符、逻辑运算符、位逻辑运算符、移位运算符、赋值运算符及其他运算符，同时也分析了运算符的优先级。
- 第 5 章，表达式与语句：介绍了 Java 的表达式、语句、语句块以及程序的执行顺序，然后详细介绍了 if 条件分支语句、switch 条件分支语句、for 循环语句、while 循环语句、do-while 循环语句和 return 语句。
- 第 6 章，类与对象（上）：介绍了 Java 这门面向对象编程的类与对象这两部分核心内容，讲解了面向对象编程、Java 类的组成、如何通过类来创建对象、Java 的包、类的封装性、static 关键字、null 关键字、无名称对象、对象的克隆以及对象的序列化和反序列化等。
- 第 7 章，类与对象（下）：讲解了类的继承、super 关键字、final 关键字、重写方法、重载方法、多态性、instanceof 关键字、抽象类、接口、枚举以及内部类等。
- 第 8 章，数组与集合：首先介绍了数组概念，从一维数组到二维数组，再到三维及更高维的数组，Java 的数组类以及如何进行数组复制操作，然后介绍了 Java 的集合，包括列表类、集合类、映射类、队列类、堆栈类以及集合工具类。
- 第 9 章，Java 常用工具类：介绍了 Java 常用的类，包括字符串类、运行环境类、系统类、基本数据类型包装类、数学类、随机数类、扫描类、日期类以及正则表达式。
- 第 10 章，异常、注解与泛型：首先介绍了 Java 语言的异常处理机制，包括 try-catch 组合、try-multi-catch 组合、try-catch-finally 组合、throw 关键字以及 throws 关键字，然后介绍了 @Override、@Deprecated 和 @SuppressWarnings 三个注解。最后介绍了 Java 的泛型，包括泛型方法、泛型类型和泛型接口。
- 第 11 章，文件与 I/O：讲解了 Java 中的文件和 I/O 操作，文件方面包括 File 文件类实现文件和目录的创建、删除、重命名，获取文件属性以及遍历文件目录等，I/O 方面包括输入输出类、文件和对象输入输出以及文件读写器。
- 第 12 章，多线程与网络编程：首先介绍了 Java 语言多线程编程，包括进程、线程、多线程机制、线程生命周期、线程的创建、线程的优先级、守护线程、线程的休眠以及 synchronized 关键字，然后介绍了网络编程基础知识，包括各种网络协议、套接字、通信编程以及广播通信等。

目标读者

- 想快速入门 Java 编程的人士。
- 想自学 Java 编程的人士。
- 初级和中级程序开发人员。
- 在校学生或正在参加 Java 培训的人士。
- 想巩固 Java 基础的人士。

意见反馈

在交稿时，我仍在担心本书是否遗漏了某些知识点，内容是否翔实齐备，是否能让读者有更多收获，是否会因自己理解上的偏差而误导读者。由于写作水平和写作时间所限，本书中难免存在错漏，恳请读者指正。

读者可将意见及建议发送到邮箱 wyzz8888@foxmail.com，本书相关的勘误也会发布到我的个人博客 blog.csdn.net/wangyangzhizhou 上。欢迎读者通过邮件或博客与我交流。

资源与支持

资源获取

本书提供如下资源：
- 本书源代码；
- "考考你"与"动手做一做"答案；
- 本书思维导图；
- 异步社区 7 天 VIP 会员。

要获得以上资源，您可以扫描下方二维码，根据指引领取。

提交勘误

作者和编辑尽最大努力来确保书中内容的准确性，但难免会存在疏漏。欢迎您将发现的问题反馈给我们，帮助我们提升图书的质量。

当您发现错误时，请登录异步社区（https://www.epubit.com/），按书名搜索，进入本书页面，点击"发表勘误"，输入勘误信息，点击"提交勘误"按钮即可（见下图）。本书的作者和编辑会对您提交的勘误进行审核，确认并接受后，您将获赠异步社区的 100 积分。积分可用于在异步社区兑换优惠券、样书或奖品。

与我们联系

我们的联系邮箱是contact@epubit.com.cn。

如果您对本书有任何疑问或建议,请您发邮件给我们,并请在邮件标题中注明本书书名,以便我们更高效地做出反馈。

如果您有兴趣出版图书、录制教学视频,或者参与图书翻译、技术审校等工作,可以发邮件给我们。

如果您所在的学校、培训机构或企业,想批量购买本书或异步社区出版的其他图书,也可以发邮件给我们。

如果您在网上发现有针对异步社区出品图书的各种形式的盗版行为,包括对图书全部或部分内容的非授权传播,请您将怀疑有侵权行为的链接发邮件给我们。您的这一举动是对作者权益的保护,也是我们持续为您提供有价值的内容的动力之源。

关于异步社区和异步图书

"异步社区"(www.epubit.com)是由人民邮电出版社创办的IT专业图书社区,于2015年8月上线运营,致力于优质内容的出版和分享,为读者提供高品质的学习内容,为作译者提供专业的出版服务,实现作者与读者在线交流互动,以及传统出版与数字出版的融合发展。

"异步图书"是异步社区策划出版的精品IT图书的品牌,依托于人民邮电出版社在计算机图书领域30余年的发展与积淀。异步图书面向IT行业以及各行业使用IT技术的用户。

目录

第1章 走进 Java 世界 ·················· 1
- 1.1 Java 介绍 ······················· 1
- 1.2 Java 发展史 ······················ 2
- 1.3 如何选择 Java 版本 ··············· 4
- 1.4 Java 语言的特性 ················· 5
- 1.5 JVM、JRE 与 JDK ·················· 6
- 1.6 Java 执行机制 ···················· 8
- 1.7 Java 的应用领域 ················· 11

第2章 开发环境 ······················· 14
- 2.1 安装 Java 环境 ·················· 14
  - 2.1.1 Windows 系统下安装 JDK ······ 14
  - 2.1.2 Linux 系统下安装 JDK ········ 18
  - 2.1.3 macOS 系统下安装 JDK ········ 20
- 2.2 第一个 Java 程序 ················ 21
  - 2.2.1 Java 编程的一般步骤 ········· 21
  - 2.2.2 编写运行 HelloJava ·········· 22
  - 2.2.3 初步了解代码 ················ 22
- 2.3 安装 IDEA ······················· 24
- 2.4 JShell 交互式编程 ················ 28
  - 2.4.1 为什么要使用 JShell ········· 28
  - 2.4.2 JShell 执行代码片段 ········· 29
  - 2.4.3 JShell 常用命令 ············· 31

第3章 基础知识 ······················· 33
- 3.1 注释 ···························· 33
  - 3.1.1 单行注释 ···················· 33
  - 3.1.2 多行注释 ···················· 34
  - 3.1.3 文档注释 ···················· 34
- 3.2 标识符和关键字 ·················· 35
- 3.3 变量 ···························· 38
  - 3.3.1 变量的声明与赋值 ············ 39
- 3.3.2 三类变量 ···················· 39
- 3.4 常量 ···························· 41
- 3.5 Java 的数据类型 ················· 43
- 3.6 整数类型 ························ 45
  - 3.6.1 整数类型的选择 ·············· 46
  - 3.6.2 默认整型 ···················· 46
  - 3.6.3 为什么要加 L ················ 47
  - 3.6.4 不同进制写法 ················ 48
- 3.7 浮点类型 ························ 48
- 3.8 字符类型 ························ 50
  - 3.8.1 定义字符型 ·················· 50
  - 3.8.2 与整型互相转换 ·············· 51
  - 3.8.3 Unicode 方式赋值 ············ 52
- 3.9 布尔类型 ························ 53
- 3.10 类型转换 ······················· 54
  - 3.10.1 隐式类型转换 ··············· 54
  - 3.10.2 显式类型转换 ··············· 56

第4章 运算符 ························· 59
- 4.1 算术运算符 ······················ 59
  - 4.1.1 加法运算符 ·················· 59
  - 4.1.2 减法运算符 ·················· 60
  - 4.1.3 乘法运算符 ·················· 61
  - 4.1.4 除法运算符 ·················· 61
  - 4.1.5 取余运算符 ·················· 62
- 4.2 关系运算符 ······················ 63
- 4.3 自增和自减运算符 ················ 65
- 4.4 逻辑运算符 ······················ 67
  - 4.4.1 与运算符 ···················· 67
  - 4.4.2 或运算符 ···················· 68
  - 4.4.3 非运算符 ···················· 69
- 4.5 位逻辑运算符 ···················· 70
- 4.6 移位运算符 ······················ 72

- 4.6.1 右移位运算 ……………………72
- 4.6.2 左移位运算 ……………………73
- 4.6.3 无符号右移位运算 ……………74
- 4.7 赋值运算符 …………………………75
- 4.8 其他运算符 …………………………78
  - 4.8.1 条件运算符 ……………………78
  - 4.8.2 括号运算符 ……………………78
  - 4.8.3 正/负运算符 …………………79
  - 4.8.4 instanceof 运算符 ……………79
- 4.9 运算符优先级 ………………………80

第 5 章 表达式与语句 …………………83

- 5.1 表达式、语句、语句块 ……………83
  - 5.1.1 表达式 ……………………………83
  - 5.1.2 语句 ………………………………84
  - 5.1.3 语句块 ……………………………85
- 5.2 程序执行顺序 ………………………86
  - 5.2.1 默认执行顺序 ……………………86
  - 5.2.2 分支执行顺序 ……………………86
  - 5.2.3 循环执行顺序 ……………………87
- 5.3 if 条件分支语句 ……………………89
  - 5.3.1 if 结构 ……………………………89
  - 5.3.2 if-else 结构 ………………………90
  - 5.3.3 if-else-if 结构 ……………………91
  - 5.3.4 嵌套 if 结构 ……………………92
- 5.4 switch 条件分支语句 ………………94
  - 5.4.1 switch 的使用 ……………………94
  - 5.4.2 break 的语义 ……………………96
- 5.5 for 循环语句 …………………………97
  - 5.5.1 for 语句语法 ……………………97
  - 5.5.2 for 语句流程 ……………………98
  - 5.5.3 嵌套 for 语句 ……………………100
  - 5.5.4 break 与 continue ………………100
- 5.6 while 循环语句 ………………………101
  - 5.6.1 while 语句语法 …………………101
  - 5.6.2 break 与 continue ………………102
- 5.7 do-while 循环语句 …………………103
  - 5.7.1 do-while 语句语法 ……………104
- 5.7.2 break 与 continue ………………104
- 5.7.3 while 与 do-while 有什么不同 …………………………………105
- 5.8 return 语句 …………………………105

第 6 章 类与对象（上）………………108

- 6.1 面向对象编程 ………………………108
- 6.2 面向对象的基本概念 ………………109
- 6.3 Java 类与对象 ………………………111
  - 6.3.1 定义 Java 类 ……………………111
  - 6.3.2 创建对象 …………………………113
  - 6.3.3 对象的初始化 ……………………114
  - 6.3.4 类的主方法 ………………………115
- 6.4 类的成员方法 ………………………117
  - 6.4.1 方法的构成 ………………………117
  - 6.4.2 方法的定义 ………………………118
  - 6.4.3 方法的调用 ………………………119
- 6.5 类的构造方法 ………………………120
- 6.6 类中的 this 关键字 …………………123
  - 6.6.1 访问当前对象的属性 ……………123
  - 6.6.2 调用当前对象的方法 ……………124
  - 6.6.3 调用构造方法 ……………………125
- 6.7 Java 中的包 …………………………126
  - 6.7.1 为什么需要包 ……………………126
  - 6.7.2 如何声明包 ………………………127
  - 6.7.3 包的导入 …………………………127
  - 6.7.4 内置包与自定义包 ………………129
- 6.8 Java 中的 4 种访问修饰符 …………130
- 6.9 Java 类的封装性 ……………………133
- 6.10 Java 中的 static 关键字 ……………136
  - 6.10.1 实例方法与静态方法 …………136
  - 6.10.2 实例变量与静态变量 …………137
  - 6.10.3 静态块 …………………………138
- 6.11 Java 中的 null 关键字 ……………138
  - 6.11.1 为什么需要 null ………………138
  - 6.11.2 判断是否为 null ………………139
  - 6.11.3 NullPointerException 异常 ……140
- 6.12 无名称对象 …………………………141

6.13	对象的克隆	142
6.14	对象的序列化与反序列化	144

第7章 类与对象（下） 147

- 7.1 Java 类的继承 147
  - 7.1.1 如何实现继承 148
  - 7.1.2 父子类的转换 150
- 7.2 类的 super 关键字 151
  - 7.2.1 调用父类的构造方法 151
  - 7.2.2 访问父类实例的变量 152
  - 7.2.3 调用父类的方法 152
  - 7.2.4 自动添加 super() 153
- 7.3 final 关键字 154
  - 7.3.1 final 声明变量 154
  - 7.3.2 final 声明方法 155
  - 7.3.3 final 声明类 155
- 7.4 Java 中重写方法 156
- 7.5 Java 中重载方法 159
- 7.6 Java 的多态 160
- 7.7 instanceof 关键字 162
- 7.8 Java 的抽象类 164
- 7.9 Java 的接口 165
  - 7.9.1 定义一个完整的接口 166
  - 7.9.2 接口的继承 167
  - 7.9.3 实现多个接口 167
  - 7.9.4 编译器的隐性作用 168
  - 7.9.5 default 关键字 168
- 7.10 枚举类型 enum 170
- 7.11 Java 内部类 171
  - 7.11.1 成员内部类 172
  - 7.11.2 静态内部类 172
  - 7.11.3 匿名内部类 173

第8章 数组与集合 176

- 8.1 Java 的数组结构 176
- 8.2 一维数组 176
  - 8.2.1 声明与创建 177
  - 8.2.2 初始化与访问 177
  - 8.2.3 数组的长度 178
  - 8.2.4 遍历数组 179
- 8.3 二维数组 180
  - 8.3.1 声明与创建 180
  - 8.3.2 初始化与访问 181
  - 8.3.3 遍历数组 182
- 8.4 三维及更高维数组 183
- 8.5 数组类（Arrays） 183
  - 8.5.1 打印数组内容 184
  - 8.5.2 数组排序 184
  - 8.5.3 判断两个数组是否相等 185
  - 8.5.4 填充数组 185
- 8.6 复制数组 186
  - 8.6.1 System.arraycopy()方法 186
  - 8.6.2 Arrays.copyOf()方法 187
  - 8.6.3 Arrays.copyOfRange()方法 187
- 8.7 Java 的集合 188
- 8.8 列表类 189
  - 8.8.1 添加元素 189
  - 8.8.2 访问元素 190
  - 8.8.3 修改元素 190
  - 8.8.4 删除元素 191
  - 8.8.5 获取列表元素个数 191
  - 8.8.6 遍历数组列表 191
  - 8.8.7 ArrayList 与 LinkedList 192
- 8.9 集合类 192
  - 8.9.1 哈希集合 193
  - 8.9.2 树集合 194
- 8.10 映射类 195
- 8.11 队列类 197
- 8.12 堆栈类 198
- 8.13 集合工具类 200
  - 8.13.1 排序操作 200
  - 8.13.2 最大和最小元素 201
  - 8.13.3 对集合进行填充 202
  - 8.13.4 计算某元素出现次数 203
  - 8.13.5 替换所有元素 203
  - 8.13.6 复制 List 对象 203

第 9 章　Java 常用工具类 ·············· 205

9.1　字符串类（String）············· 205
9.1.1　charAt()方法 ············· 207
9.1.2　length()方法 ············· 207
9.1.3　equals()方法 ············· 208
9.1.4　startsWith()方法 ·········· 208
9.1.5　endsWith()方法 ··········· 209
9.1.6　indexOf()方法 ············ 209
9.1.7　substring()方法 ··········· 209
9.1.8　replace()方法 ············· 210
9.1.9　split()方法 ··············· 210
9.1.10　toLowerCase()方法 ······ 210
9.1.11　toUpperCase()方法 ······ 211
9.1.12　通过+连接 ············· 211
9.2　运行环境类（Runtime）········ 211
9.3　系统类（System）············· 213
9.3.1　获取系统当前时间 ········ 213
9.3.2　获取系统属性 ············ 214
9.3.3　获取操作系统的环境变量 ·· 215
9.3.4　退出 Java 虚拟机 ········· 216
9.3.5　获取标准输出输入对象 ···· 216
9.4　基本数据类型包装类 ·········· 217
9.5　数学类（Math）··············· 220
9.5.1　自然常数与圆周率 ········ 220
9.5.2　三角函数运算 ············ 220
9.5.3　指数对数运算 ············ 222
9.5.4　取整运算 ················ 222
9.5.5　取绝对值 ················ 223
9.5.6　求最大值与最小值 ········ 224
9.6　随机数类（Random）·········· 225
9.7　扫描类（Scanner）············ 226
9.8　日期类（Date）··············· 226
9.9　正则表达式 ·················· 230
9.9.1　匹配单个字符 ············ 232
9.9.2　预定义元字符 ············ 232
9.9.3　次数限定符 ·············· 233
9.9.4　方括号表达式 ············ 234
9.9.5　开头符与结尾符 ·········· 235
9.9.6　或逻辑符 ················ 235
9.9.7　Pattern 类 ················ 235
9.9.8　Matcher 类 ··············· 236

第 10 章　异常、注解与泛型 ········ 239

10.1　Java 的异常处理机制 ········· 239
10.1.1　try-catch 组合详解 ······· 241
10.1.2　try-multi-catch 组合详解 · 244
10.1.3　try-catch-finally 组合详解 · 246
10.1.4　throw 关键字 ············ 249
10.1.5　throws 关键字 ··········· 250
10.2　Java 的注解 ················· 252
10.2.1　@Override ·············· 252
10.2.2　@Deprecated ············ 253
10.2.3　@SuppressWarnings ····· 253
10.3　Java 的泛型 ················· 254
10.3.1　泛型方法 ··············· 255
10.3.2　泛型类型 ··············· 256
10.3.3　泛型接口 ··············· 257

第 11 章　文件与 I/O ··············· 259

11.1　Java 文件类 ·················· 259
11.1.1　创建和删除文件或目录 ··· 259
11.1.2　文件目录的路径 ········· 261
11.1.3　File 类的常用方法 ······· 261
11.1.4　文件重命名 ············· 262
11.1.5　判断文件是否存在 ······· 263
11.1.6　获取文件属性 ··········· 263
11.1.7　遍历文件和目录 ········· 264
11.2　Java 的输入与输出 ··········· 265
11.2.1　输入输出类 ············· 266
11.2.2　文件输入流 ············· 268
11.2.3　文件输出流 ············· 270
11.2.4　对象输出流 ············· 272
11.2.5　对象输入流 ············· 274
11.2.6　文件读取器 ············· 275
11.2.7　文件写入器 ············· 278

第 12 章　多线程与网络编程 ……………… 280

12.1　进程与线程 …………………………… 280
12.2　多线程机制 …………………………… 281
12.3　线程的生命周期 ……………………… 282
12.4　创建 Java 线程 ……………………… 283
12.5　线程的优先级 ………………………… 284
12.6　守护线程 ……………………………… 286
12.7　线程的休眠 …………………………… 287
12.8　线程同步 synchronized ……………… 289
12.9　计算机网络 …………………………… 291
12.10　套接字 ……………………………… 292
12.11　网络地址 …………………………… 293
12.12　TCP 通信编程 ……………………… 294
12.13　UDP 通信编程 ……………………… 297
12.14　广播通信 …………………………… 298

第 1 章
走进 Java 世界

1.1　Java 介绍

Java 从 1995 年开始正式发布第一个版本到现在已有近 30 年，它是一门非常优秀的编程语言。Java 的整个生态相当繁荣，长期以来它一直占据着编程语言排行榜前三的位置，开发者数量也达千万级，可见其在编程开发领域中的受欢迎程度。

Java 语言是一门面向对象的通用编程语言，它最初的设计理念是"编写一次，到处运行"（Write Once, Run Anywhere）。也就是说，不管是什么机器、什么操作系统，只要该机器安装了 Java 运行环境就可以运行已经编译好的 Java 程序，而且我们不必针对硬件和操作系统重新进行编译。为什么能达到这种效果呢？答案是 Java 虚拟机（Java Virtual Machine，JVM），它将底层硬件和操作系统的差异进行了屏蔽。Java 运行环境其实就是一个能够运行 Java 操作指令的虚拟机，这种 Java 操作指令被我们称为 Java 字节码。Java 图标如图 1.1 所示。

随着互联网的快速发展，Java 得到了空前的发展。现在 Java 主要应用于 Web 服务开发，很多世界级的互联网公司都把 Java 作为系统开发的主要语言。

Java 最早由詹姆斯·高斯林（James Gosling）创造，有些网友称其为"高司令"，他是公认的"Java 之父"。最初的 Java 版权属于 SUN 公司，但后来该公司被 Oracle 公司收购，所以现在 Java 在商业方面的运营主要由 Oracle 推动。

虽然商业付费会使开发者对 Java 的态度更加谨慎，但由于 Java 语言一直存在开源版本——OpenJDK，因此不必担心 Java 语言未来会受到许可限制的问题。Java 语言规范的发展主要由一个名为 Java

图 1.1　Java 图标

Community Process（JCP）的全球性组织管理，有实力的公司都会参与 Java 技术标准规范的制定，包括 Oracle、IBM、Intel、SAP、阿里巴巴等知名公司。

截至写作本书时，Java 最新版本——Java 18 已经正式发布，目前 Java 以半年一个新版本的节奏更新发布。

> **考考你**
> - Java 诞生于哪一年？
> - Java 语言的设计理念是什么？
> - "Java 之父"是谁？
> - Java 的开源版本叫什么？

1.2　Java 发展史

虽然最初 Java 是在 1995 年发布的，但它的前身可以追溯到 1991 年，当时高斯林和其他两位同事一起创建了一个名为 Oak 的编程语言，设计该语言的初衷是用于交互式电视的开发。为什么把该语言称为 Oak 呢？这是因为当时高斯林刚好看到了办公室外边的一棵橡树，于是便命名为橡树（Oak）。但可惜的是该项目失败了，而失败的原因竟是理念和想法太超前了，当时的环境无法让这棵小橡树长成参天大树。

后来随着互联网的崛起，Sun 公司决定改造 Oak 项目并重新对外发布，然而在发布时却发现 Oak 商标已经被注册了，于是该项目被重新命名为 Java，Java 是一种来自印度尼西亚的咖啡。

1995 年 Java 的测试版首先发布，直到 1996 年才正式发布稳定的 1.0 版本。2007 年 SUN 公司开源了 Java 平台的所有代码，并且全世界的开发人员都可以对 Java 平台的源代码进行修改。举着"编写一次，到处运行"的大旗，乘着互联网盛行的顺风，而且对所有代码开源且承诺免费使用，让 Java 逐渐流行起来并一路高歌猛进地快速发展着。

下面我们通过表 1.1 来了解 Java 每个版本的发布时间，1995 年首次发布了 Beta 测试版。从表中也可以看到版本名称的变化，从最开始的 JDK 到 J2SE 再到 JavaSE。从 Java 9 开始每个大版本的发布都以半年为周期，这么快的迭代速度使得 Oracle 不再承诺对所有版本都长期支持，他们决定只对其中某些大版本进行长期支持，到写作本书时只有 Java 8、Java 11 以及 Java 17 是长期支持（Long Term Support，LTS）的。其中如果是商业用途的话，最新且可免费使用的版本是 Java 8，对于个人开发者而言则可以免费使用所有 Java 版本。

表 1.1　Java 各版本

版本	发布时间	是否长期支持（LTS）
JDK Beta	1995 年 5 月	否
JDK 1.0	1996 年 1 月	否
JDK 1.1	1997 年 2 月	否

续表

版本	发布时间	是否长期支持（LTS）
J2SE 1.2	1998 年 12 月	否
J2SE 1.3	2000 年 3 月	否
J2SE 1.4	2002 年 2 月	否
J2SE 5.0	2004 年 9 月	否
JavaSE 6	2006 年 12 月	否
JavaSE 7	2011 年 7 月	是
JavaSE 8(LTS)	2014 年 3 月	是
JavaSE 9	2017 年 9 月	否
JavaSE 10	2018 年 3 月	否
JavaSE 11(LTS)	2018 年 9 月	是
JavaSE 12	2019 年 3 月	否
JavaSE 13	2019 年 9 月	否
JavaSE 14	2020 年 3 月	否
JavaSE 15	2020 年 9 月	否
JavaSE 16	2021 年 3 月	否
JavaSE 17(LTS)	2021 年 9 月	是
JavaSE 18	2022 年 3 月	否

实际上编程语言也是一个江湖，江湖上有多达几百个派系，各个派系之间可能是合作关系也可能互相竞争。那么 Java 在几百种编程语言中究竟表现如何呢？我们来看 TIOBE 上给出的主流编程语言近几十年的排名表现，如图 1.2 所示。可以看到 Java 在 1996 年排名 28，然后一直处于高速发展态势，在 2001 年进入前三位，并且在后面的发展中一直保持着前三的位置，甚至多次排名第一。

编程语言	2021	2016	2011	2006	2001	1996	1991	1986
C	1	2	2	2	1	1	1	1
Java	2	1	1	1	3	28	-	-
Python	3	5	6	7	23	16	-	-
C++	4	3	3	3	2	-	-	-
C#	5	4	5	6	9	-	-	-
JavaScript	6	7	9	9	6	-	-	-
PHP	7	6	4	4	20	-	-	-
R	8	14	35	-	-	-	-	-
Go	10	56	15	-	-	-	-	-
Perl	14	8	7	5	4	-	-	-
Lisp	32	23	12	13	16	-	-	-

图 1.2　近年编程语言排名

总体来说，Java 作为一门优秀的编程语言，拥有着繁荣的生态，一直占据着编程语言排行榜的前三位。所以我们作为 IT 开发者，掌握 Java 是非常有必要的。

> **考考你**
> - Java 的前身叫什么？
> - Java 的取名来自什么？
> - 我所在公司的商业系统可以免费使用 Oracle 公司提供的 Java 11 版本吗？
> - 出于学习目的可以免费使用 Oracle 公司的所有 Java 版本吗？

1.3 如何选择 Java 版本

前面我们看到了 Java 有很多版本，而且还在快速地不断推出新版本。对于刚入门的新手来说估计会被这些版本搞得头大，从 Java 1.0 到 Java 16，该使用哪个版本呢？

在回答这个问题之前我们先来看一个 2020 年 Java 开发者调查报告，根据图 1.3 可以很清楚地看到目前大多数人还是在使用 Java 8 和 Java 11，使用其他版本的人非常少。Java 7 及以下版本实在是太旧了，所以用的人很少，而 Java 9、Java 10 和 Java 12 不是长期支持版本，所以用的人也少。此外，Java 13、Java 14、Java 15、Java 16、Java 17 和 Java 18 几乎没人使用。剩下的 Java 8 和 Java 11 由于提供了长期支持，因此用的人最多。Java 8 使用者最多的原因主要还是它是最后一个可以免费商用的版本。

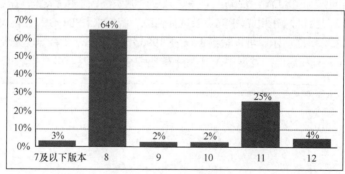

图 1.3　Java 各版本使用率

下面我们再说一下大家比较关注的收费问题，对于上述除 Java 8 以外的 Java 商用版本，Oracle 公司都是收费的。那么，如果既想用 Java 新版本又不想花钱，该怎么办呢？答案是使用 OpenJDK，它是完全开源免费的。

OpenJDK 其实是一个多方共同参与开发维护的项目，包括 Oracle、Red Hat、IBM、Azul、Apple、SAP 等众多知名公司都参与其中。在主流的 Linux 操作系统中很多使用 OpenJDK 作为系统自带的 Java 运行环境，使用 OpenJDK 的人也越来越多。实际上谁都可以基于 OpenJDK 的源码进行开发并发布，除了我们熟知的 Oracle 公司外，还有很多其他的公司也有自己的 Java 发行版本，比如阿里巴巴的 Dragonwell、AWS 的 Corretto 以及 Azul 的 Zulu 等。

重新回到最开始的问题，作为初学者应选择哪个版本的 Java 呢？实际上如果仅是出于学习 Java 的目的，那么最简单的方法就是使用最新的版本，但这里作者对版本的选择是基于如下几点考虑的。
- 首先，我们将 Java 7 及以下版本排除，它们实在是太旧了，对 Java 很多新特性和新语法都不支持。
- 其次，我们要选择长期支持的版本，即 Java 8 和 Java 11。
- 最后，由于我们单纯是出于学习 Java 的目的而非商用，同时考虑学习 Java 最新的特性和语法，因此选择 Java 11 版本作为本书的标准版本。

书中所讲解的一些新工具在 Java 11 环境中都是支持的，同时书中涉及的所有代码都能够在 Java 11 环境中成功运行。

> 考考你
> - Java 版本中最多人使用的是哪两个版本？
> - 随便列举几个基于 OpenJDK 开发的 Java 发行版。
> - 为何本书选择 Java 11 作为学习对象？

1.4 Java 语言的特性

Java 从一开始就被设计成一种可移植、安全、简单的编程语言，它能一直受到大家的欢迎说明它是一门非常优秀的编程语言。那么它具备哪些优秀的特性呢？如图 1.4 所示，下面我们将列出 Java 语言的十大特性，并且对每个特性一一进行讲解。

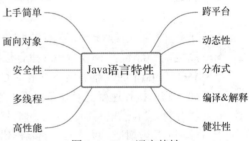

图 1.4　Java 语言特性

- **上手简单**。对于新手来说，学习 Java 是一件相对容易的事，因为它的语法非常简单明了，而且它是一门纯面向对象的编程语言，而面向对象的思考方式与现实世界十分贴合。此外，从某种意义上来说，Java 是由 C/C++演变而来的，它吸收了 C++的优点并改进了一些不足的地方，比如摒弃了指针这个复杂且易出错的概念，而且提供了垃圾回收机制，大大地简化了内存的管理工作。最后，Java 创造了繁荣的技术生态，除了官方提供了丰富的类库，大量的第三方开发工具包和开源项目也不断地加入整个生态中。
- **跨平台**。Java 的跨平台主要表现在它的可移植性，即只要是 Java 程序（字节码）就可以运行在任意操作系统上，包括 Windows、Linux、macOS 和 Solaris 等操作系统，只需要它们安装 Java 虚拟机。我们知道 C/C++语言会将代码编译成与硬件或操作系统相关的指令，这样就无法做到跨平台，而 Java 却能实现"编写一次，到处运行"的跨平台效果。要实现跨平台就要为每种操作系统都开发一个 Java 虚拟机，比如 Windows 版 JVM、Linux 版 JVM、macOS 版 JVM，这些 JVM 用 C/C++或汇编语言编写。
- **面向对象**。面向对象是 Java 语言的基础特征，在 Java 世界中一切皆为对象。不同于函数编程，面向对象是将万物抽象成类，并在类内部定义相关属性和方法。相关的概念包括类、对象、属性、方法、封装、继承、多态和抽象等。
- **动态性**。Java 的动态性主要体现在三个方面：一是支持动态地加载类，我们可以根据需要在运行过程中的任意时刻对类进行加载；二是支持动态地调整类的方法和属性，可以在运行时修改类结构；三是支持动态编译类，在运行过程中能对某段 Java 源码进行编译并运行。

- **安全性**。Java 语言本身具备很高的安全性，它摒弃了 C/C++ 中指针的概念，从而能有效避免非法的内存操作。使用 Java 开发的应用能有效防止病毒和非法操作，这得益于 Java 程序运行在 Java 虚拟机沙箱内，内部的安全管理器会提供默认的策略来保护系统，所有未经允许的有害系统的行为都将会被禁止。
- **分布式**。之所以说 Java 具有分布式特性，是因为通过它能很方便地开发分布式应用，比如 Java 提供的远程方法调用（Remote Method Invocation，RMI）和企业级 Java Bean（Enterprise Java Bean，EJB），通过它们可以实现跨网络的方法调用，而代码看起来就像和本地调用一样。RMI 和 EJB 现在很少使用了，因为有很多新的远程方法调用框架能更好地实现分布式应用。
- **多线程**。Java 从语言级上提供了多线程机制，使得我们能并行执行多项任务。Java 提供的多线程能很好地解决各种并发问题，而且提供了同步机制和并发组件。
- **编译&解释**。Java 是一种编译和解释混合的语言，我们不能简单将其归类到编译型语言或解释型语言。Java 源码会先被编译成字节码（后缀为 .class 的文件），然后 JVM 来解释这些字节码指令并开始执行，甚至在执行过程中还可能会将频繁执行的指令继续编译成底层的机器指令。
- **高性能**。Java 具有非常高的执行性能，它比其他任何解释型语言的执行速度都快。虽然整体上 Java 的性能仍然比不上 C/C++（纯编译型语言），但随着 Java 的性能不断地被优化，它的执行速度已经非常接近 C/C++ 了。
- **健壮性**。Java 语言具有很强的健壮性，内存的管理交由 JVM 使得 Java 程序不容易出现内存泄漏而导致崩溃，以及 Java 将易出错的指针屏蔽掉同样减少了程序崩溃的可能性。在语言层面，Java 提供了异常捕获机制，能在程序运行中处理各种异常和错误，提升了程序的健壮性。

考考你
- Java 语言的十大特性是什么？
- Java 是如何做到跨平台的呢？
- Java 的动态性主要表现在哪三个方面？
- Java 的执行速度是否比 C/C++ 还快？

1.5　JVM、JRE 与 JDK

Java 开发人员经常会遇到 JVM、JRE 和 JDK 这三个概念，对于初学者来说常常分不清这些概念，本节将给大家介绍这三个概念。

首先我们看 JVM，这个概念大家应该比较熟悉了，前面也说过它是 Java 虚拟机（Java Virtual

Machine）的缩写。JVM 是整个 Java 平台中最核心的部分，说它是虚拟机是因为它并不是真正存在的物理机，而是运行在物理机上的模拟计算机运行的一个进程。简单地说，JVM 就是执行 Java 代码编译后的字节码指令的环境，它是 Java 的基础。

JVM 结构如图 1.5 所示，主要包含了如下三部分。

- **类加载器**：用于将.class 文件加载到内存并完成解析工作。
- **字节码校验器**：它会对类加载器所加载的字节码进行一些校验，以判断是否存在违反规则的操作。
- **执行引擎**：负责执行由 Java 代码经编译后的字节码指令。

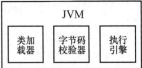

图 1.5　JVM 结构

当我们打开 Java 下载页面时就会发现不同的操作系统对应不同的版本，实际上就是 JVM 需要根据不同的操作系统开发不同的版本。Java 语言的跨平台特性就是依靠这个来实现的，在不同的操作系统上抽象一个虚拟机层，从而屏蔽底层硬件的差异，最终达到跨平台的效果。如图 1.6 所示，Windows 操作系统对应 Windows 版本的 JVM，Linux 操作系统对应 Linux 版本的 JVM，其他操作系统类似。这样，同一套.class 文件（字节码指令）就能在不同操作系统上运行了。

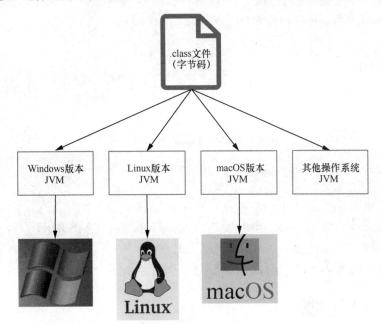

图 1.6　JVM 与系统

JRE 是 Java 运行时环境（Java Runtime Environment）的缩写。JRE 包含 JVM 和一些 JVM 运行时所需的 Java 核心类库，此外还包含一些命令工具，如图 1.7 所示。JRE 是 Java 代码可以运行的最低要求，带着你编写完的 Java 代码和对应系统的 JRE 就可以在其他机器上运行了。需要注意的是，自 Java 11 开始不再提供官方的 JRE，取而代之的是由用户根据需求自定义 JRE。

JDK 是 Java 开发工具集（Java Development Kit）的缩写。JDK 包含 JRE 和开发过程中可能用到的一些命令工具，如图 1.8 所示。JDK 是 Java 语言的最大的集合，我们常说的 Java 一般指的就是 JDK，它包含一整套完整的开发工具集和运行环境。常见的命令工具包括 java、javac、jdb、jar、 javadoc、javah、jconsole、javap、jps、jstat、jinfo、jhat、jmap、jstack、jdeps、native2ascii 等，涵盖了编译、调试、管理、反汇编、文档生成、诊断分析、监控、编码转换等方面的工具和命令。

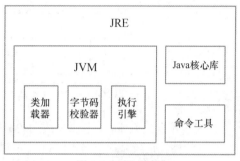

图 1.7　JRE 结构

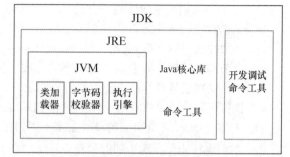

图 1.8　JDK 结构

最后我们借图 1.9 展示 JVM、JRE 和 JDK 三者的关系，底层是提供 Java 运行环境的 JVM。中间层的 JRE 还提供了 Java 核心类库，供 JVM 在执行字节码指令时调用所需的类库。JDK 相当于一个完整的 Java 平台，包含 Java 编程开发调试工具和 JRE。

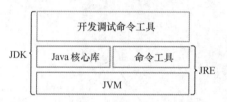

图 1.9　JVM、JRE 和 JDK 的关系

考考你
- JVM、JRE 和 JDK 分别是什么的缩写？
- JVM 的作用是执行 Java 代码编译后的字节码指令吗？
- 我的工作电脑是 Windows 操作系统，所以应下载什么版本的 JDK？
- 如果我想开发 Java 程序，只需要下载 JRE 就行了吗？
- JVM、JRE 和 JDK 三者的关系是什么？

1.6　Java 执行机制

用 Java 语言编写的程序是怎样被运行的呢？本节将为大家讲解 Java 的运行机制，在讲解之前我们需要先了解一下编译型语言和解释型语言。我们都知道计算机是一个 0 和 1 的世界，计算机运行时根据一串 0 和 1 组成的指令来执行操作。我们称这些二进制指令为机器语言，它们对人类是十分不友好的，因为我们根本无法直接使用 0 和 1 进行编程。那么该怎么办呢？答案就是制定人类能看懂的编程语言（我们称之为高级语言），然后引入一种翻译机制将高级语言翻译成计算机语言，最后由计算机执行，如图 1.10 所示。

根据翻译的方式可以分为编译和解释，这两种方式的差异就在于翻译的时间不同。

对于编译型语言，它需要一个专门的编译过程，将高级语言编译成机器语言二进制文件。比如将 C++代码编译成.exe 二进制文件，这个文件就是由机器语言构成的。程序编译后每次运行时都可以避免再次编译，直接就可以运行，执行效率高。

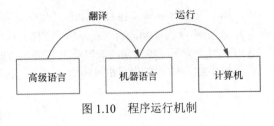

图 1.10　程序运行机制

从高级语言到机器语言的实际编译过程如图 1.11 所示，高级语言先编译成汇编语言，汇编语言再进一步编译成机器语言，最后是计算机执行这些机器语言。举个例子，高级语言中 "a = b"（即将变量 b 赋值给变量 a），经过编译后变成汇编语言 "mov a,b"，然后再一次编译成机器指令 "1000100111011000"。

而对于解释型语言来说，它不需要事先执行编译工作，它把翻译的工作推后了，每次运行程序时都需要翻译一遍。比如 shell 脚本语言就是解释型语言，当我们编写完代码后不需要编译就能直接在计算机上解释执行，实际上就是在运行时由一个解释器将其翻译成机器语言并执行，如图 1.12 所示。由于每次执行都要使用解释器将高级语言翻译成机器语言，因此解释性语言的执行效率会比较低。

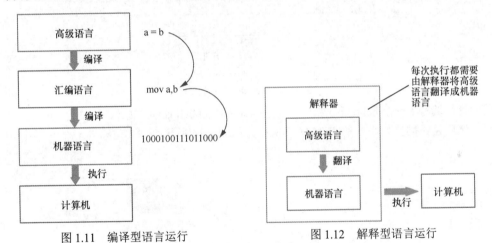

图 1.11　编译型语言运行　　　　图 1.12　解释型语言运行

上述两种类型语言的优缺点可以从以下两个方面来讨论。

- **执行效率**。编译型语言明显更胜一筹，它在执行前一次性将所有高级语言都翻译成机器语言并保存起来，而解释型语言由于每次执行都需要翻译，因此效率低。
- **跨平台性**。解释型语言具有更好的跨平台性，只需要支持不同硬件和操作系统的解释器就能运行同一套高级语言代码。而编译型语言在运行前会先将高级语言编译成指定硬件和操作系统的机器指令并保存成二进制文件，如果想在其他操作系统中运行，则需要先重新编译成其他操作系统的机器指令并保存成二进制文件。

Java 语言属于解释型还是编译型呢？实际上它将两者进行了结

合，属于既包含解释又包含编译的混合型语言。Java 在编译时并非直接编译成机器语言（机器指令），而是编译为中间语言（Java 字节码指令），然后由解释器（JVM）解析并执行。由于中间语言是相同的，而不同操作系统和硬件的机器语言却是不同的，因此必须根据操作系统和硬件来实现不同的解释器。通过图 1.13 可以很清晰看出 Java 语言的编译与解释过程。

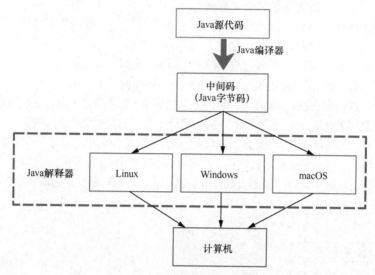

图 1.13　Java 语言运行过程

假如我们编写了一个 hello.java 文件，经过编译后成为 hello.class 文件，该文件保存的就是 Java 字节码，然后由不同操作系统的 JVM 解释执行，如图 1.14 所示。

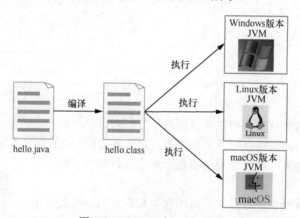

图 1.14　Java 语言运行示例

如果 Java 语言仅通过解释器解析执行则执行效率较低，为了能提高执行效率，Java 引入了即时（Just-In-Time，JIT）编译技术。之所以叫"即时编译"，是因为是在执行的时候进行编译的，把原来的 Java 字节码编译成机器指令，而且将这些机器指令缓存起来下次直接由计算机执行，从而有效避免解释工作，如图 1.15 所示。需要注意的是，并非每条字节码都会被即时编译器编译缓存起来，毕竟缓存也是需要成本的，只有那些高频的热点代码才会被即时编译器编译并缓存。

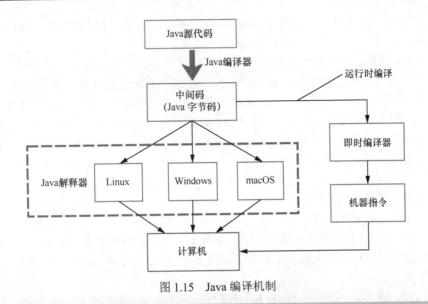

图 1.15　Java 编译机制

> **考考你**
> - 高级语言需要翻译成什么语言，计算机才能执行？大概过程是怎样的？
> - 根据编译方式，编程语言可以分成哪两种？
> - 编译型语言和解释型语言的各自优缺点是什么？
> - Java 是什么类型的语言？说说它的编译和解释的过程。
> - "Java 编译器会根据不同的操作系统编译成不同的中间码"。这种说法正确吗？
> - 为了提高执行效率，Java 使用了什么技术进行优化？
> - Java 即时编译器会将所有字节码编译成机器码并缓存起来吗？

1.7　Java 的应用领域

经过二十多年的发展，使用 Java 编写的应用已经遍布在我们身边了，全世界已经有超过几十亿个设备在运行着 Java。有些应用是我们能直接接触到的，而更多的是以后台的形式提供服务。比如我们使用的电脑桌面程序和手机应用直接为我们提供各种功能，而后台的服务器则使用 Java 程序处理成千上万人的访问请求，同时服务器还用 Java 处理每天超亿量级的数据。那么 Java 的主要应用领域有哪些呢？如图 1.16 所示，下面我们一起来了解一下。

图 1.16　Java 应用领域

- **服务器应用**。包括电子商务、电信、金融、银行、保险等信息化程度高的行业都大量使用 Java 来编写服务器应用，为这些行业的发展提供技术上的支持。
- **Web 应用**。国内很多大型网站都使用 Java 进行开发，全世界的网站中超过一半 Web 应用都是用 Java 编写的。Java 为我们提供了大量的 Web

开发框架，如 Spring、Struts 和 Hibernate 之类，以简化开发者的工作。Java 主要用于服务端开发，几乎不用于客户端（浏览器）开发。

- **Android 应用**。现在全世界每 10 人中就有超过 8 人使用 Android 系统的手机，而 Android 手机上的应用就是使用 Java 语言开发的。需要注意的是，Android 应用虽然使用 Java 语言进行开发，但并非运行在我们通常所说的 Java 虚拟机上，而是运行在谷歌公司自己开发的一种虚拟机上。谷歌公司在推出 Android 操作系统时为了吸引开发者到 Android 生态中，采取了一个取巧的行为，把目光瞄准了拥有大量开发者的 Java 生态。为此，谷歌公司提供了与 Java 编程语言一样的语法和 API，使得在应用层的开发者能像编写 Java 程序一样编写 Android 应用，这样一来一下子就吸引了大量的 Java 开发者到 Android 生态中来。
- **大数据**。大数据领域自 2010 年以来一直高速发展，现在一定规模的公司几乎都需要建立自己的大数据系统。在该领域中 Java 一直都是主要的开发语言，特别是大数据技术的经典代表 Hadoop 就是用 Java 编写的，这就为 Java 在该领域中奠定了非常重要的基础。除此之外还有很多重要的大数据工具是用 Java 开发的，比如 HBase、Elasticsearch、ZooKeeper 和 Cassandra 等。
- **嵌入式**。嵌入式系统是一种专门的计算机系统，从办公室门禁到信用卡上的微型芯片再到庞大的服务器系统，都属于嵌入式系统。我们身边就有大量嵌入式设备，包括 SIM 卡、冰箱、空调、洗衣机、微波炉、电视、电梯、路由器等。使用 Java 非常便于开发嵌入式系统，而且所开发的程序能小到几百 KB 的量级。
- **数据科学**。数据科学近些年已经成为最火热的技术领域之一，它主要是研究如何使用数据科学模型来解决现实中的问题，涵盖了信息检索、机器学习、自然语言处理、数据分析等。在该领域中 Java 同样提供了各种强大的工具库，如 MLlib、Mahout、Weka、CoreNLP 和 DL4J 等，能够非常方便地完成数据模型搭建。
- **JavaME 应用**。随着 iOS 系统和 Android 系统的流行，它们在全世界的市场份额加起来几乎达到了 99%，不断蚕食着 JavaME 的市场。不过在支持基于内核的虚拟机（KVM）的手机和一些机顶盒还是使用 JavaME 开发应用，有一定的市场规模。

- **桌面应用**。桌面应用并非是 Java 的强项，但是仍然有很多经典的桌面应用使用 Java 进行开发，比如面向开发者的 Eclipse、IntelliJ 和 NetBeans 等，此外还有风靡全球的游戏 Minecraft 也是使用 Java 进行开发的。虽然桌面程序并非 Java 的强项，不过使用它开发桌面程序还是非常方便的。

Java 平台根据不同的领域分成了 JavaCard、JavaSE、JavaEE 以及 JavaME 四个版本，详细介绍如下。

- **JavaCard（Java Platform, Card）**：该版本主要应用于智慧卡开发，使得智慧卡装置能以安全的方式来执行 Java Applet（小型程序），广泛应用于 SIM 卡、提款卡上。
- **JavaME（Java Platform, Micro Edition）**：被称为 J2ME，它主要应用于在资源受限的环境中开发，包括各种消费型电子产品，如机顶盒、移动电话和 PDA 之类嵌入式消费电子设备。

- JavaSE（Java Platform，Standard Edition）：被称为J2SE，是Java平台的标准版，提供的标准库可用于开发桌面程序、服务器应用以及嵌入式设备的应用程序等。
- JavaEE（Java Platform，Enterprise Edition）：被称为J2EE，是Java平台的企业版，主要定位于分布式企业系统应用的开发和部署，可以很容易开发出可移植、健壮、可伸缩且安全的服务器应用。

考考你
- Java有哪8个应用领域？
- Java平台分成哪4个版本？分别定位于哪个方向的开发？
- "Java开发Web应用时主要用于客户端浏览器开发"。这种说法正确吗？
- 我们能用Java开发一个像QQ一样的桌面应用程序吗？
- Android手机中的各种App是用什么语言开发的？

第 2 章

开发环境

2.1 安装 Java 环境

为了能开发并运行 Java 程序，我们需要安装 Java 环境，一般情况我们都会安装 Java 开发工具包（Java Development Kit，JDK），因为 JDK 包含了 Java 语言所有工具及运行环境，能方便我们开发。目前 Window、Linux 和 macOS 三种操作系统都有较多人使用，下面我们将以这三种操作系统为例讲解安装的过程。

2.1.1 Windows 系统下安装 JDK

首先需要下载 JDK。可以到 Oracle 官网进行下载。

1. 进入官网后，点击上面的 Products，在下拉菜单中选择 Java。
2. 在该页面往下拉，找到 Java SE，点击 Download Java now 进入下一页面。
3. 下拉选择 JDK 的不同版本进行下载，此处以 JDK 11 为例进行下载。如图 2.1 所示，我们选择 Windows 系统的 JDK 进行下载。Windows 系统的安装方式有两种：上面的 exe 格式文件是 JDK 安装程序，下载后直接运行一步步安装 JDK；下面的 zip 格式文件是 JDK 的文件压缩包，下载后解压到指定路径。这里我们选择下载对新手更友好的 exe 格式的文件。

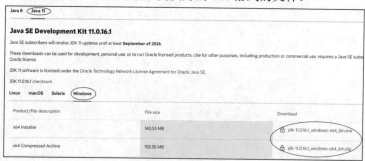

图 2.1　JDK 下载页面

完成下载后我们开始安装 JDK，安装步骤如下。

1. 双击运行，然后点击"下一步"。
2. 该界面会默认设置 JDK 的存放路径，若想放在其他地方可以点击"更改"进行更改，这里选择存放在 D:\JAVA\JDK\jdk-11.0.16.1 路径下，然后继续点击"下一步"，如图 2.2 所示。
3. 等安装完成后点击"关闭"。安装过程中涉及的路径最好都使用英文字符，中文路径可能会导致意想不到的问题。
4. 在之前版本中，JDK 安装后就会自动安装 JRE，但是从 JDK 11 开始，JRE 需要我们手动进行安装。先到 C:\Windows\System32 路径下找到 cmd.exe 应用程序，然后点击右键，选择"以管理员身份运行"。
5. 接着输入 "D:"，并按回车键切换到 D 盘，输入并执行命令 cd D:\JAVA\JDK\jdk-11.0.16.1，跳转到 JDK 安装路径下。最后输入并执行命令 bin\jlink.exe --module-path jmods --add-modules java.desktop --output jre，如图 2.3 所示。

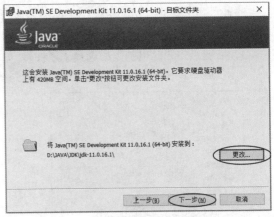

图 2.2　JDK 安装页面

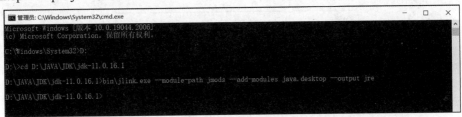

图 2.3　JRE 生成命令

6. 执行完后可以看到 JDK 安装目录下已经生成了 jre 文件夹，如图 2.4 所示。这表明已经成功安装了 JRE。

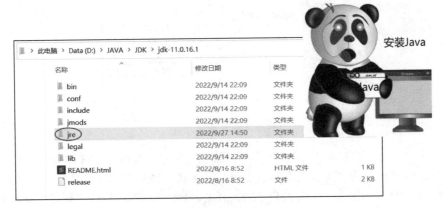

图 2.4　JDK 目录

至此，还差配置环境变量这一步便能完成整个安装步骤，配置环境变量的目的是让计算机能够找到 JDK，从而在执行 Java 程序命令时找到对应的应用程序。

1. 右键点击"此电脑"后选择"属性"，如图 2.5 所示。
2. 然后一直往下拉，找到并点击"高级系统设置"，如图 2.6 所示。

图 2.5　打开电脑属性

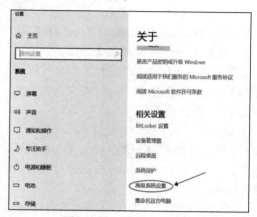
图 2.6　打开高级系统设置

3. 点击"环境变量"，如图 2.7 所示。

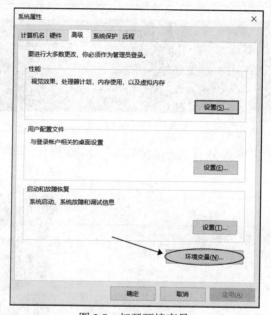
图 2.7　打开环境变量

4. 在弹出的窗口中下方的"系统变量"区域点击"新建"按钮，如图 2.8 所示。
5. 在弹出的窗口中的"变量名"输入 JAVA_HOME，然后在"变量值"输入 JDK 的安装路径，按照作者上面安装的路径即输入 D:\JAVA\JDK\jdk-11.0.16.1，点击"确定"完成创建，如图 2.9 所示。

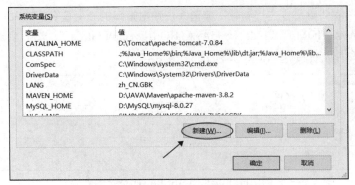

图 2.8 打开新建系统变量

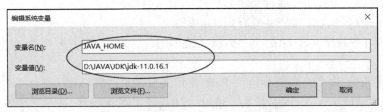

图 2.9 新建 JAVA_HOME 系统变量

6. 在"系统变量"中找到 Path 变量，选择后点击"编辑"，然后点击"新建"分别添加"%JAVA_HOME%\bin"和"%JAVA_HOME%\jre\bin"两个变量值，其中"%JAVA_HOME%"代指前面创建的"JAVA_HOME"变量所存放的路径，如图 2.10 所示。

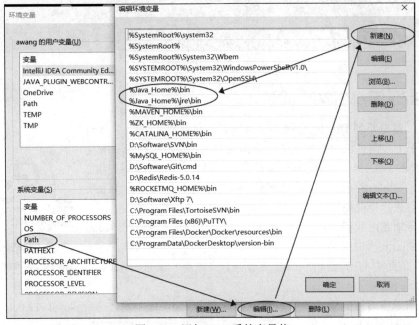

图 2.10 添加 Path 系统变量值

7. 在"系统变量"继续点击"新建"按钮,在弹出窗口的"变量名"输入 CLASSPATH,"变量值"输入"%JAVA_HOME%\lib\dt.jar;%JAVA_HOME%\lib\tools.jar",然后点击"确定"按钮,如图 2.11 所示。至此,环境变量配置完成。

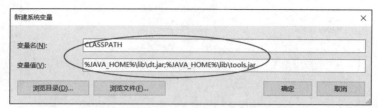

图 2.11 新建 CLASSPATH 系统变量

完成上述所有安装和配置步骤后,就可以开始验证安装是否成功了。在 cmd 窗口中输入 java -version,执行后能看到 JDK 的版本,如图 2.12 所示,说明我们已经成功安装配置好 JDK,至此我们已经向 Java 编程踏出了第一步。

此处前面的 java 命令其实就是执行 Path 变量的变量值"%JAVA_HOME%\bin"(即"D:\JAVA\JDK\jdk1.8.0_301\bin")路径下的 java.exe 应用程序,-version 是执行该应用程序时所指定的参数。

图 2.12 验证 JDK 安装配置

2.1.2 Linux 系统下安装 JDK

同样地,首先要到 Oracle 官网下载 JDK,直接找到 Linux 系统的 JDK 进行下载。根据自己的系统及架构选择安装包,此处作者的系统是 x86 架构,且为了选择一种通用的安装方式,因此选择下载 x86 架构的通用压缩包。当然使用 Red Hat 或 Debian 的 Linux 系统时可以直接下载对应的安装包进行更便捷的安装。

下载好压缩包后我们先新建一个存放 JDK 的目录,执行命令 sudo mkdir /usr/local/java,如图 2.13 所示。其中 sudo 表示使用管理员权限,第一次执行命令时需要输入用户密码,mkdir 是创建目录命令,/usr/local/java 是所创建的目录。

然后把压缩包解压到新建的目录下,执行命令 sudo tar -zxvf ~/下载/jdk-11.0.11_linux-x64_bin.tar.gz -C /usr/local/java,如图 2.14 所示,解压完成后便完成了 JDK 的安装。其中 tar 是解压命

令，-zxvf 是解压命令的参数，"~/下载"是刚刚下载 JDK 压缩包的默认下载路径（~表示用户根目录），jdk-11.0.11_linux-x64_bin.tar.gz 是刚刚所下载的 JDK 压缩包，-C 是指解压到指定目录下，/usr/local/java 是解压目录。

图 2.13　Linux 下载 JDK

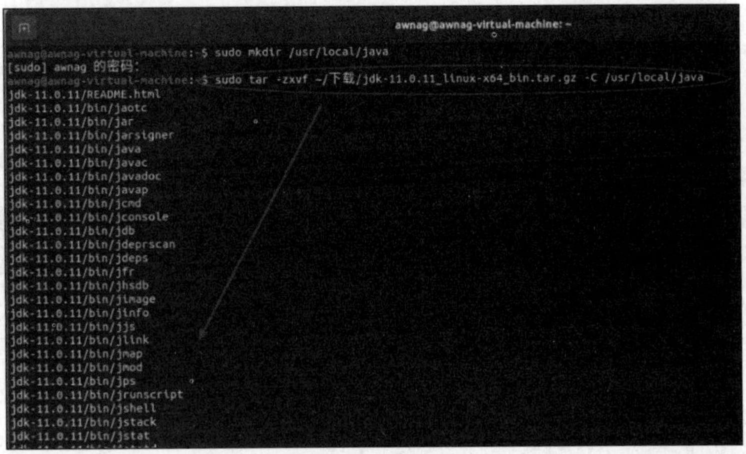

图 2.14　JDK 安装

接着还需要配置环境变量，执行命令 sudo vi ~/.bashrc 编辑用户目录下的.bashrc 文件。在该文件末尾处添加代码清单 2.1 中的内容，其中 JAVA_HOME 右边的内容是刚刚 JDK 的安装路径，等号右边若存在多个变量值则使用冒号隔开。此外$符号表示获取对应变量的值，比如$JAVA_HOME 表示变量 JAVA_HOME 的值。而 export 则表示把变量设置为环境变量。

代码清单 2.1　配置 Linux 环境变量

```
1.  # set JDK environment
2.  export JAVA_HOME=/usr/local/java/jdk-11.0.11
3.  export CLASSPATH=.:$JAVA_HOME/lib:$JAVA_HOME/jre/lib
4.  export PATH=$JAVA_HOME/bin:$PATH
```

最后执行命令 source ~/.bashrc 使刚刚配置的变量生效。再执行命令 java -version，如果可以看到 JDK 的版本信息，如图 2.15 所示，则说明安装成功了。

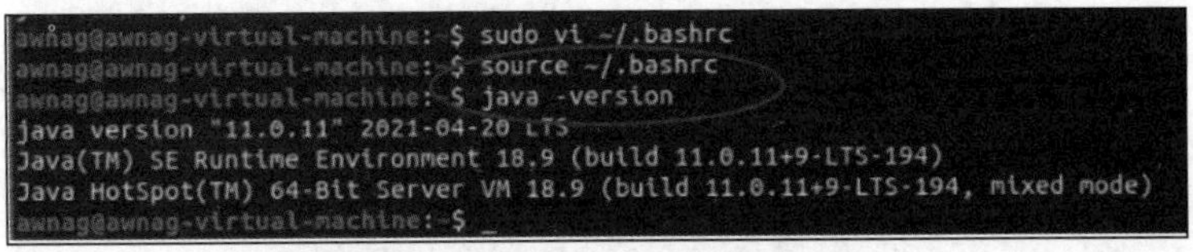

图 2.15　验证 Linux 的 JDK 安装

2.1.3　macOS 系统下安装 JDK

首先到 Oracle 官网下载 macOS 安装包。macOS 系统的安装方式有两种，如图 2.16 所示。上面的 dmg 格式文件是 JDK 安装程序，下载后打开能一步步安装 JDK。下面的 gz 格式文件是 JDK 的文件压缩包。我们选择下载 dmg 格式的文件。

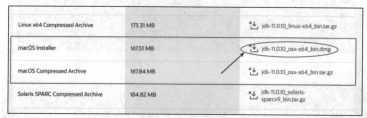

图 2.16　下载 macOS 的 JDK 安装包

下载完成后找到刚刚下载的 JDK 安装包，双击运行。
双击运行后会弹出窗口，我们继续双击 pkg 文件。
然后就能看到 JDK 的安装界面了，我们点击"继续"。
进入下一界面后，我们能看到 JDK 所占用的空间，接着点击"安装"。
安装完成后就可以看到安装成功的界面，接着点击"关闭"来关闭安装界面。
接着是配置环境变量，首先查看一下我们的 JDK 安装到了哪里。打开终端，然后输入/usr/libexec/java_home -V，我们就能看到 JDK 的安装路径，如图 2.17 所示。

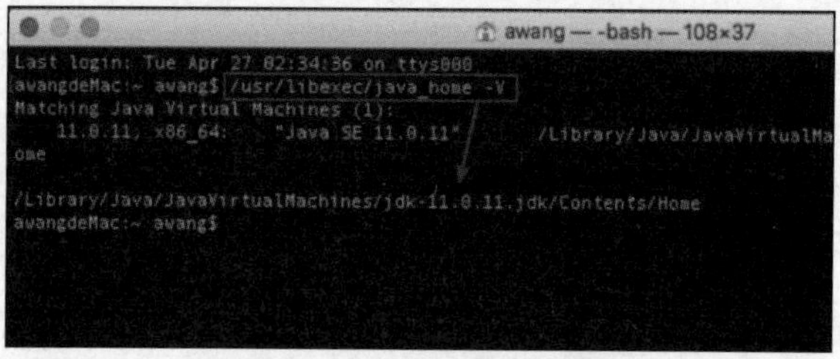

图 2.17　查询 JDK 安装路径

输入命令 cd ~/确保我们是在 home 目录下，然后输入命令 ls -a 查看当前路径下是否存在.bash_profile 文件。
若不存在.bash_profile 文件，我们就输入命令 touch .bash_profile 来创建该文件。
然后输入命令 open -e .bash_profile 打开并编辑该文件，添加的内容如图 2.18 所示。

图 2.18　配置 macOS 环境变量

编辑完成.bash_profile 文件后，输入命令 source .bash_profile 来激活配置以使该文件内的配置生效。

至此已完成整个安装和配置，我们输入命令 java -version 来验证是否安装成功，如果能查看 JDK 的版本就说明安装成功了，如图 2.19 所示。

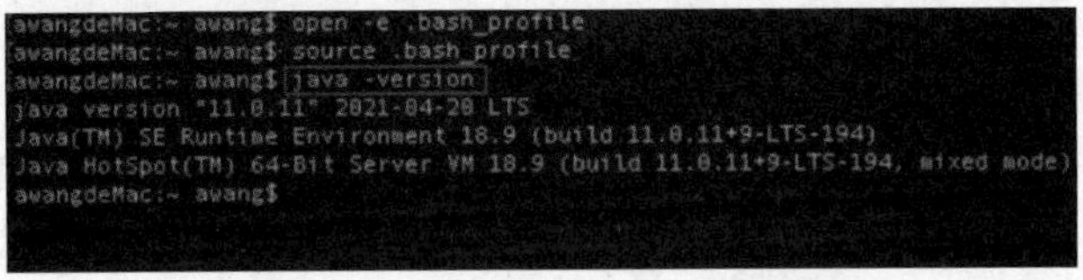

图 2.19　验证 macOS 的 JDK 安装

动手做一做

根据本节的安装步骤在你的系统中成功安装 Java 环境。

2.2　第一个 Java 程序

在我们成功安装 JDK 环境后就可以开始开发 Java 程序了。由于我们还没正式学习 Java 相关的基础知识和语法，这里仅编写一个最简单的 Java 程序，目的在于让大家了解 Java 程序的开发过程以及看到机器输出 "Hello Java!"。

2.2.1　Java 编程的一般步骤

Java 程序的编写及运行的步骤如图 2.20 所示。

1．创建一个 xxx.java 文件，后缀为 .java 的文件是源代码文件。

2．用记事本打开 xxx.java 文件并编写代码。

3．使用编译器（javac）将 xxx.java 文件编译成 xxx.class 文件，执行命令为 javac xxx.java。

4．执行 java xxx 命令便能执行我们编写的程序，该命令实际上就是调用 JVM 来执行 xxx.class 文件中的字节码。

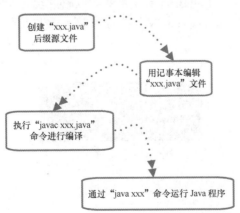

图 2.20　Java 编程步骤

2.2.2 编写运行 HelloJava

第一个 Java 程序的编写及运行的步骤如下。

1．在某个目录下创建一个 HelloJava.java 文件，比如在 D:\myProject 目录下。

2．用记事本打开 HelloJava.java 文件并编写代码。

在该文件中输入图 2.21 的内容，注意对代码中的换行和缩进并没有严格的要求，它们的功能就是对代码进行排版，使代码结构更清晰。两个记事本中的 HelloJava.java 文件的缩进和换行都是允许的，很明显上面那种更加清晰明了。

3．通过按 Windows 微标+R 组合键打开"运行"界面后输入 cmd 并按回车键调出命令窗口，然后输入"d:"并按回车键切换到 D 盘，继续输入命令 cd myProject 并按回车键进入 myProject 目录，最后执行 javac HelloJava.java 命令，该命令会对 HelloJava.java 源文件进行编译并生成 HelloJava.class 文件，该文件就是 JVM 执行时所需的字节码文件，如图 2.22 所示。

图 2.21　不同的代码格式

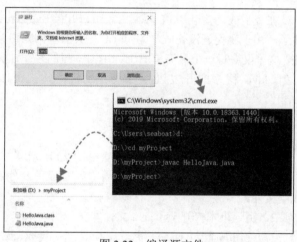

图 2.22　编译源文件

4．在命令窗口中执行 java HelloJava 命令并按回车键便能执行我们编写的程序了，该命令实际上就是调用 JVM 来执行 HelloJava.class 文件中的字节码，最终我们看到机器输出"Hello Java!"，如图 2.23 所示。

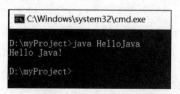

图 2.23　执行字节码

2.2.3　初步了解代码

虽然我们按照步骤让机器输出了"Hello Java!"，但是大家肯定会有很多疑惑。代码中的 public

是什么？class、static、void、main、String[] args、System.out.println()等又是什么？大括号有什么作用呢？下面将简要解答以上的问题，从而使大家能初步了解 Java 的基本知识和概念，我们通过图 2.24 来说明。

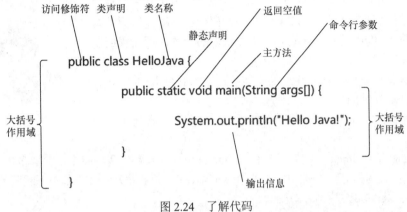

图 2.24　了解代码

- **public**：属于 Java 语言的关键字，用于表示可见性的访问修饰符，可修饰类、接口、方法和变量，表示所有类都可以访问它。
- **class**：属于 Java 语言的关键字，用于声明这是一个类。
- **HelloJava**：自定义的类名称。
- **static**：属于 Java 语言的关键字，声明方法或属性为静态，对于被它修饰的方法和属性，可以在不创建对象的情况下访问它们。
- **void**：属于 Java 语言的关键字，表示该方法返回值为空，即不返回任何值。
- **main**：它是 Java 非常特殊的一个方法，是程序开始的地方。
- **String[] args**：表示 Java 程序运行时命令行传入的参数。
- **System.out.println()**：表示调用 System 类中的 out 对象的 println 方法，该方法能将信息输出到屏幕上，待输出信息放到括号中。
- **大括号**：Java 中的大括号都是成对出现的，它的作用主要是使代码结构更清晰、简洁、易懂，同时，一对大括号也指定了代码的作用域。

考考你

- 编写运行 Java 程序的 4 个步骤是什么？
- Java 代码中的换行和缩进是否有严格要求？不按要求将导致程序出错吗？
- 如何打开命令窗口？
- 编译 Java 源码的命令是"javac xxx.java"吗？
- 运行编译后字节码文件的命令是"java xxx.class"吗？

动手做一做

编写运行自己的第一个 Java 程序，类名称为 MyFirstJava，功能是输出"My first Java!"。

2.3 安装 IDEA

我们在 2.2 节中直接使用记事本来编写代码，这其实是一种原始且低效的方式，而如今基本都是使用集成开发环境（IDE）来编写代码，IDE 提供了各种各样的专业工具来提高编码效率。很多厂商都为 Java 专门提供了 IDE，其中 IDEA 是最受欢迎的一款，下面我们以 Windows 系统为例来看看如何安装 IDEA。

先到 JetBrains 官网下载 IDEA 的安装包。进入后点击 Developer Tools，然后点击 IntelliJ IDEA。

在下一页面中，有两个 Download 按钮，点击其中任意一个进入下载页面。

在下载页面有 Ultimate（旗舰版）和 Community（社区版）两种版本，前者多用于企业开发，个人使用则选择后者进行下载即可。点击 Download 默认下载最新版本，若想下载其他版本可以点击左侧的 Other versions 进行版本选择。

下载完成后运行安装包，在弹出页面点击 Next。

在下一页面里，可以使用默认安装路径，也可以点击 Browse 自己选择安装路径。配置好安装路径后点击 Next。

勾选 64-bit launcher 则会在桌面创建一个 64 位的快捷方式。然后点击 Next，如图 2.25 所示。

图 2.25　IDEA 安装

继续点击 Install，开始进行安装，安装完成后点击 Finish。

同样地，在安装完成 IDEA 后我们学习如何通过 IDEA 编写并运行第一个 Java 程序，步骤如下。

1. 双击进入 IDEA，接下来点击 File→New→Project 来创建第一个项目，如图 2.26 所示。

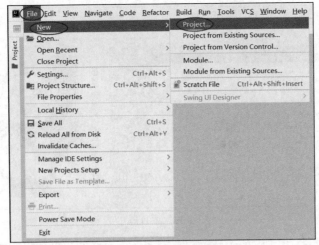

图 2.26 创建项目

2. 左边选择 Java，SDK 会自动扫描使用 JDK，如图 2.27 所示，然后点击 Next。

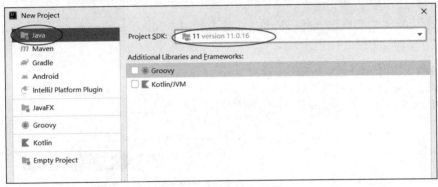

图 2.27 指定项目 JDK

3. 下一页面中不勾选 Create project from template，然后点击 Next。
4. 输入项目名和项目存放路径，如图 2.28 所示，然后点击 Finish，如果存放路径不存在，会弹出一个 Directory Does Not Exist 的窗口，提示将会创建路径，点击 Create 即可。

图 2.28 新建项目 2

5. 新建完成后就可以在左边栏看到我们的项目了，如图 2.29 所示。
6. 接下来创建包，右键点击 src 文件夹，然后点击 New→Package，会弹出输入包名的小窗口，直接输入包名，然后按回车键就创建好了。

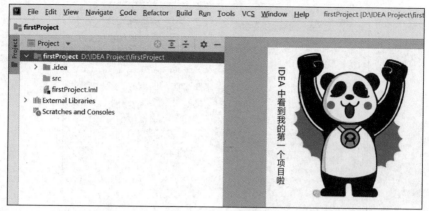

图 2.29 项目展示

7. 接着创建类,右键点击刚刚新建的包,然后点击 New→Java Class。

8. 弹出新建窗口,我们输入类名,选择 Class 类型,如图 2.30 所示,然后按回车键即创建完成。

9. 在 HelloJava 的类内输入代码清单 2.2 的内容,按 Ctrl + S 组合键保存文件,如图 2.31 所示。

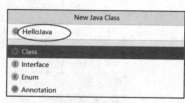

图 2.30 创建类

代码清单 2.2 创建 HelloJava

```
1.  public static void main(String[] args) {
2.      System.out.println("Hello Java!");
3.  }
```

图 2.31 IDEA 编辑类

10. 在文件编辑区点击右键→Run 来执行代码，至此我们就成功地在 IDEA 运行第一段代码了。

接着我们来了解一下 IDEA 的版面，如图 2.32 所示，它主要分为三个大的区域，左边是项目结构目录，右边是文件编辑区，下面是代码运行区。代码运行区中可以查看代码输出结果，也包括运行相关的一些按钮。

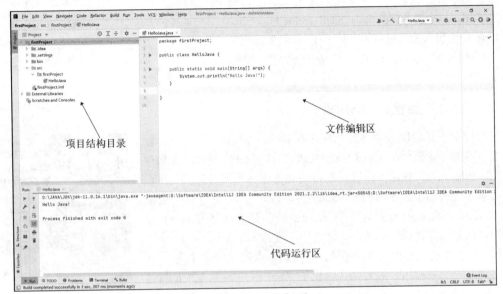

图 2.32　IDEA 版面

版面菜单栏各菜单的主要功能如下。

- 文件（File）菜单：主要用于对文件进行操作，包括新建、打开、导出、打印等，且能对 IDEA 进行设置等。
- 编辑（Edit）菜单：主要用于对文件内容进行操作，包括复制、粘贴、剪切、查找等。
- 视图（View）菜单：该菜单是对各个界面进行设置、操作，界面包括工具栏、状态栏、导航栏等。
- 导航（Navigate）菜单：用于快速定位到资源处，比如查找指定类、文件、父方法，定位到指定行等。
- 代码（Code）菜单：用于对代码进行操作，比如把整行代码上移或下移、构造通用代码、快捷注释代码等。还要记住该菜单的几个常用快捷键，可提高编写代码时的效率。
- 分析（Analyze）菜单：用于对代码进行分析、检查等操作。
- 重构（Refactor）菜单：用于对资源进行重构操作，比如对类名、变量名等进行重构操作后，所有使用了该资源的地方都会全部一起更改，避免人工逐个查找修改。
- 构建（Build）菜单：用于构建项目。
- 运行（Run）菜单：用于运行代码相关操作，比如运行、测试等。
- 工具（Tools）菜单：用于把文件、项目保存为模板等。
- 版本（VCS）菜单：用于版本控制相关操作。
- 窗体（Window）菜单：用于对各个窗体进行相关操作。

- 帮助（Help）菜单：用于查看 IDEA 使用手册、注册、更新、反馈等。

2.4 JShell 交互式编程

对于初学者来说，有一个非常有用的工具可以帮助学习 Java，这个工具就是 Java Shell（JShell）。JShell 是在 Java 9 中引入的，提供了一种"读入-求值-输出"循环（Read-Eval-Print Loop，REPL）交互式编程环境，如图 2.33 所示。

图 2.33　JShell

2.4.1　为什么要使用 JShell

常规情况下我们使用经典的"编辑-编译-运行-调试"模式进行程序开发，但对于探索性的编程和某些调试工作，REPL 模式却更加便捷高效。初学 Java，有许多内容是需要快速探索并得到答案的，所以我们必须学会使用 JShell。通过 JShell 可以省却"类定义"和"public static void main(String[] args)方法"，从而快速学习 Java 语法和 API、验证逻辑运算以及调试等。

REPL 模式的核心就在于不断循环"读入-求值-输出"过程，读入就是读取一个来自用户的表达式，比如"var a=1+2+3"。求值就是求出读取的表达式的值，前面例子求值后为"a=6"。输出就是将求值结果展示给用户，前面例子将在屏幕上显示"a ==> 6"。

为什么这么强调使用 JShell 呢？通过前面的学习我们已经知道了 Java 程序开发的大致步骤如下。

1．创建一个后缀为.java 的文件，比如 HelloJava.java。

2．在 HelloJava.java 文件中编写程序。

3．使用编译器（javac）将 HelloJava.java 文件编译成 HelloJava.class 文件，如果使用了 IDEA 则这一步会自动执行。

4．执行 java HelloJava 命令便能执行我们编写的程序，该命令实际上就是调用 JVM 来执行 HelloJava.class 文件中的字节码。

5．如果程序运行结果错误或逻辑有问题，则需要我们找出问题并修复错误，该阶段涉及修改 HelloJava.java 文件。

6．重复上述第 2 步～第 5 步，直至我们觉得程序没问题。

这就是典型的"编辑-编译-运行-调试"模式，这个过程可以通过 REPL 模式进行优化，它能快速验证程序运行结果和逻辑，在验证结果后我们再用验证过的代码编写 Java 源文件，或者不必再编写 Java 源文件，因为我们需要的仅仅只是运行结果。

> **考考你**
> - Java 从哪个版本开始引入 JShell？
> - REPL 是什么？
> - REPL 模式与"编辑-编译-运行-调试"模式相比有什么优势？

2.4.2 JShell 执行代码片段

说了这么多，赶紧看看如何使用 JShell 吧。首先启动 JShell 运行环境，直接打开命令窗口，然后输入 jshell 就能进入 JShell 运行环境，如图 2.34 所示。

对于 Windows 系统，按 Windows 徽标+R 组合键，在左下角弹出的小窗口中输入 cmd 后按回车键，命令窗口就弹出来了。对于 Ubuntu 系统，按 Ctrl+Alt+T 组合键即可打开命令窗口。对于 macOS 系统，按 Command 键+空格键，输入 terminal 即可找到。

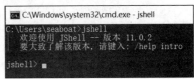

图 2.34 进入 JShell

接着输入"var a=1+2+3"，系统会自动返回"a ==> 6"，告知你 a 变量等于 6，你也可以输入 a 查看 a 变量，或者输入 System.out.println(a) 查看变量 a 的值，如图 2.35 所示。

当我们使用 JShell 后准备退出 JShell 运行环境时，只需输入/exit，如图 2.36 所示。

图 2.35 执行 JShell　　　　图 2.36 退出 JShell

JShell 让我们可以用交互的形式来快速执行代码片段并得到结果，其中代码片段可以是语句、变量、方法、类定义或表达式等。

JShell 中可以通过声明语句来定义一个变量，如代码清单 2.3 所示，输入"int x = 10;"后按回车键便完成了变量 x 的创建，字符串类型变量的创建也类似。

代码清单 2.3　定义变量
```
1.  jshell> int x = 10;
2.  x ==> 10
3.  |  已创建 变量 x : int
4.
5.  jshell> String s = "haha";
6.  s ==> "haha"
7.  |  已创建 变量 s : String
```

在 JShell 中执行表达式后会得到一个值，如代码清单 2.4 所示，比如执行"3+4"会得到一个为 7 的值，并且自动创建一个临时变量来保存它，例子中当前的临时变量名为$13，注意暂存变量名会不断改变。当我们输入$13 时 JShell 将输出它的值和数据类型。当然也可以将表达式的结果赋值给指定的变量，比如执行"int b = 3 + 4;"会将结果赋值给变量 b，当我们输入 b 时会输出它的值和数据类型。

代码清单 2.4　执行表达式
```
1.   jshell> 3 + 4
2.   $13 ==> 7
3.   |  已创建暂存变量 $13 : int
4.
5.   jshell> $13
6.   $13 ==> 7
7.   |  $13 的值: int
8.
9.   jshell> int b = 3 + 4;
10.  b ==> 7
11.  |  已创建 变量 b : int
12.
13.  jshell> b
14.  b ==> 7
15.  |  b 的值: int
```

也可以在 JShell 中定义方法，如代码清单 2.5 所示。由于方法一般有多行代码，因此在编写完一行代码并按回车键后会进入下一行的编写，此时当前行提示符不再是 jshell>，而是 "...>"，直到完整的方法编辑完成后按回车键。下面例子展示了方法的创建，创建完成后可以直接调用该方法。

代码清单 2.5　创建方法
```
1.   jshell> void printInfo(String info){
2.      ...>          System.out.println("input info : " + info);
3.      ...> }
4.   |  已创建 方法 printInfo(String)
5.
6.   jshell> printInfo("hello world");
7.   input info : hello world
```

注意提示符的变化，从 jshell> 变成 ...>

假如某个变量、方法或类在前面已经定义过了，那么如果想要覆盖它们则可以通过重定义来实现。所谓重定义就是重新定义一个与之前元素名称相同的元素，从而覆盖原来的定义。如代码清单 2.6 所示，JShell 会提示"更新已覆盖"。对于方法和类的重定义也是一样的。

代码清单 2.6　变量重定义
```
1.   jshell> int aa = 10;
2.   aa ==> 10
3.   |  已创建 变量 aa : int
4.
5.   jshell> int aa = 20;
6.   aa ==> 20
7.   |  已修改 变量 aa : int
8.   |    更新已覆盖 变量 aa : int
9.
10.  jshell> String aa = "haha";
11.  aa ==> "haha"
12.  |  已替换 变量 aa : String
13.  |    更新已覆盖 变量 aa : int
```

当执行的代码片段有错误时 JShell 会抛出异常，如代码清单 2.7 所示，比如我们定义了一个除法方法，当我们传入的除数为 0 时会抛出 "java.lang.ArithmeticException：/ by zero"异常。

代码清单 2.7　抛出异常

发生异常了. . .

```
1.   jshell> int divide(int x, int y){
2.      ...>     return x/y;
3.      ...> }
4.   |  已创建 方法 divide(int,int)
5.
6.   jshell> divide(6,0);
7.   |  异常错误 java.lang.ArithmeticException: / by zero
8.   |        at divide (#2:2)
9.   |        at (#3:1)
```

最后我们要注意，每次打开 JShell 都是独立的，在之前打开的 JShell 中定义过的变量、方法、类都不会被保存，它们都只是临时性的，当 JShell 关闭时将被全部清除，所以 JShell 只适合临时实验性编程。

考考你
- JShell 中可执行的代码片段包括哪些？
- 如何对变量进行重定义？
- 什么情况下会产生临时变量？

动手做一做
　　打开命令窗口并成功进入 JShell 环境，然后将本节所有示例的代码都执行一遍，观察结果是否与书中的相同。

2.4.3　JShell 常用命令

　　JShell 也有自己的命令，这些命令用于执行特殊操作或展示信息，所有命令都以斜杠（/）开始，以便与代码片段区分开。

　　我们可以通过命令 "/vars" 来查看所有定义过的变量或隐藏变量，如代码清单 2.8 所示。假设我们定义了 a、b、c 三个变量并自动生成了一个隐藏变量，那么通过 "/vars" 命令就能得到如下的结果。

代码清单 2.8　查看所有变量

```
1.   jshell> /vars
2.   |      int a = 10
3.   |      int b = 20
4.   |      int c = 30
5.   |      int $4 = 40
```

如果想要查看所有定义过的方法则可以使用/methods 命令进行查看，如代码清单 2.9 所示。假设我们定义了 test()、test2()和 test3()三个方法，通过/methods 命令查询出的结果如下。

代码清单 2.9　查看所有方法

```
1.   jshell> /methods
2.   |      String test()
```

```
3.  |        void test2(String)
4.  |        int test3()
```

对于定义过的类可以通过/types 命令来查看，如代码清单 2.10 所示。假设我们定义了 A、B、C 三个类，那么通过/types 命令查询出的结果如下。

代码清单 2.10　查看所有类
```
1.  jshell> /types
2.  |    class A
3.  |    class B
4.  |    class C
```

当我们想查看已经执行过哪些代码片段时可以通过/list 命令来查看，如代码清单 2.11 所示。它可以按顺序将执行过的代码片段都打印出来，比如下面一共执行了 4 个代码片段。

代码清单 2.11　查看执行过的代码片段
```
1.  jshell> /list
2.    1 : int a = 10;
3.    2 : class A{
4.         int x;
5.         int y;
6.       }
7.    3 : System.out.println("haha");
8.    4 : 20+40
```

想要退出 JShell 可以使用/exit 命令，如代码清单 2.12 所示。退出后会回到原来命令窗口。

代码清单 2.12　退出 JShell
```
1.  jshell> /exit
2.  |  再见
3.
4.  C:\Users\seaboat>
```

还有其他一些不太常用的命令，可以通过/help 命令来查看帮助文档。

考考你
　　JShell 命令以什么符号开始？

动手做一做
　　在 JShell 中输入本节学习的所有命令。

第 3 章

基础知识

3.1 注释

我们在编写 Java 程序时除编写好代码以外还有一件非常重要的事情必须要做，那就是给程序编写注释。一个没有注释的程序会大大增加错误发生的概率，特别是如果在大型项目中缺失注释，将会导致后期维护举步维艰。那么什么是注释呢？注释就是用文字去描述某行或若干行代码的作用是什么，这样就可以很方便地帮助我们阅读程序，有效防止隔一段时间后就忘记了某些代码的作用，并且在写注释的过程中，也能帮助我们更好地厘清代码的逻辑。

Java 程序支持以下三种类型的注释。
- 单行注释：以//开头，其后为注释内容，格式为"// 注释内容"。
- 多行注释：以/*开头并以*/结尾，其间为注释内容，格式为"/* 注释内容 */"。
- 文档注释：以/**开头并以*/结尾，其间为注释内容，注释内容包含了 Javadoc 标签，格式为"/**文档注释标签*/"。

我们知道 Java 代码是会被编译的，然而注释却不会被 Java 编译器编译，所以不管你增加了多少注释都不会影响代码的逻辑。也就是说，当编译器遇到//时会忽略该行的文本，当编译器遇到/*时会查找下一个*/并忽略其间所有行的任何文本，当编译器遇到/**时会查找下一个*/并忽略其间所有文本。

3.1.1 单行注释

对于单行注释只能在同一行编写注释内容，如代码清单 3.1 所示。

代码清单 3.1 单行注释
```
1.  public class CommentOneLine {
2.      public static void main(String args[]) {
3.          // 这是单行注释，输出"单行注释"
```

```
4.        System.out.println("单行注释");
5.    }
6. }
```

3.1.2 多行注释

多行注释能够在多行上编写注释内容,如代码清单 3.2 所示。

代码清单 3.2　多行注释

```
1. public class CommentMultiLine {
2.    public static void main(String args[]) {
3.        /*
4.         * 这是多行注释
5.         * 可以分成多行进行注释
6.         * 输出"多行注释"
7.         */
8.        System.out.println("多行注释");
9.    }
10. }
```

3.1.3 文档注释

文档注释一般位于类、方法和变量上面,它也支持多行注释,文档注释的内容在后期能通过 Javadoc 工具生成说明文档,文档以 HTML 网页格式文件提供,使我们更加便捷地查看 Java 程序中的相关信息。Javadoc 支持很多标签,这里我们举个例子,如代码清单 3.3 所示。其中的 area 方法用来计算长方形面积,传入的是长方形的长度和宽度,返回的是长方形的面积。

代码清单 3.3　文档注释

```
1. public class CommentJavadoc {
2.
3.    /**
4.     * 文档注释<br>
5.     * 根据传入的长度和宽度计算长方形面积
6.     * @param heigth 表示长方形的长度
7.     * @param width 表示长方形的宽度
8.     * @return 长方形的面积
9.     */
10.   public int area(int heigth, int width) {
11.       return heigth * width;
12.   }
13.
14. }
```

添加如上的注释后我们再执行 javadoc CommentJavadoc.java 命令,如图 3.1 所示,就会生成对应的 HTML 页面,我们用浏览器打开 CommentJavadoc.html 页面就能够看到生成的说明,其中清晰描述了 area 方法的功能和参数,如图 3.2 所示。

图 3.1　生成说明　　　　　　　　　　　　图 3.2　查看说明

考考你
- 为什么要编写注释？
- Java 注释有哪几种？
- 单行注释是以/*开头并以*/结尾吗？
- 文档注释能通过 Javadoc 来生成 HTML 格式文件吗？

动手做一做
在你的第一个 Java 程序中添加三种注释，注释内容读者按自己喜好添加。

3.2　标识符和关键字

　　Java 语言中的所有逻辑对象都有自己的标志，包括类名、变量名、常量名、方法名、接口名等，这些用来命名的标志被称为标识符。标识符应该符合以下规则。

- 标识符可以由一个或多个字符组成，比如"a"和"aaa"。
- 标识符由字母（a~z 和 A~Z）、数字（0~9）、下划线（_）以及美元符号（$）所组成，比如"name""_name""name1"和"$Name"。
- 标识符不能以数字开头，比如 1name 是不允许的。
- 标识符不能命名为 Java 所保留的关键字，比如 class 和 new 都是不允许的。
- 标识符的长度没有限制且大小写敏感，比如 myClass 和 MyClass 不同。

　　Java 语言有一些官方推荐的做法，我们尽量去遵守它们，这样大家编写的 Java 代码的风格就相对统一，大大增加了代码的可读性。对于标识符，Java 推荐的命名方式如下。

- 标识符采用简单的有意义的命名单词，比如使用 name 表示姓名，age 表示年龄。
- 如果是类名则首字母要大写，比如 HelloJava。

- 如果是方法名和变量名则采用驼峰原则，所谓的驼峰原则就是首单词小写，第二个单词开始首字母大写，比如 studentName 和 studentAge。
- 如果是常量名则使用大写字母和下划线组合，比如 "MAX_VALUE" 和 "MIN_VALUE"。

关键字即 Java 语言的保留字，由于 Java 编译器需要将某些单词赋予特殊的意义，因此规定 Java 开发人员不能使用这些特殊的单词。关键字在程序编译和运行的过程中具有特殊的用途。我们的第一个 Java 程序中就可以看到很多关键字，包括 public、class、static 等，如图 3.3 所示。

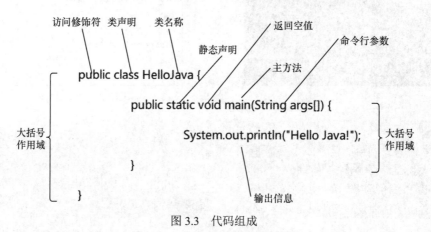

图 3.3　代码组成

下面我们在表 3.1 中将 Java 中的所有关键字列出来，并简单地对其进行介绍，至于更详细的使用方法会在后面的章节中介绍。同时也要注意一定不要去死记硬背这些关键字，因为随着对 Java 学习的逐步深入，我们自然而然就会记住并灵活使用它们了。

表 3.1　Java 包含的所有关键字

关键字	含义
abstract	用来声明类或者成员方法是抽象的
assert	表示断言，用于程序调试
boolean	用于声明布尔类型
switch	用于 switch 语句
break	用于跳出一个循环或 switch 语句
byte	用于声明字节类型
case	用于 switch 语句中，表示其中的一个分支
catch	用于异常机制中捕获异常
char	用于声明字符类型
class	用于声明一个类
const	保留关键字，没有具体含义
continue	用于在循环体中跳过本次执行
default	用于表示默认，在 switch 语句中表示一个默认的分支，也用于声明接口的默认实现

续表

关键字	含义
do	用于 do-while 循环结构
double	用于声明双精度浮点数类型
else	用于 if 条件语句当条件不成立时的分支
enum	用于声明枚举类型
extends	用于表明某个类或接口派生于另一个类或接口
final	用于声明类、方法、属性具有最终性，被声明的类不能派生出子类，被声明的方法不能被覆盖，被声明的属性值不能被改变
finally	用于声明不管异常发生还是不发生都一定会执行
float	用于声明单精度浮点数类型
for	用于 for 循环结构
goto	保留关键字，没有具体含义
if	用于 if 条件语句
implements	用于声明一个类实现了指定的接口
import	用于声明要导入的包或类，以便让当前代码能访问这个包或类
instanceof	用于测试一个对象是否为指定类型的对象
int	用于声明整数类型
interface	用于声明接口
long	用于声明长整数类型
native	用于声明本地方法
null	用于声明一个变量为空
new	用于创建新对象
package	用于声明包
private	用于声明访问控制方式为私有模式
protected	用于声明访问控制方式为保护模式
public	用于声明访问控制方式为公有模式
return	用于指定方法执行后返回的数据
short	用于声明短整数类型
static	用于声明方法或属性是静态的
strictfp	用于声明类、接口或方法使用精确浮点形式
super	用于调用父类对象的方法或属性

续表

关键字	含义
synchronized	用于声明某个方法或某段代码是同步的
this	表示当前对象的引用
throw	用于抛出一个异常
throws	用于声明在当前方法中所有需要抛出的异常
transient	用于声明不参与序列化的属性
try	用于尝试执行一个可能抛出异常的代码块
void	用于声明当前方法没有返回值
volatile	用于声明某个变量具有内存可见性
while	用于 while 循环结构

考考你
- 标识符可以由字母、数字、下划线以及人民币符号组成吗？
- 可以用"$111"作为标识符吗？
- 可以用"123abc"作为标识符吗？
- 可以用"default"作为标识符吗？

动手做一做
分别写出三个合法的标识符和三个不合法的标识符，最后用 JShell 验证。

3.3 变量

说到变量最先想到的就是方程，比如方程 y=x+3 中的 x 和 y 都是变量。变量，顾名思义，就是可以改变的量。Java 中的变量也是指可以改变的量，比如我们定义了一个变量 a，就可以通过赋值来改变它的值。

变量的本质可以看成一个"可操作的内存空间"，这个内存空间的位置、类型、大小都是确定的，我们可以通过变量名来访问这个内存空间。通过图 3.4 来帮助大家理解变量，"int height;"这行代码声明了一个变量名为 height 的变量，该变量的数据类型为 int，由于我们没有指定它的值，因此它默认为 0。类似地，"int age = 30;"则声明了一个 age 变量，该变量为 int 类型，该变量的值为 30。

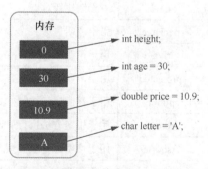

图 3.4 内存空间

由于 Java 是一门强类型编程语言，因此对于所有变量都必须指定数据类型。所有变量都必须先声明后才能使用，只有符合指定数据类型的值才能存放到变量中。

3.3.1 变量的声明与赋值

使用变量前要进行声明，下面我们看如何对变量进行声明，常见的声明语法有如下 4 种，对应示例如代码清单 3.4 所示。

- 数据类型 变量名;
- 数据类型 变量名 1,变量名 2,...;
- 数据类型 变量名 = 初始值;
- 数据类型 变量名 1 = 初始值 1,变量名 2 = 初始值 2,...;

代码清单 3.4　变量声明

```
1.   int a;//声明变量 a
2.   int a,b,c;//声明变量 a、变量 b、变量 c
3.   int a = 10;//声明变量 a 并赋值为 10
4.   int a = 10,b = 2,c = 5;  //声明变量 a、变量 b、变量 c 并分别赋值为 10、2、5
```

变量名的命名应该符合之前讲解的"标识符"规则。

后两种方式在声明时同时进行了赋值操作，而前两种方式则仅声明而不进行赋值，在后面适合的时机才对其进行赋值。比如代码清单 3.5 中声明了变量 a，后面才将 10 赋值给变量 a。

代码清单 3.5　声明与赋值

```
1.   int a;//声明
2.   a = 10;//赋值
```

注意，在类内部只有方法外的变量才能只声明而不显式地赋值，而在方法内的变量就必须要显式地赋值，否则编译时会产生错误。

3.3.2 三类变量

变量根据作用范围可以分为三类，分别为局部变量、成员变量以及静态变量。

在方法内部或者代码块中定义的变量被称为局部变量，局部变量的生命周期从声明的位置开始到方法或代码块结束的位置结束。直接看代码清单 3.6，在 main 方法内部声明了变量 a 并赋值，接着的一对大括号内部声明了变量 b 并赋值，结果是在这对大括号范围内可以访问变量 a 和变量 b，但在这对大括号之外不能访问变量 b。

代码清单 3.6　局部变量示例

```
1.   public class VariableLocalTest {
2.       public static void main(String[] args) {
3.           int a = 10;
4.           {
5.               int b = 11;
6.               System.out.println(a);
7.               System.out.println(b);
8.           }
9.           System.out.println(a);
10.          //System.out.println(b);//已超出变量 b 的作用范围，导致错误
11.      }
12.  }
```

输出结果：

```
1.  10
2.  11
3.  10
```

成员变量也称为全局变量或者实例变量，它是在类内部且在方法外所声明的非静态变量。成员变量的生命周期从对象被创建开始到对象被销毁结束。如代码清单 3.7 所示，我们在 VariableGlobalTest 类内部声明了一个成员变量，在 main() 方法中通过 new VariableGlobalTest() 创建了一个 VariableGlobalTest 对象，然后输出该对象的成员变量 a，接着通过 "vg = null;" 销毁该对象，此后便不能再访问该对象的成员变量 a 了。

代码清单 3.7　成员变量示例

```
1.  public class VariableGlobalTest {
2.      int a = 10;
3.
4.      public static void main(String[] args) {
5.          VariableGlobalTest vg = new VariableGlobalTest();//创建 VariableGlobalTest 对象
6.          System.out.println(vg.a);//通过 VariableGlobalTest 对象访问成员变量 a
7.          vg = null;//销毁 VariableGlobalTest 对象
8.          System.out.println(vg.a);
9.      }
10. }
```

静态变量也称为类变量，它是在类内部且在方法外所声明的属于类的变量。静态变量的生命周期从类被加载开始到类被卸载结束。如代码清单 3.8 所示，在 VariableStaticTest 类中声明一个静态变量 a，然后在 main 方法中可以通过三种方式来访问静态变量 a。

代码清单 3.8　静态变量示例

```
1.  public class VariableStaticTest {
2.      static int a = 10;
3.
4.      public static void main(String[] args) {
5.          VariableStaticTest vs = new VariableStaticTest();//创建 VariableStaticTest 对象
6.          System.out.println(a);
7.          System.out.println(vs.a);//通过 VariableStaticTest 对象访问静态变量 a
8.          System.out.println(VariableStaticTest.a);//通过 VariableStaticTest 类访问静态变量 a
9.      }
10. }
```

> **考考你**
>
> - 说说你对变量本质的理解。
> - Java 的所有变量在使用之前都必须进行声明吗？
> - 列出 4 种声明变量的语法。
> - 变量分为哪三类？
> - 局部变量的作用范围是在方法和代码块内吗？

动手做一做

先声明一个变量 a 表示苹果的单价并赋值为 15，然后声明一个变量 b 表示苹果的重量并赋值为 3，最后计算苹果的总价。

3.4 常量

所谓的常量就是值一直不变的量，它只能在初始化时被赋值一次，然后在程序的整个运行过程中都无法再次修改它的值。对比 3.3 节学习的变量，常量就像是对应的内存在第一次赋值后就被上了锁，后面不允许再修改常量所对应的内存，而使用变量的话就能无限制地修改变量所对应的内存，如图 3.5 所示。

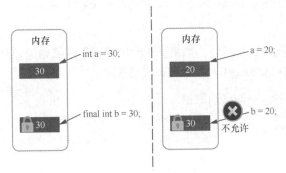

图 3.5 常量只能被赋值一次

有了变量为什么还需要常量呢？首先，有些场景中需要约束变量不被修改，这时常量就能很好地满足这个条件；其次，常量使我们的程序更易阅读和理解；最后，常量能提升执行性能，JVM 会对常量进行缓存从而使执行性能更好。

那么如何才能声明一个常量呢？Java 中声明一个常量时需要使用 final 关键字，final 意为最终的，所以该关键字的作用就是使常量在第一次赋值后就不允许再次被修改，语法如下：

常量就是一直不变的量

final 数据类型 常量名 = 初始值;

与变量类似，根据作用范围可以将常量分为三类，分别为局部常量、成员常量以及静态常量。这三类常量的作用范围与对应变量的是一致的，所以这里不再展开讲解，接下来我们通过一段融合了这三类常量的代码来学习。

代码清单 3.9 展示了局部常量、成员常量和静态常量的声明及使用，读者可以参考代码中的注释仔细看一遍。注意，推荐用大写字母来命名常量，这样能更好地与变量区分。

代码清单 3.9 各常量的声明及使用

```
1.  public class ConstantTest {
2.      final int CONSTANT_A = 10;//成员常量
3.      final static int CONSTANT_B = 11;//静态常量
4.
5.      public static void main(String[] args) {
```

```
6.         final int CONSTANT_C = 12;//局部常量
7.         ConstantTest ct = new ConstantTest();//创建ConstantTest对象
8.         {
9.             final int CONSTANT_D = 13;//局部常量
10.            System.out.println(ct.CONSTANT_A);//通过ConstantTest对象访问
                                                //成员常量CONSTANT_A
11.            System.out.println(CONSTANT_B);
12.            System.out.println(CONSTANT_C);
13.            System.out.println(CONSTANT_D);
14.        }
15.        //通过ConstantTest对象访问成员常量CONSTANT_A
16.         System.out.println(ct.CONSTANT_A);
17.        System.out.println(CONSTANT_B);
18.        System.out.println(CONSTANT_C);
19.        //System.out.println(CONSTANT_D);//已超出常量CONSTANT_D的作用范围，导致错误
20.    }
21. }
```

常量必须在声明的同时进行赋值，如果仅声明常量而不赋值则编译时会报错。比如代码清单3.10，执行javac ConstantInitializeTest.java编译时会报错。

代码清单3.10　常量声明时必须赋值

```
1. public class ConstantInitializeTest {
2.     final static int CONSTANT_A;
3. }
```

报错：

```
1. ConstantInitializeTest.java:3: 错误: 常量CONSTANT_A未在默认构造器中初始化
2.         final static int CONSTANT_A;
                            ^
3. 1个错误
```

常量也不允许进行二次赋值，如果对某个常量进行二次赋值，则在编译时会产生"无法为最终常量CONSTANT_A分配值"的错误，如代码清单3.11所示。

代码清单3.11　常量不允许二次赋值

```
1. public class ConstantAssignTest {
2.     public static void main(String[] args) {
3.         final int CONSTANT_A = 12;
4.         CONSTANT_A = 20;
5.     }
6. }
```

报错：

```
1. ConstantAssignTest.java:6: 错误: 无法为最终常量CONSTANT_A分配值
2.             CONSTANT_A = 20;
                ^
3.
4. 1个错误
```

考考你

- 常量与变量有什么不同之处？
- 局部常量、成员常量以及静态常量的作用范围分别是什么？
- 推荐常量名使用全大写形式是为了能更好地与变量区分吗？

- 可以先声明一个常量，然后在后面必要时赋值吗？
- 如果发现常量的值赋错了可以重新修改值吗？

动手做一做

分别定义三个静态常量：ONE_MINUTE 表示一分钟有 60 秒；ONE_HOUR 表示一小时有 60 分钟；ONE_DAY 表示一天有 24 小时。然后计算一天一共有多少秒。

3.5　Java 的数据类型

对于任何编程语言来说，数据类型都是最基本的概念，也是新手入门时必须最先学习的知识。Java 是一门强类型语言，所谓强类型就是强制定义类型，必须为每个变量定义类型，比如当我们声明变量 a 时必须说明它是整数还是小数。强类型的优势在于所编写的代码更易理解，而且可以在编译的过程中发现许多容易被人忽略的错误。

Java 语言的数据类型可以分为两大类，即基本数据类型和引用数据类型，如图 3.6 所示。

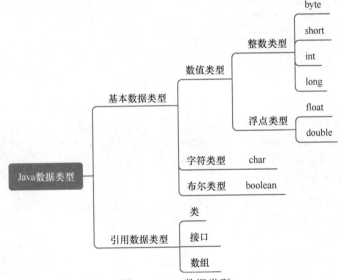

图 3.6　Java 数据类型

- **基本数据类型**。它是 Java 语言规范中定义的最基本的类型，Java 语言一共有 8 种基本数据类型，分别通过 byte、short、int、long、float、double、char 与 boolean 这 8 个关键字来表示。这 8 种类型可以归类为数值类型、字符类型和布尔类型，数值类型又可以进一步分为整数类型和浮点类型。
- **引用数据类型**。用于表示某个对象的引用，引用就好比是指向某个对象的内存地址，可以通过这个地址找到我们想要的对象。引用数据类型可以是类、接口或数组。我们先初步了解即可，后面章节会做更详细的讲解。

可能大家会产生疑惑，Java 语言为什么要定义这些数据类型呢？这事还得从计算机内存结构说起，内存中可以操作的最小单位是字节（byte），1 字节等于 8 位（bit），也就是说由 8 个 1 或 0 组成。Java 定义了一个 byte 整数类型，它可以存放 8 位二进制数，即数值范围为 00000000～11111111，换算成十进制数为 0～255。那么超过 8 位的二进制整数在 byte 类型的空间存放不下该怎么办呢？我们可以用 16 位的 short 类型、32 位的 int 类型或 64 位的 long 类型来表示。类似地，浮点类型可以由 32 位的 float 类型或者 64 位的 double 类型来表示，各种基本数据类型所占用的位数如图 3.7 所示。

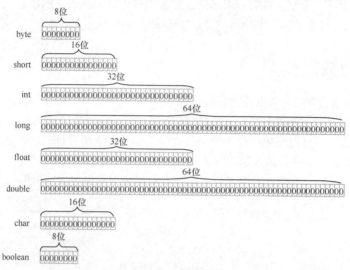

图 3.7　数据类型位数

回到上面的问题，定义数据类型实际上就是指定用多少位的内存空间来保存数据，而且指定数据是什么类型。这样做的好处有以下几点。

- **充分利用内存资源**。我们可以根据实际情况选择数据存储空间，比如年龄用 byte 类型就足够了，不必选择 int 或 long 类型，这样能更好地利用内存资源。
- **更优的纠错机制**。集成开发环境（如 IDEA）能检测赋值是否正确，比如声明了一个 int 类型的变量，却为其赋值 0.5，这时集成开发环境就会检测出来并提示错误。
- **限定操作**。不同的数据类型有各自特定的作用和操作，比如数值类型可以进行加减乘除操作，而字符类型和布尔类型则不能执行该操作，所以说数据类型可以限定操作。

表 3.2 列出了各种基本数据类型所占用的内存空间大小、默认值以及取值范围。可以清晰看到 4 种整数类型和两种浮点类型的取值范围，最后两种数据类型比较特殊，其中 char 类型的取值范围是 Unicode 字符集（\u0000~\uFFFF），而 boolean 类型的值只能是 true 或 false。

表 3.2　基本数据类型说明

数据类型	占用内存	默认值	取值范围
byte	1 字节	0	-128~127
short	2 字节	0	-32768~32767
int	4 字节	0	-2147483648~2147483647

续表

数据类型	占用内存	默认值	取值范围
long	8 字节	0L	-9223372036854775808~9223372036854775807
float	4 字节	0.0f	1.4e-45~3.4028235e+38
double	8 字节	0.0d	4.9e-324~1.7976931348623157e+308
char	2 字节	'\u0000'	Unicode 字符集(\u0000~\uFFFF)
boolean	1 字节	false	true 或 false

考考你

- Java 数据类型分为哪两大类？
- 基本数据类型和引用数据类型各包括哪些？
- Java 语言定义数据类型有什么好处呢？
- byte、short、int、long、float、double、char 与 boolean 各自占用多大内存空间？
- 可以用哪种数据类型表示我国的人口数？
- "你"这个字应该用什么数据类型表示？

动手做一做

验证 8 种基本数据类型的默认值是否与表 3.2 的一致。还记得怎么打开 JShell 工具吗？忘记了的话就回到 2.4 节重新学习吧。进入 JShell 运行环境后分别输入 "byte b" "short s" "int i" "long l" "float f" "double d" "char c" 以及 "boolean bool"，看看每种数据类型的默认值是多少。注意 char 类型的默认值这里输出为''，它实际就是'\u0000'所对应的 Unicode 空值字符，注意是空值而非空格。

3.6 整数类型

整数类型用来定义整数，就是数学上的整数。Java 中一共有 4 种整数类型，分别为 byte、short、int 和 long，它们既可以存放正整数也可以存放负整数。它们的差异在于存储空间的大小不同，从 1 字节到 4 字节，字节数越大就能表示数值越大的整数，如图 3.8 所示。

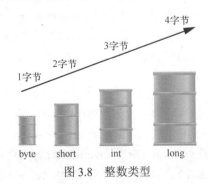

图 3.8 整数类型

3.6.1 整数类型的选择

对于这 4 种整数类型该如何选择呢？主要是根据实际情况进行选择，比如下面 4 种情况。
- 描述年龄使用 byte 类型足矣，因为除了极少数人，其他普遍不超过 127。
- 描述我国 A 股上市公司数量使用 short 类型，目前上市公司数量有 4000 多家，而且可预见的是未来也不会超过 short 的最大值。
- 描述我国人口数可以使用 int 类型，因为未来也不太可能超过 21 亿人口。
- 描述银河系中数千亿的恒星则要使用 long 类型。

下面我们通过代码清单 3.12 来看如何定义整数类型，"byte age = 100;"表示声明了一个 byte 类型的 age 变量并将其赋值为 100。类似地，声明 short 类型、int 类型和 long 类型，最后我们通过 System.out.println()将我们定义的变量都输出到控制台。

代码清单 3.12　定义整数类型
```
1.   public class IntegerTest {
2.       public static void main(String args[]) {
3.           byte age = 100;
4.           short listedCompany = 4000;
5.           int chinesePopulation = 1370000000;
6.           long galaxyStar = 400000000000L;
7.
8.           System.out.println("年龄：" + age);
9.           System.out.println("上市公司数：" + listedCompany);
10.          System.out.println("我国人口：" + chinesePopulation);
11.          System.out.println("银河系恒星数：" + galaxyStar);
12.      }
13.  }
```

结果输出为：

1. 年龄：100
2. 上市公司数：4000
3. 我国人口：1370000000
4. 银河系恒星数：400000000000

注：代码清单 3.12 中提到的我国人口数是作者随意定义的，有关我国实际的人口数请以官方统计口径为准。

还记得如何编译并运行代码吗？将代码保存到 IntegerTest.java 文件中，然后在命令窗口中执行 javac IntegerTest.java 进行编译，最后执行 java IntegerTest 便能执行程序并输出结果。当然，我们推荐使用 IDEA 进行开发，这样直接点击"运行"即能自动编译并运行。

3.6.2 默认整型

代码中的所有整数默认都是 int 类型的，比如上述代码中的 100、4000 和 1370000000 三个数值实际上刚开始都是 int 类型的，当我们将它们赋值给 byte 或 short 变量时会被编译器处理成对应的类型。

下面我们来验证默认类型是不是 int。由于 Java 语言没有提供检测基本数据类型的方法，因此我们只能间接来证明。我们通过代码清单 3.13 让编译器告知我们 200 和 40000 是什么类型，通过"javac IntegerDefaultTypeTest.java"命令编译代码时产生了如下的报错信息。很明显,"从 int 转换到 byte 可能会有损失"和"从 int 转换到 short 可能会有损失"都已经告知我们默认类型就是 int。

代码清单 3.13　用编译器检测数据类型
```
1.   public class IntegerDefaultTypeTest {
2.       public static void main(String args[]) {
3.         byte age = 200;
4.         short listedCompany = 40000;
5.       }
6.   }
```

报错信息:
```
1.   IntegerDefaultTypeTest.java:5: 错误: 不兼容的类型: 从 int 转换到 byte 可能会有损失
2.                  byte age = 200;
3.                             ^
4.   IntegerDefaultTypeTest.java:6: 错误: 不兼容的类型: 从 int 转换到 short 可能会有损失
5.                  short listedCompany = 40000;
6.                                        ^
7.   2 个错误
```

3.6.3　为什么要加 L

注意,我们在代码清单 3.12 中为 galaxyStar 变量赋值时最后加了一个"L",这是为了声明 400000000000 是 long 类型,而且是强行要求的,否则编译时会报错"错误:整数太大",错误信息如下。如果不添加"L",系统会默认为 int 类型,而 400000000000 明显已经超过 int 类型的取值范围了。解决这个问题的方法就是在后面加"L"来声明该整数为 long 类型,"L"也可以换用小写"l"。

```
1.   IntegerTest.java:8: 错误: 整数太大
2.                  long galaxyStar = 400000000000;
3.                                    ^
4.   1 个错误
```

那么 byte 类型和 short 类型是否不用在后面加上"B"和"S"呢?是的,确实不用加,而且不能加。Java 语言规定了 int 类型可以自动转换成 byte 类型和 short 类型,只要 int 的值不超出 byte 和 short 的取值范围。比如我们把 200 赋值给 age 变量和把 40000 赋值给 listedCompany 变量,会分别得到"从 int 转换到 byte 可能会有损失"和"从 int 转换到 short 可能会有损失"这两个报错信息,从而导致错误。

如果要强制让 int 转换成 byte 或 short 呢?可以在值前面加上"(byte)"和"(short)",如代码清单 3.14 所示,Java 语言规定了这样就是强制类型转换,此时编译不会再报错。但是结果却会因为转换过程中的损失而导致错误,可以看到输出结果中两个值都变成负数了。所以从取值范围大的整型转换到取值范围小的整型时要格外谨慎。

代码清单 3.14　强制类型转换
```
1.   byte age = (byte)200;
2.   short listedCompany = (short)40000;
```

输出结果:
```
1.   年龄:-56
2.   上市公司数:-25536
```

3.6.4 不同进制写法

除了我们比较熟悉的十进制外，在 Java 中还能很方便地使用由二进制、八进制和十六进制表示的整数。Java 中规定以"0b"开头的为二进制整数，以"0"开头的为八进制整数，以"0x"开头的为十六进制整数。通过代码清单 3.15 大家就知道具体的使用方法了。

代码清单 3.15　不同进制

```
1.  public class IntegerCarryTest {
2.      public static void main(String[] args) {
3.          int a = 0b101;
4.          int b = 017;
5.          int c = 10;
6.          int d = 0x16;
7.          System.out.println("a = " + a);
8.          System.out.println("b = " + b);
9.          System.out.println("c = " + c);
10.         System.out.println("d = " + d);
11.     }
12. }
```

输出结果：

```
1.  a = 5
2.  b = 15
3.  c = 10
4.  d = 22
```

考考你
- 整数类型一共有几种，分别是什么，分别使用几字节来保存数据？
- 我们给 long 类型变量赋值时可以不在数值后面加"L"吗？
- 如果想使用二进制、八进制和十六进制，该怎么处理？

动手做一做
- 在 JShell 中定义 byte、short、int 和 long 这 4 种类型的变量，并且为它们随便赋一个值。
- 创建一个 IntegerSumTest.java 文件，然后定义 a、b、c 三个 int 类型的变量，分别赋值为 10、20、30，将三者相加后再输出结果。

3.7 浮点类型

Java 中使用浮点类型来定义小数，包括 float 和 double 两种类型，它们分别使用 4 字节和 8 字节保存数值，保存的值可以是正小数也可以是负小数。我们可以像代码清单 3.16 这样定义浮点类型，"float f = 200.0F"表示声明一个 float 类型的变量并将 200.0 赋值给它，注意后面要加"F"，这是强制要求加的，否则编译时会报错。注意"F"和"f"的意义是一样的，可以任选一个。Java 代码中的小数都默认为 double 类型，所以要在 200.0 后面加上"F"或"f"以表明它是 float 类型，而不是默认的 double 类型。

代码清单 3.16　浮点类型

```
1.  public class DecimalTest {
2.      public static void main(String args[]) {
3.          float f = 200.0F;
4.          float ff = 200.0f;
5.          double d = 200.0;
6.          System.out.println("f = " + f);
7.          System.out.println("ff = " + ff);
8.          System.out.println("d = " + d);
9.      }
10. }
```

输出结果：

```
1.  f = 200.0
2.  ff = 200.0
3.  d = 200.0
```

整数类型与浮点类型能够互相转换吗？Java 允许通过强制转换的方式对它们进行转换，整型转成浮点型会在数值后面添加 ".0"，而浮点型转成整型则会将数值的小数点和小数部分去掉。通过代码清单 3.17 来看它们之间的转换，其中 "(int)" "(float)" 和 "(double)" 就是强制转换操作。需要特别注意的是 200.6 转成整型后为 200，实际上就是损失了小数部分的值。

代码清单 3.17　整型与浮点型的转换

```
1.  public class DecimalIntegerTest {
2.      public static void main(String args[]) {
3.          float f = 200.6f;
4.          double d = 200.0;
5.          int i = (int) f;
6.          int ii = (int) d;
7.          float ff = (float) i;
8.          double dd = (double) i;
9.          System.out.println("i = " + i);
10.         System.out.println("ii = " + ii);
11.         System.out.println("ff = " + ff);
12.         System.out.println("dd = " + dd);
13.     }
14. }
```

输出结果：

```
1.  i = 200
2.  ii = 200
3.  ff = 200.0
4.  dd = 200.0
```

我们都知道除法可能会产生小数，不管是整数相除还是小数相除都可能会产生小数。代码清单 3.18 展示了 Java 中不同类型的除法操作，可以看到 int 类型除以 int 类型得到的结果中小数部分被去掉了，如果要保证结果的准确性，则要将除数或者被除数转为 double 类型或 float 类型。

代码清单 3.18　不同类型的除法

```
1.  public class DecimalDivisionTest {
2.      public static void main(String[] args) {
3.          int a = 2;
4.          int b = 3;
5.          double c = 0.2;
6.          System.out.println(a / b);
7.          System.out.println((float) a / b);
8.          System.out.println(a / (float) b);
9.          System.out.println((double) a / b);
10.         System.out.println(a / (double) b);
11.         System.out.println(a / c);
12.     }
13. }
```

输出结果：

```
1. 0
2. 0.6666667
3. 0.6666667
4. 0.6666666666666666
5. 0.6666666666666666
6. 10.0
```

考考你

- Java 中默认的浮点类型是什么？
- 要将 double 类型强制转换为 float 类型可以怎样操作？
- 浮点型转为整型后会损失小数部分的值吗？
- 整数与整数相除时为了保证结果准确应该怎样操作？

动手做一做

在 JShell 中定义 float 和 double 两种浮点类型的变量，并且为它们随便赋一个值。

3.8　字符类型

Java 使用字符（char）类型来声明字符，char 类型使用两字节（16 位）的 Unicode 编码来表示不同的字符。世界上所有语言的文字和符号都有相应的 Unicode 编码，但由于 char 类型规定只有两字节，因此它只能表示 Unicode 的基本字符，不过这些字符都是最常见的字符，基本够我们使用了。总体而言，Java 语言本身对字符的支持比较完善，支持英文字母、数字、常见中文文字以及各种符号。

3.8.1　定义字符型

我们在定义了一个 char 类型的变量后可以通过单引号将一个字符赋值给该变量，比如 char c = 'A'。代码清单 3.19 中定义了三个 char 类型的变量，为它们分别赋值英文字母"A"、汉字"你"以及数字"1"。

代码清单 3.19　定义字符型
```
1.  public class CharTest {
2.      public static void main(String args[]) {
3.          char c = 'A';
4.          char cc = '你';
5.          char ccc = '1';
6.          System.out.println("c = " + c);
7.          System.out.println("cc = " + cc);
8.          System.out.println("ccc = " + ccc);
9.      }
10. }
```

输出结果：
```
1.  c = A
2.  cc = 你
3.  ccc = 1
```

3.8.2　与整型互相转换

由于编码就是使用不同的数值来表示不同的字符，因此字符型能够与整型互相转换。我们通过代码清单 3.20 来看看是如何转换的。将字符"A"转换成 int 类型后的值为 65，然后将 65 加上 32 后的值强制转换成 char 类型后为字符"a"。类似地，也能将汉字"你"和数字"0"字符转换成对应的编码值。这些编码值实际上就是 Unicode 的编码值，完整的 Unicode 编码可以到 https://unicode-table.com/cn/ 查看。

代码清单 3.20　字符与整型的转换
```
1.  public class CharIntegerTest {
2.      public static void main(String args[]) {
3.          char c = 'A';
4.          int i = c;
5.          int ii = i + 32;
6.          char cc = (char) ii;
7.          char ccc = '你';
8.          int iii = ccc;
9.          char cccc = '0';
10.         int iiii = cccc;
11.         System.out.println("c = " + c);
12.         System.out.println("i = " + i);
13.         System.out.println("cc = " + cc);
14.         System.out.println("iii = " + iii);
15.         System.out.println("iiii = " + iiii);
16.     }
17. }
```

输出结果：
```
1.  c = A
2.  i = 65
3.  cc = a
4.  iii = 20320
5.  iiii = 48
```

为了帮助大家更形象地理解编码值，图 3.9 中给出了 Unicode 前 128 个编码值及其对应的字符，其实就是 ASCII 编码，因为 Unicode 编码完全兼容 ASCII 编码。可以看到大写字母 A～Z 对应 65～90，小写字母 a～z 对应 97～122，数字 0～9 对应 48～57。我们可以很容易发现一个规律：同一个字母的大小写形式的 Unicode 编码值之间相差 32。通过这个规律就可以实现字母大小写的转换。

0～15	NUL	SOH	STX	ETX	EOT	ENQ	ACK	BEL	BS	HT	LF	VT	FF	CR	SO	SI
16～31	DLE	DC1	DC2	DC3	DC4	NAK	SYN	ETB	CAN	EM	SUB	ESC	FS	GS	RS	US
32～47		!	"	#	$	%	&	'	(	)	*	+	,	-	.	/
48～63	0	1	2	3	4	5	6	7	8	9	:	;	<	=	>	?
64～79	@	A	B	C	D	E	F	G	H	I	J	K	L	M	N	O
80～95	P	Q	R	S	T	U	V	W	X	Y	Z	[	\	]	^	_
96～111	`	a	b	c	d	e	f	g	h	i	j	k	l	m	n	o
112～127	p	q	r	s	t	u	v	w	x	y	z	{	|	}	~	DEL

图 3.9　Unicode 前 128 个编码值及对应字符

3.8.3　Unicode 方式赋值

当然我们也可以直接把 Unicode 的编码值赋值给 char 类型变量，格式为“\u”加 4 位十六进制的数，比如“\u0041”。代码清单 3.21 中的十六进制数“0041”“002f”“4f60”转换成十进制数分别为“65”“47”“20320”，对应的 Unicode 编码的字符分别为“A”“/”和“你”。

代码清单 3.21　通过编码值赋值

```
public class CharUnicodeTest {
      public static void main(String args[]) {
       char c = '\u0041';
       char cc = '\u002f';
       char ccc = '\u4f60';
       System.out.println(c);
       System.out.println(cc);
       System.out.println(ccc);
      }
  }
```

输出结果：

```
A
/
你
```

考考你

- char 类型使用多少位来保存数据？
- 可以通过双引号将字符赋值给 char 类型变量吗？
- Unicode 编码的前 128 个字符与 ASCII 编码相同吗？
- 大写字母的编码值加上多少就变成小写字母的编码值？

> **动手做一做**
> 用 JShell 将 "中" "国" "人" 三个字符赋值给三个 char 变量。

3.9 布尔类型

布尔类型的命名取自英国的一个数学家乔治·布尔，他最大的成就就是通过二进制将逻辑与数学进行了融合，从而使逻辑能进行运算操作。由于他在符号逻辑运算领域作出了特殊的贡献，很多编程语言将逻辑运算称为布尔运算，而运算的结果则称为布尔值。布尔值只包含 true 和 false 两个值，分别表示命题为真或为假。

Java 使用 boolean 类型来表示布尔类型，它是一个二值（true 或 false）数据类型。实际上程序中的处理逻辑经常会涉及 boolean 类型的场景，比如是与否、开与关、真与假等。我们可以直接定义一个 boolean 类型变量，然后将 true 或 false 赋值给它，当然也可以将某个表达式的计算结果赋值给它。我们看代码清单 3.22，它可以直接将 true 赋值给变量 b，也可以将表达式 "10 > 8" 和 "10 == 20" 的计算结果分别赋值给 bb 和 bbb，true 表示命题为真，false 则表示命题为假。

代码清单 3.22　boolean 类型使用
```
1.  public class BooleanTest {
2.      public static void main(String[] args) {
3.          boolean b = true;
4.          boolean bb = 10 > 8;
5.          boolean bbb = 10 == 20;
6.          System.out.println("b: " + b);
7.          System.out.println(" "10 大于 8" 命题: " + bb);
8.          System.out.println(" "10 等于 20" 命题: " + bbb);
9.      }
10. }
```

输出结果：
```
1.  b: true
2.  "10 大于 8" 命题: true
3.  "10 等于 20" 命题: false
```

相比于 Java 中的 boolean 类型，很多编程语言并没有所谓的布尔类型。使用这些语言编程时一般会有一个约定，那就是 0 表示 false，非 0 则表示 true。那么在 Java 中整型数值能赋值给 boolean 变量吗？或者 boolean 类型能转换成整数类型吗？通过代码清单 3.23 就能知道答案了。执行 javac BooleanIntegerTest.java 命令进行编译，结果为 "错误: 不兼容的类型: boolean 无法转换为 int" 和 "错误: 不兼容的类型: int 无法转换为 boolean"。

代码清单 3.23　转换错误
```
1.  public class BooleanIntegerTest {
2.      public static void main(String[] args) {
3.          boolean b = true;
```

```
4.         int i = (int)b;
5.         boolean bb =(boolean)0;
6.     }
7. }
```

编译报错：

```
1. BooleanIntegerTest.java:5: 错误: 不兼容的类型: boolean 无法转换为 int
2.            int i = (int)b;
3.                         ^
4. BooleanIntegerTest.java:6: 错误: 不兼容的类型: int 无法转换为 boolean
5.            boolean bb =(boolean)0;
6.                                ^
7. 2 个错误
```

> **考考你**
> - 布尔类型是为纪念哪位数学家的杰出贡献而命名的？
> - boolean 类型包含哪两个值？
> - 数值 0 可以转换成布尔类型 false 吗？

> **动手做一做**
> 用 JShell 验证 boolean 的默认值是 true 还是 false。

3.10 类型转换

我们编写代码时有时会将某种类型的数值赋值给另一种类型的变量，比如存在一个 int 类型的变量 a，现在要将一个 double 类型的数值 4.0 赋值给变量 a，此时就涉及类型转换问题，如图 3.10 所示。只有将一个数值转换成变量的类型才能将其赋值给该变量，否则将会导致赋值操作产生错误。

对于互相兼容的两种类型，Java 编译器会在编译时根据类型自动转换，而对于互不兼容的两种类型则需要我们在代码中添加转换逻辑。根据这两种情况可以将类型转换分为两种方式：隐式类型转换（自动类型转换）和显式类型转换（强制类型转换）。

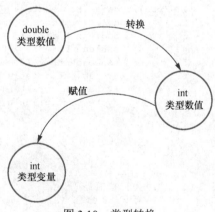

图 3.10　类型转换

3.10.1　隐式类型转换

隐式类型转换由编译器负责转换工作，不在 Java 代码层面显式指定转换。这种转换方式一般用于由较少位的类型向较多位的类型转换，这样才能避免信息丢失。如图 3.11 所示，8 位空间的类型可以转换成 16 位、32 位或 64 位的类型，其他转换也类似，都是由较少位到较多位的类型转换。由于更多位的空间能保存的信息更多，因此这种转换能做到不丢失信息。

下面来看看 Java 的 8 种基本数据类型之间是如何进行隐式转换的，图 3.12 能让大家清晰看到它们之间的转换关系。图 3.12 中的箭头表示某种类型可以转换成所指向的类型。需要注意的是，如果某种类型能通过箭头间接流转到另一种类型，则说明这个转换也是可行的，比如 byte 类型到 float 类型，由于 byte 可以先转换到 short，再转换到 int，最后转换到 float，因此 byte 类型可以隐式转换成 float 类型。跟着图 3.12 可以依次列出每种数据类型的隐式转换的情况。

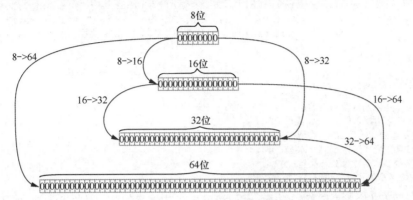

图 3.11　隐式类型转换

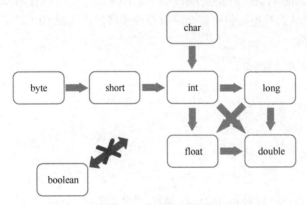

图 3.12　隐式转换关系

结合上述介绍的转换情况我们看看下面的代码清单 3.24，其中符合隐式转换的都可以直接进行赋值，编译器编译时便会自动完成转换工作。

代码清单 3.24　隐式转换实现

```
1.   public class TypeCastingAutoTest {
2.       public static void main(String[] args) {
3.           byte b = (byte) 22;
4.           short s = (short) 33;
5.           char c = 'a';
6.           int i = 55;
7.           long l = 66L;
8.           float f = 77.0f;
9.           int byte2int = b;
10.          long short2long = s;
11.          long int2long = i;
12.          float long2float = l;
13.          int char2int = c;
```

```
14.         double float2double = f;
15.         System.out.println("byte 类型隐式转为 int 类型：" + byte2int);
16.         System.out.println("short 类型隐式转为 long 类型：" + short2long);
17.         System.out.println("int 类型隐式转为 long 类型：" + int2long);
18.         System.out.println("long 类型隐式转为 float 类型：" + long2float);
19.         System.out.println("char 类型隐式转为 int 类型：" + char2int);
20.         System.out.println("float 类型隐式转为 double 类型：" + float2double);
21.     }
22. }
```

输出结果：

```
1. byte 类型隐式转为 int 类型：22
2. short 类型隐式转为 long 类型：33
3. int 类型隐式转为 long 类型：55
4. long 类型隐式转为 float 类型：66.0
5. char 类型隐式转为 int 类型：97
6. float 类型隐式转为 double 类型：77.0
```

再看看下面不兼容类型转换的例子，代码清单 3.25 中本来的意图是将 float 类型隐式转换为 int 类型，但当我们执行 javac TypeCastingAutoErrorTest.java 命令进行编译时却发现报了不兼容的错误。因为浮点类型数值转为整型数值可能会导致精确度降低，比如 10.1 转成整数后变为 10，所以不能直接进行隐式转换。

代码清单 3.25　不兼容转换

```
1. public class TypeCastingAutoErrorTest {
2.     public static void main(String[] args) {
3.         float f = 77.0f;
4.         int float2int = f;
5.     }
6. }
```

报错信息：

```
1. TypeCastingAutoErrorTest.java:5: 错误：不兼容的类型：从 float 转换到 int 可能会有损失
2.                 int float2int = f;
3.                                 ^
4. 1 个错误
```

3.10.2　显式类型转换

3.10.1 节提到对于两种互相兼容的类型，可以由编译器自动完成隐式转换，而对于不兼容的类型则需要我们自行进行显式类型转换，本节将介绍显式类型转换。

显式类型转换也被称为强制类型转换，需要在代码中显式地指定转换工作。这种转换方式一般由较多位的类型向较少位的类型转换，因此很可能会造成信息丢失的情况。如图 3.13 所示，64 位的类型可以强制向 32 位、16 位和 8 位的类型进行转换，其他类似。

Java 的 8 种基本数据类型之间的显式转换可以通过图 3.14 来了解。很明显，图 3.14 与图 3.13 的主要不同之处就是箭头的方向相反。总体而言，箭头由较多位类型指向较少位类型，比如 double 指向 int。图 3.14 列出了每种数据类型可进行显式转换的情况。注意，没必要死记硬背这些转换关系，使用时查阅即可，或者用程序测试一下看看有没有报错就知道了。

3.10 类型转换

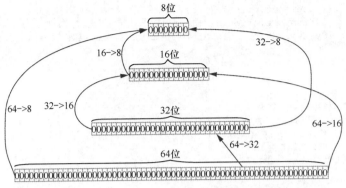

图 3.13 显式类型转换

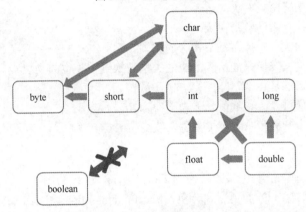

图 3.14 显式转换关系

显式转换的语法相当简单，只需在变量前面用括号指定类型，就能将该变量转换成指定类型。例如将 double 类型变量 d 转换为 int 类型，只需在变量 d 前面加上"(int)"。

下面给出显式转换的例子，如代码清单 3.26 所示，可以看到显式转换必须在代码的前面用括号声明要强制转换的类型。同时可以看到 3.10.1 节中"int float2int = f;"会因为不兼容类型转换而导致编译报错，但这里的"int float2int = (int) f;"不会产生任何编译错误。

代码清单 3.26 显式转换例子

```
1.   public class TypeCastingExplicitTest {
2.       public static void main(String[] args) {
3.           char c = 'a';
4.           int i = 55;
5.           long l = 66L;
6.           float f = 77.0f;
7.           double d = 65.0;
8.           byte long2byte = (byte) l;
9.           char double2char = (char) d;
10.          short char2short = (short) c;
11.          int float2int = (int) f;
12.          char int2char = (char) i;
13.          System.out.println("long 类型显式转为 byte 类型：" + long2byte);
14.          System.out.println("double 类型显式转为 char 类型：" + double2char);
```

```
15.            System.out.println("char 类型显式转为 short 类型: " + char2short);
16.            System.out.println("float 类型显式转为 int 类型: " + float2int);
17.            System.out.println("int 类型显式转为 char 类型: " + int2char);
18.        }
19.    }
```

输出结果:

```
1. long 类型显式转为 byte 类型: 66
2. double 类型显式转为 char 类型: A
3. char 类型显式转为 short 类型: 97
4. float 类型显式转为 int 类型: 77
5. int 类型显式转为 char 类型: 7
```

考考你

- 类型转换分为哪两类?
- 隐式类型转换是由谁负责完成的?
- 什么是兼容的类型?什么是不兼容的类型?
- 为什么隐式类型转换只能从较少位的类型转换到较多位的类型?
- 显式转换的语法是什么?
- 显式类型转换可能会导致信息丢失吗?为什么?
- 显式类型转换一般是由较多位类型向较少位类型转换吗?

动手做一做

- 在 JShell 中编写 int 类型显式转换为 short、byte、char 的例子。
- 在 JShell 中编写 byte 类型隐式转换为 short、long、float 和 double 的例子。
- 测试 boolean 类型与其他类型之间是否可以互相转换。

第 4 章 运算符

4.1 算术运算符

算术运算符是我们最熟悉的一种运算符，它用于数学上的基础算术运算，包括加法运算、减法运算、乘法运算、除法运算以及取余运算，如图 4.1 所示。在 Java 中，这些算术运算所对应的符号分别为：+、-、*、/以及%。

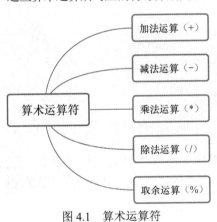

图 4.1 算术运算符

算术运算符属于二元运算符，所谓的二元运算符就是需要两个操作数来参与运算，比如加法运算需要一个加数和一个被加数。Java 中算术运算跟我们数学上的写法基本是一样的，比如 1+2、4-3、3*2 等。

4.1.1 加法运算符

加法运算符（+）用于执行加法运算，计算结果为两个操作数之和。操作数的数据类型可以是 byte、short、int、long、float 以及 double。下面看代码清单 4.1 中加法运算符的例子，其中定义了不同数据类型的变量，它们都是可以相加的。输出结果如下，可以看到整型相加的结果为整型，而浮点型相加的结果为浮点型。其中 e+f 产生了精度问题,这在前面章节已经讲解过。注意,"System.out.println("a+b=" + result1)" 语句中 result1 变量前面的 "+" 并非加法运算符,而是字符串连接符。它的写法与加法运算符一样,但是它们的作用不一样,这里的 "+" 表示将前后的字符串连接起来。

代码清单 4.1 加法运算

```
1.  public class OperatorAddTest {
2.      public static void main(String[] args) {
3.          byte a = 2;
4.          short b = 3;
5.          int c = 4;
6.          long d = 5;
7.          float e = 1.6f;
8.          double f = 2.5d;
9.          int result1 = a + b;
10.         int result2 = c + c;
11.         System.out.println("a+b=" + result1);
12.         System.out.println("c+c=" + result2);
13.         System.out.println("c+d=" + (c + d));
14.         System.out.println("b+e=" + (b + e));
15.         System.out.println("e+f=" + (e + f));
16.         System.out.println("f+f=" + (f + f));
17.         System.out.println("1+2=" + (1 + 2));
18.     }
19. }
```

字符串相加表示把它们连接起来

输出结果:

```
1.  a+b=5
2.  c+c=8
3.  c+d=9
4.  b+e=4.6
5.  e+f=4.100000023841858
6.  f+f=5.0
7.  1+2=3
```

4.1.2 减法运算符

减法运算符(-)用于执行减法运算,计算结果为两个操作数之差。操作数的数据类型可以是 byte、short、int、long、float 以及 double。代码清单 4.2 中的减法运算符的示例与加法的相似,输出结果如下。

代码清单 4.2 减法运算

```
1.  public class OperatorSubtractionTest {
2.      public static void main(String[] args) {
3.          byte a = 2;
4.          short b = 3;
5.          int c = 4;
6.          long d = 5;
7.          float e = 1.6f;
8.          double f = 2.5d;
9.          int result1 = b - a;
10.         int result2 = c - c;
11.         System.out.println("b-a=" + result1);
12.         System.out.println("c-c=" + result2);
13.         System.out.println("d-c=" + (d - c));
```

```
14.        System.out.println("b-e=" + (b - e));
15.        System.out.println("f-e=" + (f - e));
16.        System.out.println("f-f=" + (f - f));
17.        System.out.println("5-2=" + (5 - 2));
18.    }
19. }
```

输出结果：

```
1. b-a=1
2. c-c=0
3. d-c=1
4. b-e=1.4
5. f-e=0.8999999761581421
6. f-f=0.0
7. 5-2=3
```

4.1.3 乘法运算符

乘法运算符（*）用于执行乘法运算，计算结果为两个操作数之积。操作数的数据类型可以是byte、short、int、long、float 以及 double。代码清单 4.3 是乘法运算符的例子，可以看到乘法运算符与数学的乘号（×）不同，但它们的意义是一样的。

代码清单 4.3 乘法运算

```
1. public class OperatorMultiplyTest {
2.     public static void main(String[] args) {
3.         byte a = 2;
4.         short b = 3;
5.         int c = 4;
6.         long d = 5;
7.         float e = 1.6f;
8.         double f = 2.5d;
9.         System.out.println("a*b=" + (a * b));
10.        System.out.println("c*c=" + (c * c));
11.        System.out.println("c*d=" + (c * d));
12.        System.out.println("b*e=" + (b * e));
13.        System.out.println("e*f=" + (e * f));
14.        System.out.println("f*f=" + (f * f));
15.        System.out.println("1*2=" + (1 * 2));
16.    }
17. }
```

一颗星星表示乘号

输出结果：

```
1. a*b=6
2. c*c=16
3. c*d=20
4. b*e=4.8
5. e*f=4.000000059604645
6. f*f=6.25
7. 1*2=2
```

4.1.4 除法运算符

除法运算符（/）用于执行除法运算，计算结果为两个操作数之商。操作数的数据类型可以是

byte、short、int、long、float 以及 double。代码清单 4.4 是除法运算符的例子，除法运算符同样与数学的除号（÷）不同。有一点要特别注意，整型相除后只能保留整数部分的结果。

代码清单 4.4　除法运算

```
1.  public class OperatorDivisionTest {
2.      public static void main(String[] args) {
3.          byte a = 2;
4.          short b = 3;
5.          int c = 4;
6.          long d = 10;
7.          float e = 1.6f;
8.          double f = 2.5d;
9.          System.out.println("b/a=" + (b / a));
10.         System.out.println("c/c=" + (c / c));
11.         System.out.println("d/c=" + (d / c));
12.         System.out.println("b/e=" + (b / e));
13.         System.out.println("e/f=" + (e / f));
14.         System.out.println("f/f=" + (f / f));
15.         System.out.println("4/2=" + (4 / 2));
16.     }
17. }
```

输出结果：

```
1.  b/a=1
2.  c/c=1
3.  d/c=2
4.  b/e=1.875
5.  e/f=0.6400000095367432
6.  f/f=1.0
7.  4/2=2
```

4.1.5　取余运算符

取余运算符（%）用于执行取余运算，计算结果为两个操作数商的余数。操作数的数据类型可以是 byte、short、int、long、float 以及 double，代码清单 4.5 是取余运算符的例子。

代码清单 4.5　取余运算

```
1.  public class OperatorModulusTest {
2.      public static void main(String[] args) {
3.          byte a = 2;
4.          short b = 3;
5.          int c = 4;
6.          long d = 10;
7.          float e = 11.6f;
8.          double f = 2.5d;
9.          System.out.println("b%a=" + (b % a));
10.         System.out.println("c%c=" + (c % c));
11.         System.out.println("d%c=" + (d % c));
12.         System.out.println("e%b=" + (e % b));
13.         System.out.println("e%f=" + (e % f));
14.         System.out.println("10%3=" + (10 % 3));
15.     }
16. }
```

输出结果：

```
1. b%a=1
2. c%c=0
3. d%c=2
4. e%b=2.6000004
5. e%f=1.6000003814697266
6. 10%3=1
```

考考你
- 常见的 5 种算术运算符分别是什么？
- 什么是二元运算符？
- 算术运算符的操作数的数据类型可以是 byte、short、int、long、float 以及 double 吗？
- "System.out.println("aaa" + "bbb");"语句中的加号是加法运算符吗？

动手做一做
在 JShell 中计算 ((2+4)*(7-2)+20-5)/3%10 并将其结果赋值给变量 a。

4.2 关系运算符

关系运算符用于判断两个操作数之间的大小关系，包括大于、小于、等于、不等于、大于或等于、小于或等于六种关系，Java 中分别用>、<、==、!=、>=、<=符号来表示它们，与数学的符号比较类似，如图 4.2 所示。两个数进行关系运算后将得到一个 boolean 类型的结果，如果两者的关系成立则结果为 true，否则为 false，比如 2>4 的结果为 false。

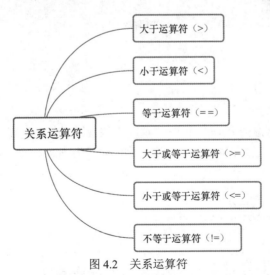

图 4.2　关系运算符

在程序中可以通过关系运算符来判断两个数的大小关系。代码清单 4.6 是简单使用关系运算符的示例，其中 a 和 b 分别为 2 和 3，然后通过>、<、==等运算符来比较它们。

代码清单 4.6　关系运算符

```
1.  public class OperatorRelationTest {
2.      public static void main(String[] args) {
3.          int a = 2;
4.          int b = 3;
5.          System.out.println("a>b 的结果为" + (a > b));
6.          System.out.println("a<b 的结果为" + (a < b));
7.          System.out.println("a==b 的结果为" + (a == b));
8.          System.out.println("a!=b 的结果为" + (a != b));
9.          System.out.println("a>=b 的结果为" + (a >= b));
10.         System.out.println("a<=b 的结果为" + (a <= b));
11.     }
12. }
```

输出结果：

1. a>b 的结果为 false
2. a<b 的结果为 true
3. a==b 的结果为 false
4. a!=b 的结果为 true
5. a>=b 的结果为 false
6. a<=b 的结果为 true

通常关系运算符会与 if 条件语句一起使用，如代码清单 4.7 所示，如果 a 小于 b 的条件成立就输出"条件成立"。

代码清单 4.7　关系运算符与 if 条件语句

```
1.  public class OperatorRelationTest2 {
2.      public static void main(String[] args) {
3.          int a = 2;
4.          int b = 3;
5.          if (a < b) {
6.              System.out.println("条件成立");
7.          }
8.      }
9.  }
```

输出结果：

1. 条件成立

对于初学者有时容易混淆"=="和"="这两个符号，第一个是判断两个数值是否相等，而第二个则是赋值操作。代码清单 4.8 中，a==b 得到的结果为 false，而 a=b 是将变量 b 的值赋给变量 a，所以变量 a 的值为 3。

代码清单 4.8　==与=的区别

```
1.  public class OperatorRelationTest4 {
2.      public static void main(String[] args) {
3.          int a = 2;
4.          int b = 3;
5.          System.out.println("a==b 的结果为" + (a == b));
6.          System.out.println("a=b 的结果为" + (a = b));
7.      }
8.  }
```

输出结果:

1. a==b 的结果为 false
2. a=b 的结果为 3

考考你
- 试着写出六种关系运算符的符号。
- 关系运算符运算后的结果是什么数据类型？一般它与什么语句配合使用？
- char 类型不能使用关系运算符吗？
- "=="与"="的作用分别是什么？

动手做一做
按照不同的年龄段可以分为童年（0～6 岁）、少年（7～17 岁）、青年（18～40 岁）、中年（41～65 岁）以及老年（66 岁以后），现在编写一个能判断某个人处于哪个年龄段的程序。

4.3 自增和自减运算符

自增自减，顾名思义，就是将自己加 1 或减 1，在 Java 中这两种操作的运算符分别被称为自增运算符（++）和自减运算符（--）。要注意++或--是一个符号，不要把它们拆成两个加号或减号来看。

自增和自减运算符都属于一元运算符，所以只需一个操作数参与运算，操作数放到运算符的前面或后面都是可以的，放到前面表示先获取操作数的值再自增或自减，而放到后面则表示先自增或自减再获取操作数的值。进行自增或自减的变量必须是整型或浮点型。

先看代码清单 4.9，一共定义了 a、b、c、d 这 4 个整型变量且都赋值为 10，分别将自增自减运算符放到变量的前后，a++先把变量 a 的值传给 System.out.println() 后再自增 1，而++b 则先自增 1 后再把变量 b 的值传给 System.out.println()。c--和--d 也是类似的。

代码清单 4.9　自增与自减

```
1.  public class OperatorIncreaseDecreaseTest {
2.      public static void main(String args[]) {
3.          int a = 10;
4.          int b = 10;
5.          int c = 10;
6.          int d = 10;
7.          System.out.println(a++);
8.          System.out.println(a);
9.          System.out.println(++b);
10.         System.out.println(c--);
11.         System.out.println(c);
12.         System.out.println(--d);
13.     }
14. }
```

输出结果:

1. 10
2. 11

```
3.  11
4.  10
5.  9
6.  9
```

下面看代码清单 4.10。它分别定义了 int、byte、short、long、float、double 以及 char 类型变量，然后分别进行自增。整型和浮点型比较好理解，而 char 类型会先转换成整型然后自增 1，最后转换成 char 类型的值。

代码清单 4.10　不同类型的自增

```
1.  public class OperatorIncreaseDecreaseTest2 {
2.      public static void main(String args[]) {
3.          int a = 10;
4.          byte b = 10;
5.          short c = 10;
6.          long d = 10;
7.          float e = 10.0f;
8.          double f = 10.0;
9.          char g = 'a';
10.         System.out.println(++a);
11.         System.out.println(++b);
12.         System.out.println(++c);
13.         System.out.println(++d);
14.         System.out.println(++e);
15.         System.out.println(++f);
16.         System.out.println(++g);
17.     }
18. }
```

输出结果：

```
1.  11
2.  11
3.  11
4.  11
5.  11.0
6.  11.0
7.  b
```

自增和自减操作也可以通过算术运算符来等价实现，比如 a++ 就可以通过 a = a + 1 来等价实现。类似地，a-- 等价于 a = a - 1。

> **考考你**
> - ++ 放在变量的前后各有什么不同的作用？
> - 假如 a = 2，a = a + a++ 语句执行后 a 等于多少？a = a + ++a 语句执行后 a 又等于多少呢？

> **动手做一做**
> - 编写一个 a++ 与 a = a + 1 等价的例子。
> - 尝试一下常量能不能进行自增或自减操作。

4.4 逻辑运算符

逻辑运算符用于进行基本的逻辑运算，包括与、或、非，如图 4.3 所示。Java 中逻辑与的符号为"&&"或"&"，逻辑或的符号为"||"或"|"，逻辑非的符号为"!"。通常它们与条件判断语句结合使用，比如 if(条件 1 && 条件 2)，其中条件 1 和条件 2 都必须为 boolean 类型（true 或 false）。

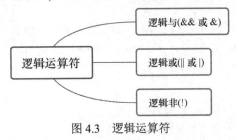

图 4.3 逻辑运算符

4.4.1 与运算符

与运算符用于执行逻辑与，即两个条件必须同时为 true 才能使结果为 true。反之，任一条件为 false 都将导致结果为 false。与的运算符号为"&&"或"&"，它是一个二元运算符，所以需要两个操作数参与。

代码清单 4.11 所示为与运算的示例。可以看到只有两个条件都为 true，与运算得到的结果才为 true。其中 4>3 是对的，所以 condition1 为 true。而 0>1 是错的，所以 condition2 为 false。

代码清单 4.11 与运算
```
1.  public class OperatorLogicalAndTest {
2.      public static void main(String[] args) {
3.          boolean condition1 = 4 > 3;
4.          boolean condition2 = 0 > 1;
5.          boolean condition3 = true;
6.          boolean condition4 = false;
7.          boolean result = condition1 && condition2;
8.          System.out.println(result);
9.          System.out.println(condition1 && condition3);
10.         System.out.println(condition2 && condition4);
11.         System.out.println((7 < 10) && (3 > 1));
12.     }
13. }
```

输出结果：
```
1.  false
2.  true
3.  false
4.  true
```

虽然&&和&都可以表示逻辑与，但是它们还是有微小区别的。&&具有短路功能，即当&&左边的表达式结果为 false 时，不再执行&&右边的表达式，比如代码清单 4.12 中的 if ((3 < 1) && (20 / 0 > 100))，由于&&左边的表达式为 false，因此不再继续执行右边的 20/0>100，否则一个数除以 0 是会报错的。

代码清单 4.12　使用&&

```
1.  public class OperatorLogicalAndTest2 {
2.      public static void main(String[] args) {
3.          if ((3 < 1) && (20 / 0 > 100)) {
4.              System.out.println("&&具有短路功能");
5.          }
6.      }
7.  }
```

如果将&&改为&，大家再来看看执行的情况，如代码清单 4.13 所示。这次直接报错"Exception in thread "main" java.lang.ArithmeticException: / by zero"。通过上述示例我们已经能清楚了解两种与运算符的差异了，一般推荐使用&&。

代码清单 4.13　使用&

```
1.  public class OperatorLogicalAndTest3 {
2.      public static void main(String[] args) {
3.          if ((3 < 1) & (20 / 0 > 100)) {
4.              System.out.println("&不具有短路功能");
5.          }
6.      }
7.  }
```

4.4.2　或运算符

或运算符用于执行逻辑或，即两个条件中任一条件为 true 时结果为 true。反之，两个条件都为 false 时结果为 false。或的运算符号为 "||" 或 "|"，它也是一个二元运算符。代码清单 4.14 所示为或运算的示例，可以看到只要有一个条件为 true，或运算得到的结果就为 true。

代码清单 4.14　或运算

```
1.  public class OperatorLogicalOrTest {
2.      public static void main(String[] args) {
3.          boolean condition1 = 4 > 3;
4.          boolean condition2 = 0 > 1;
5.          boolean condition3 = true;
6.          boolean condition4 = false;
7.          boolean result = condition1 || condition2;
8.          System.out.println(result);
9.          System.out.println(condition3 || condition4);
10.         System.out.println(condition2 || condition4);
11.         System.out.println((7 > 10) || (3 > 1));
12.     }
13. }
```

输出结果：

```
1.  true
2.  true
3.  false
4.  true
```

||与|的差别就好比&&与&的差别，||符号也具有短路功能，即当||左边的表达式结果为 true 时不再执行右边的表达式，而|符号则不具备短路功能。

在代码清单 4.15 中，对于 if ((3 > 1) || (20 / 0 > 100))，由于||左边的表达式为 true，因此不再继

续执行右边的 20/0>10,并且输出"||具有短路功能"。

代码清单 4.15　使用||
```
1. public class OperatorLogicalOrTest2 {
2.     public static void main(String[] args) {
3.         if ((3 > 1) || (20 / 0 > 100)) {
4.             System.out.println("||具有短路功能");
5.         }
6.     }
7. }
```

相应地,如果改成|(见代码清单 4.16),则会报错"Exception in thread "main" java.lang.ArithmeticException: / by zero"。

代码清单 4.16　使用|
```
1. public class OperatorLogicalOrTest3 {
2.     public static void main(String[] args) {
3.         if ((3 > 1) | (20 / 0 > 100)) {
4.             System.out.println("|不具有短路功能");
5.         }
6.     }
7. }
```

4.4.3　非运算符

非运算符用于执行逻辑非,即对条件进行取反,符号为"!",属于一元运算符。代码清单 4.17 所示为非运算的示例,condition1 原本为 true,取反后变为 false,而 condition2 原本为 false,取反后变为 true。

代码清单 4.17　非运算
```
1. public class OperatorLogicalNotTest {
2.     public static void main(String[] args) {
3.         boolean condition1 = 4 > 3;
4.         boolean condition2 = false;
5.         System.out.println(!condition1);
6.         System.out.println(!condition2);
7.     }
8. }
```

输出结果:
```
1. false
2. true
```

最后我们通过表 4.1 来总结与、或、非的运算。

表 4.1　与或非运算

a	b	a&b	a|b	!a	!b
true	true	true	true	false	false
true	false	false	true	false	true
false	true	false	true	true	false
false	false	false	false	true	true

考考你
- 逻辑运算符包含哪三种逻辑运算？
- 以短路功能的角度分别解释一下"与"和"或"的工作机制。
- 所有参与逻辑运算的对象都必须为 boolean 类型吗？
- 非运算能将 false 变为 true 吗？

动手做一做
假设有 a、b、c 三个整型变量，分别赋值为 3、6、4，如果 a 小于 b 且 b 大于 c，则输出它们三者的乘积。

4.5 位逻辑运算符

位逻辑运算符是指按位进行的逻辑运算。前面我们学习的逻辑运算符包括了"与或非"三种逻辑运算，而且它们的操作数都必须为 boolean 类型。位逻辑运算符除提供"与或非"之外，它还提供了异或运算。位逻辑运算的四个运算符的符号分别为&、|、~和^，如图 4.4 所示。

位逻辑运算会先将操作数转换成二进制后再进行逻辑运算，所以位逻辑运算的对象可以是 byte、short、int、long 和 char 类型，因为它们都属于整型或者可以转换成整型值。转换成二进制的操作数将按位参与运算，最终的运算结果也是一个整型值。位逻辑运算的规则为：对于"与"，两者只要有一个 0 则为 0；对于"或"，两者只要有一个 1 则为 1；对于"非"，0 变为 1 或 1 变为 0；对于"异或"，两者不同则为 1，相同为 0。比如 byte 类型的 5&7，转换成二进制后变为 00000101&00000111，如图 4.5 所示，运算时两个操作数从高位到低位依次进行与运算，结果是 00000101。

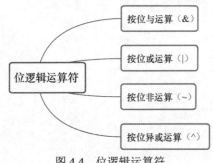

图 4.4 位逻辑运算符

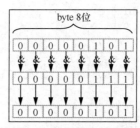

图 4.5 位逻辑运算规则

位逻辑运算的与、或、异或三种运算都属于二元运算，需要两个操作数参与，而非运算则属于一元运算，只需一个操作数参与。

下面看具体的示例，如代码清单 4.18 所示。int 类型是 32 位的，所以 7 转换成二进制后为 00000000 00000000 00000000 00000111，而 15 转换成二进制后为 00000000 00000000 00000000 00001111，按位进行与运算，结果为 00000000 00000000 00000000 00000111，整型的结果为 7；按位进行或运算，结果为 00000000 00000000 00000000 00001111，整型的结果为 15；按位进行异或运算，结果为 00000000 00000000 00000000 00001000，整型的结果为 8；对变量 a 进行按位非运算，结果为 11111111 11111111 11111111 11111000，整型的结果为-8。负整数与二进制之间的转换规则采用补码形式，即原码除符号位外全部取反后加 1，这里可以先不深究。此外，对于 char 类型的变量 e 和变量 f，转换成整型后的值分别为 97 和 98，执行与运算后的结果为 96。

代码清单 4.18　位逻辑运算

```
1.  public class OperatorBitwiseLogicalTest {
2.      public static void main(String[] args) {
3.          int a = 7;
4.          int b = 15;
5.          byte c = 3;
6.          byte d = 4;
7.          char e = 'a';
8.          char f = 'b';
9.          System.out.println(a & b);
10.         System.out.println(a | b);
11.         System.out.println(a ^ b);
12.         System.out.println(~a);
13.         System.out.println(c & d);
14.         System.out.println(e & f);
15.     }
16. }
```

输出结果：

```
1.  7
2.  15
3.  8
4.  -8
5.  0
6.  96
```

按位与运算符&和按位或运算符|看起来是不是很眼熟？没错，它们分别与逻辑运算符中的逻辑与和逻辑或的非短路符号的写法一样。下面通过代码清单 4.19 来体会它们之间的差异。可以看到，虽然符号相同，但是操作数的数据类型是不一样的，而且运算结果也不同。

代码清单 4.19　&和|

```
1.  public class OperatorBitwiseLogicalTest2 {
2.      public static void main(String[] args) {
3.          int a = 7;
4.          int b = 15;
5.          boolean c = true;
6.          boolean d = false;
7.          System.out.println(a & b);
8.          System.out.println(a | b);
9.          System.out.println(c & d);
10.         System.out.println(c | d);
11.     }
12. }
```

输出结果：

```
1.  7
2.  15
3.  false
4.  true
```

考考你

- 位逻辑运算符包括哪几种？
- 可以执行位逻辑运算的包括哪些数据类型？

- 整型和 char 类型是如何进行位逻辑运算的？
- 符号&和|各有怎样不同的语义？

动手做一做

用位逻辑运算的方式来判断一个数是奇数还是偶数。（提示：某个整数与 1 进行按位与运算便能知道它是奇数还是偶数。）

4.6 移位运算符

移位运算符的作用就是对某个整数进行移位操作，它先将整数转换成二进制后再向左或向右进行移位。Java 提供了右移、左移和无符号右移三种移位运算符，符号分别为>>、<<、>>>，如图 4.6 所示。

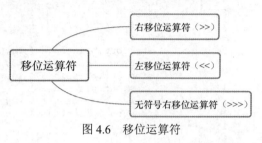

图 4.6 移位运算符

三种移位运算都属于二元运算，需要两个操作数参与。两个操作数的数据类型都必须是整型，包括 byte、short、int 和 long 类型，此外 char 类型也是被允许的。

4.6.1 右移位运算

右移位运算符会先将整数转换为二进制，然后向右移动指定位数，左边将以符号位的值进行填充，而右边超出的部分将被丢弃。

以代码清单 4.20 为例进行详细说明，最终输出结果为 1 和-4。当 7 向右移动 2 位时，左边将使用符号位的值进行填充，即填充两个 0，而右边超出的两个 1 则被直接丢弃，移位后的最终结果为 1。继续看-7 向右移动 1 位的情况，左边使用符号位的值进行填充，即填充了一个 1，而右边超出的一个 1 直接被丢弃，最终的结果为-4，如图 4.7 所示。

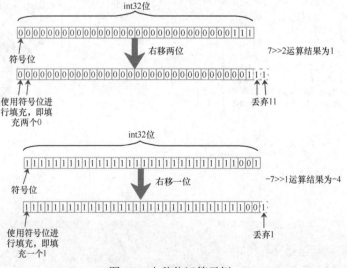

图 4.7 右移位运算示例

代码清单 4.20　右移位运算示例
```
1.  public class OperatorShiftTest {
2.      public static void main(String[] args) {
3.          int a = 7;
4.          int b = -7;
5.          System.out.println(a >> 2);
6.          System.out.println(b >> 1);
7.      }
8.  }
```

4.6.2　左移位运算

左移位运算符将整数转换为二制数，然后向左移动指定位数，此时右边用 0 进行填充，而左边超出的部分则直接丢弃。

同样还是以 7 和-7 为例，代码清单 4.21 中左移后的结果分别为 28 和-14。当 7 向左移动 2 位时，右边填充两个 0，而左边超出的两个 0 则直接丢弃，最终结果等于 28。当-7 左移 1 位时，右边填充一个 0，左边超出的一个 1 直接丢弃，最终结果等于-14，如图 4.8 所示。

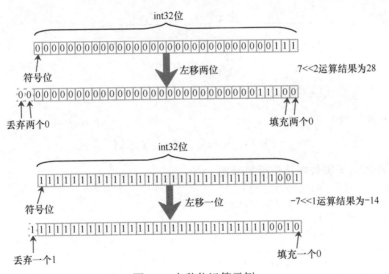

图 4.8　左移位运算示例

代码清单 4.21　左移位运算示例
```
1.  public class OperatorShiftTest2 {
2.      public static void main(String[] args) {
3.          int a = 7;
4.          int b = -7;
5.          System.out.println(a << 2);
6.          System.out.println(b << 1);
7.      }
8.  }
```

4.6.3 无符号右移位运算

无符号右移位运算符能将整数以无符号的形式右移指定位数,所谓无符号就是不管符号位是什么我们都用 0 进行填充,而右边超出的部分则直接丢弃。

仍然以 7 和-7 为例,在代码清单 4.22 中进行无符号右移位运算后的结果分别为 1 和 2147483644。当 7 无符号右移 2 位时,不管符号位是什么左边都直接填充 0,而右边超出的两个 1 则直接丢弃,运行的结果为 1。当-7 无符号右移 1 位时,左边直接填充 0,而右边则直接丢弃 1,最终的结果为 2147483644,如图 4.9 所示。

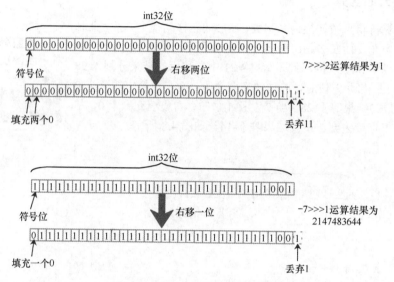

图 4.9 无符号右移位运算示例

代码清单 4.22 无符号右移位运算示例

```
1.  public class OperatorShiftTest3 {
2.      public static void main(String[] args) {
3.          int a = 7;
4.          int b = -7;
5.          System.out.println(a >>> 2);
6.          System.out.println(b >>> 1);
7.      }
8.  }
```

考考你

- 移位运算符包括哪几种?
- 右移位运算和无符号右移位运算不同的地方在哪里?
- 左移和右移都会导致信息丢失,是因为会将超出的部分丢弃吗?
- 对于正整数,左移 1 位是不是相当于将该数乘以 2?
- 对于正整数,右移 1 位是不是相当于将该数除以 2?

> **动手做一做**
> - 用 JShell 看看 2、5、8 分别右移一位和左移一位的结果,是不是等同于除以 2 和乘以 2?
> - 验证一个整数经过右移后再左移是否能还原。

4.7 赋值运算符

所谓赋值就是将某个值赋给某个变量。Java 中的基本赋值运算符是"=",通过该符号能实现赋值运算,比如"a = 5;"就是将数值 5 赋给变量 a。此外,Java 在基本赋值运算符的基础上扩展出若干组合形式的赋值运算符,主要包括以下三大类。

- 与算术运算符相结合的+=、-=、*=、/=以及%=等。
- 与位逻辑运算符相结合的&=、|=以及^=等。
- 与移位运算符相结合的<<=、>>=以及>>>=等。

所有赋值运算符都属于二元运算符,运算过程需要两个操作数参与,左边的操作数为变量,而右边的操作数为值。值的数据类型必须与变量的数据类型相同,或者能自动转换为变量的数据类型。此外,右边的操作数也可以是一个表达式,比如将表达式"1+3"赋值给左边的操作数。

为了能更清晰地给大家展示这些运算符的含义及使用,我们用表 4.2 进行说明。

表 4.2 赋值运算符

运算符	语义	使用例子	等价语句	运行结果
=	将操作数 2 赋值给操作数 1	int a=3;	~	a=3
+=	操作数 1 加上操作数 2 后再赋值给操作数 1	int a=3; a+=2;	int a=3; a=a+2;	a=5
-=	操作数 1 减去操作数 2 后再赋值给操作数 1	int a=3; a-=2;	int a=3; a=a-2;	a=1
*=	操作数 1 乘以操作数 2 后再赋值给操作数 1	int a=3; a*=2;	int a=3; a=a*2;	a=6
/=	操作数 1 除以操作数 2 后再赋值给操作数 1	int a=3; a/=2;	int a=3; a=a/2;	a=1
%=	操作数 1 对操作数 2 取余后再赋值给操作数 1	int a=3; a%=2;	int a=3; a=a%2;	a=1
&=	操作数 1 与操作数 2 按位与后再赋值给操作数 1	int a=3; a&=2;	int a=3; a=a&2;	a=2
|=	操作数 1 与操作数 2 按位或后再赋值给操作数 1	int a=3; a|=2;	int a=3; a=a|2;	a=3

续表

运算符	语义	使用例子	等价语句	运行结果
^=	操作数1与操作数2按位异或后再赋值给操作数1	int a=3; a^=2;	int a=3; a=a^2;	a=1
<<=	操作数1左移操作数2后再赋值给操作数1	int a=3; a<<=2;	int a=3; a=a<<2;	a=12
>>=	操作数1右移操作数2后再赋值给操作数1	int a=3; a>>=2;	int a=3; a=a>>2;	a=0
>>>=	操作数1无符号右移操作数2后再赋值给操作数1	int a=3; a>>>=2;	int a=3; a=a>>>2;	a=0

代码清单 4.23 是一个赋值的示例,第一行直接将数值 2 赋值给变量 a,第二行将 3+1 的结果赋值给变量 b,第三行将变量 a 加上变量 b 的结果赋值给变量 c。第四行同时对多个变量进行赋值操作,变量之间通过逗号隔开。

代码清单 4.23　等号赋值运算

```
1.  public class OperatorAssignmentTest {
2.      public static void main(String[] args) {
3.          int a = 2;
4.          int b = 3 + 1;
5.          int c = a + b;
6.          int d = 3, e = 4;
7.          System.out.println("a=" + a);
8.          System.out.println("b=" + b);
9.          System.out.println("c=" + c);
10.         System.out.println("d=" + d);
11.         System.out.println("e=" + e);
12.     }
13. }
```

输出结果:

```
1. a=2
2. b=4
3. c=6
4. d=3
5. e=4
```

下面再看代码清单 4.24,大家可以结合表 4.2 进行学习。

代码清单 4.24　所有赋值运算

```
1.  public class OperatorAssignmentTest2 {
2.      public static void main(String[] args) {
3.          int a = 3;
4.          a += 2;
5.          System.out.println("a=" + a);
6.          a = 3;
7.          a -= 2;
8.          System.out.println("a=" + a);
9.          a = 3;
```

大家注意变量a的变化哟!

```
10.         a *= 2;
11.         System.out.println("a=" + a);
12.         a = 3;
13.         a /= 2;
14.         System.out.println("a=" + a);
15.         a = 3;
16.         a %= 2;
17.         System.out.println("a=" + a);
18.         a = 3;
19.         a &= 2;
20.         System.out.println("a=" + a);
21.         a = 3;
22.         a |= 2;
23.         System.out.println("a=" + a);
24.         a = 3;
25.         a ^= 2;
26.         System.out.println("a=" + a);
27.         a = 3;
28.         a <<= 2;
29.         System.out.println("a=" + a);
30.         a = 3;
31.         a >>= 2;
32.         System.out.println("a=" + a);
33.         a = 3;
34.         a >>>= 2;
35.         System.out.println("a=" + a);
36.     }
37. }
```

输出结果：

```
1.  a=5
2.  a=1
3.  a=6
4.  a=1
5.  a=1
6.  a=2
7.  a=3
8.  a=1
9.  a=12
10. a=0
11. a=0
```

考考你
- 想想能列出几种赋值运算符，并解释一下它们的用法。
- 将 4 赋值给变量 a 可以写为 "a=4;"，也可以写为 "4=a;" 吗？
- "a-=10" 等价于 "a=10-a" 吗？
- 变量可以赋值给变量吗？

动手做一做
用三种方式实现对整型变量 a 加 1 并赋值给变量 a。

4.8 其他运算符

前面我们已经介绍了 7 种运算符，基本已经涵盖了平时使用的大部分运算符。不过还有一些运算符我们也会经常见到，包括条件运算符、括号运算符、正/负运算符以及 instanceof 运算符等，如图 4.10 所示。下面我们继续学习这些运算符。

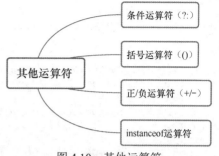

图 4.10 其他运算符

4.8.1 条件运算符

条件运算符是 Java 提供的一种特殊的运算符，特别的地方在于它是一个三元运算符，也就是需要三个操作数参与运算。条件运算符能简化 if 条件语句的写法，使代码看起来更加紧凑简洁。

下面看条件运算符的使用示例，如代码清单 4.25 所示。因为 4>3 这个条件成立，所以 c=1。因为 a==b 这个条件成立，所以 d=a+1=1。因为 a!=b 这个条件不成立，所以 e=b+3=3。

代码清单 4.25 条件运算
```
1.  public class OperatorConditionTest {
2.      public static void main(String[] args) {
3.          int a = 0;
4.          int b = 0;
5.          int c = 4 > 3 ? 1 : 2;
6.          int d = a == b ? a + 1 : b + 3;
7.          int e = a != b ? a + 1 : b + 3;
8.          System.out.println("c=" + c);
9.          System.out.println("d=" + d);
10.         System.out.println("e=" + e);
11.     }
12. }
```

输出结果：
```
1. c=1
2. d=1
3. e=3
```

4.8.2 括号运算符

括号运算符主要有两种语义，一种语义是改变运算的顺序，这个跟数学上的表达是类似的，比如"1+(2+3)"中的括号使后面的两个数先相加。另一种语义用来声明或者调用方法。我们通过代码清单 4.26 来了解这两种语义的使用，变量 a 和变量 b 的值在括号运算符的影响下变得不同，而 test()则是一个方法，我们声明了该方法并在 main()方法里进行调用。

代码清单 4.26 括号运算
```
1.  public class OperatorBracketTest {
2.      public static void main(String[] args) {
```

```
3.          int a = 2 * 3 + 4 + 5;
4.          int b = 2 * (3 + 4) + 5;
5.          System.out.println("a=" + a);
6.          System.out.println("b=" + b);
7.          test();
8.      }
9.
10.     public static void test() {
11.         System.out.println("call test method.");
12.     }
13. }
```

输出结果:

```
1. a=15
2. b=19
3. call test method.
```

4.8.3 正/负运算符

正/负运算符的作用是将一个整数或浮点数变正或变负,分别为+和-,符号和含义跟数学上的一样。比如对于4.9,在它前面加个负号就会使其变成-4.9。代码清单4.27是正/负运算符的示例,输出结果为"-a = -3"和"-b = -2.3"。

代码清单4.27 正、负运算

```
1. public class OperatorPlusMinusTest {
2.     public static void main(String[] args) {
3.         int a = 3;
4.         double b = 2.3;
5.         System.out.println("-a = " + -a);
6.         System.out.println("-b = " + -b);
7.     }
8. }
```

4.8.4 instanceof 运算符

Java还额外提供了instanceof运算符来检查一个对象是否属于特定类的实例。由于我们还没有学习类和对象的相关知识,这里仅了解一下即可,后面会详细讲解。代码清单4.28是一个简单的示例,先创建一个 OperatorBracketTest 类对象 o,然后通过instanceof来判断 o 是不是属于OperatorBracketTest 类的实例。

代码清单4.28 instanceof 运算

```
1. public class OperatorBracketTest {
2.     public static void main(String[] args) {
3.         OperatorBracketTest o = new OperatorBracketTest();
4.         System.out.println(o instanceof OperatorBracketTest);
5.     }
6. }
```

> **考考你**
> - 本节介绍的 4 个运算符分别属于几元运算符?
> - 条件运算符中的条件必须是什么数据类型?
> - 括号运算符主要有哪两种作用?
> - 一个负的数值在负运算符的作用下会变成正的数值吗?
>
> **动手做一做**
> - 对于表达式 "int a = 4 > 3 ? 1 : 2;",用 if 语句的方式编写等价的程序。
> - 用 JShell 验证是否存在中括号运算符来改变运算顺序,比如 "2+[(1+1)+(2+3)]"。

4.9 运算符优先级

前面我们已经将所有的 Java 运算符都介绍了,在实际编程过程中我们会经常使用这些运算符来完成不同的运算功能。有些运算使用一个运算符便能实现,但有时需要若干运算符组合使用来实现某种运算,这时就涉及运算符优先级的问题。比如 "int c = 4 > 3 ? 1 : 2;",这是非常常见的条件运算符和赋值运算符结合的使用方式,根据条件判断以决定将哪个数值赋值给变量 c。

对于代码清单 4.29,我们主要关注 if (a + 1 == 1 && b == 0),if 条件一共包含了 4 个运算符,根据运算符的优先级高低,程序执行时会先执行+运算符,接着执行第一个==运算符,再执行第二个==运算符,最后执行&&运算符。

代码清单 4.29 运算符优先级示例

```
1.  public class OperatorPriorityTest {
2.      public static void main(String[] args) {
3.          int a = 0;
4.          int b = 0;
5.          if (a + 1 == 1 && b == 0) {
6.              System.out.println("先执行 + 运算符 ");
7.              System.out.println("接着执行第一个  == 运算符 ");
8.              System.out.println("再执行第二个  == 运算符 ");
9.              System.out.println("最后执行  && 运算符 ");
10.         }
11.     }
12. }
```

输出结果:

```
1.  先执行 + 运算符
2.  接着执行第一个  == 运算符
3.  再执行第二个  == 运算符
4.  最后执行  && 运算符
```

Java 中的运算符的优先级可以分为 14 个,优先级越高越先执行。表 4.3 展示了 Java 运算符的优先级,优先级取值范围为 1~14,值越小优先级越高。可以看到括号运算符的优先级是最高的,而赋值运算符的优先级则是最低的。结合顺序是指优先级相同的情况下运算符的运算顺序,我们熟悉的数学上的运算都是从左往右的,但 Java 中有一些运算符在相同优先级的情况下是从右往左运算的。

4.9 运算符优先级

表 4.3 运算符优先级

优先级	运算符	结合顺序	运算符类别
1	()	从左向右	括号运算符
2	!、+（正）、-（负）、~、++、--	从右向左	逻辑、正负、自增减运算符
3	*、/、%	从左向右	算术运算符
4	+（加）、-（减）	从左向右	算术运算符
5	<<、>>、>>>	从左向右	移位运算符
6	<、<=、>、>=、instanceof	从左向右	关系运算符
7	==、!=	从左向右	关系运算符
8	&	从左向右	位逻辑运算符
9	^	从左向右	位逻辑运算符
10	|	从左向右	位逻辑运算符
11	&&	从左向右	逻辑运算符
12	||	从左向右	逻辑运算符
13	?:	从右向左	条件运算符
14	=、+=、-=、*=、/=、%=、&=、|=、^=、<<=、>>=、>>>=	从右向左	赋值运算符

表 4.3 中有这么多不同优先级的运算符，当它们混合使用时如何才能正确地理解这些表达式呢？比如在代码清单 4.30 中，看到变量 c 后面长长的一串符号是不是有点迷惑？我们按优先级的高低一步步来分析，第一轮执行优先级为 2 的自增和自减运算，此时表达式变成 c = 4 + 2 * 4 / 2 >> 2 % 5，执行后变量 a、b 分别为 4 和 1；第二轮执行优先级为 3 的乘除取余等运算，此时表达式为 c = 4 + 4 >> 2；第三轮执行优先级为 4 的加减法运算，执行后表达式变成 c = 8 >> 2；第四轮执行优先级为 5 的移位运算；最后执行赋值运算且结果为 c = 2。

代码清单 4.30　复杂的运算顺序

```
1.  public class OperatorPriorityTest2 {
2.      public static void main(String[] args) {
3.          int a = 3;
4.          int b = 3;
5.          int c = ++a + --b * a++ / b-- >> 2 % a--;
6.          System.out.println("a=" + a);
7.          System.out.println("b=" + b);
8.          System.out.println("c=" + c);
9.      }
10. }
```

输出结果：

```
1.  a=4
2.  b=1
3.  c=2
```

当有多个运算符参与运算时，执行的顺序是先考虑优先级，在相同优先级的情况下则是按结合顺序执行。继续通过下面的例子来理解结合顺序，对于从左向右的结合顺序我们在数学上早已见惯了，所以我们看看从右向左结合的例子。代码清单 4.31 使用了两个条件运算符进行嵌套，对于"a != 3 ? b : b == 3 ? 1 : 0"，先计算"b == 3 ? 1 : 0"，得到的结果是 1，再计算"a != 3 ? b :1"，最终的结果是 1，所以变量 c 为 1。

代码清单 4.31　相同优先级的情况
```
1.  public class OperatorPriorityTest3 {
2.      public static void main(String[] args) {
3.          int a = 3;
4.          int b = 3;
5.          int c = a != 3 ? b : b == 3 ? 1 : 0;
6.          System.out.println(c);
7.      }
8.  }
```

在实际程序开发过程中没必要死记硬背运算符的优先级，而且我们要尽量保证简洁地使用运算符，在多个运算符组合时也可以通过括号运算符来限制先后执行顺序，比如"a = b + c >> 2"可以写成"a = (b + c) >> 2"，这样就非常清晰了。再如代码清单 4.30 所展示的复杂示例，我们可以通过代码清单 4.32 中的括号形式使运算更加清晰明了。

代码清单 4.32　括号使执行顺序清晰
```
1.  public class OperatorPriorityTest4 {
2.      public static void main(String[] args) {
3.          int a = 3;
4.          int b = 3;
5.          int c = ((++a) + (--b) * (a++) / (b--)) >> (2 % (a--));
6.          System.out.println("a=" + a);
7.          System.out.println("b=" + b);
8.          System.out.println("c=" + c);
9.      }
10. }
```

考考你

- 为什么要规定运算符的优先级？
- "if (a + 1 == 1 && b == 0)"涉及的运算符的优先级都有哪些？
- 哪个运算符的优先级最高？
- 我们必须要将所有运算符的优先级背得滚瓜烂熟才能写好程序吗？
- 当一个表达式包含很多运算符时可以考虑将其拆成多个步骤进行运算吗？

动手做一做

使用括号运算符优化下面示例中 if 语句中的表达式，使其更加清晰。

```
1.  public class OperatorPriorityTest5 {
2.      public static void main(String[] args) {
3.          int a = 1;
4.          int b = 2;
5.          int c = 3;
6.          if (a + 1 == 2 || b == 1 && c == 1) {
7.              System.out.println("条件成立");
8.          }
9.      }
10. }
```

第 5 章

表达式与语句

5.1 表达式、语句、语句块

前面我们已经学习了变量和运算符，有了这些基础知识后继续学习表达式、语句和语句块这三个基础概念。一般而言，一个表达式由变量/常量、运算符和方法调用构成，比如表达式"2*3+4"，计算后得到一个值。语句则是程序中最小的独立单元，表达式则是语句中的核心部分，比如"int a = 2*3+4;"是一条语句，会将右边表达式的结果赋值给变量a。最后，若干语句又可以组成语句块。

5.1.1 表达式

表达式是由变/常量、运算符和方法调用组合而成的用于计算某个值的组合（见图 5.1），而且各组成部分的组合方式需要满足 Java 语法的规定。表达式的核心作用就是计算值，也就是说表达式一定会生成一个值。

代码清单 5.1 包含了三种类型的表达式，分别是赋值表达式、boolean 表达式和算术表达式。可以看到"a=5"是赋值表达式，它将 5 赋值给变量 a 后还会得到一个值。而"b=a+3"则是算术表达式和赋值表达式的结合体，"a+3"表达式计算后结果为 8，再把结果赋值给变量 b。"a<=b"是 boolean 表达式，也就是说该类型的表达式的运算结果为 true 或者 false，一般用在 if 语句中。最后的"10*10+20/20-3"是算术表达式，计算后的结果为 98。

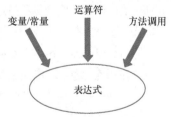

图 5.1 表达式的构成

代码清单 5.1 不同的表达式
```
1.  public class ExpressionTest {
2.      public static void main(String[] args) {
3.          int a = 5;
4.          int b = a + 3;
```

```
 5.          System.out.println(""a=5"是赋值表达式,它的值是" + (a = 5));
 6.          System.out.println(""b=a+3"是算术表达式结合赋值表达式,它的值是" + (b = a + 3));
 7.          if (a <= b) {
 8.              System.out.println(""a<=b"是boolean表达式,它的值是" + (a <= b));
 9.          }
10.          System.out.println(""10*10+20/20-3"是算术表达式,它的值是" + (10 * 10 + 20 / 20 - 3));
11.      }
12. }
```

输出结果:

1. "a=5"是赋值表达式,它的值是 5
2. "b=a+3"是算术表达式结合赋值表达式,它的值是 8
3. "a<=b"是 boolean 表达式,它的值是 true
4. "10*10+20/20-3"是算术表达式,它的值是 98

5.1.2 语句

语句是最小独立执行单元,程序中通过一条条语句来描述执行任务。Java 的语句以分号(;)作为结束符号,比如"int a = 10;"是一个赋值语句。Java 语言包括三种语句类型:表达式语句、声明语句和流程控制语句,如图 5.2 所示。

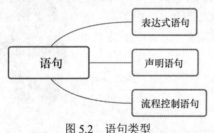

图 5.2 语句类型

在我们编写程序时一般都会经常使用这三种语句,这里我们先看表达式语句和声明语句,对于流程控制语句,我们放到 5.3 节进行讲解。代码清单 5.2 中的"int a;"和"int b = 3;"都是声明语句,分别声明一个默认值变量和指定值变量。常见的表达式语句包括赋值语句、自增语句、方法调用语句和创建对象语句等,可以根据例子中的注释去理解这些语句。方法调用语句就是调用了某个方法去执行,而创建对象语句则用于创建某个对象,关于对象我们在后面的章节会进行更详细的讲解。

代码清单 5.2 不同的语句

```
 1. public class StatementTest {
 2.     public static void main(String[] args) {
 3.         int a;//声明语句
 4.         int b = 3;//声明语句
 5.         a = 1;//赋值语句
 6.         a++;//自增语句
 7.         System.out.println("方法调用语句");//方法调用语句
 8.         String s = new String();//创建对象语句
 9.     }
10. }
```

还有一种特殊的语句，称为空语句，它仅只是一个分号（如下所示），在程序中没有任何作用。实际编程中很少使用空语句，当我们看到空语句时只要明白它是合法的就行了。

1. ;

5.1.3 语句块

语句块由若干语句组合到一起而成，语句块的范围由一对大括号指定。代码清单 5.3 是一个简单的语句块示例，通过一对大括号将 4 条语句包围起来作为一个语句块，两个大括号分别表示语句块的开始和结束。

代码清单 5.3　语句块
```
1.  public class StatementBlockTest {
2.      public static void main(String[] args) {
3.          {//语句块开始
4.              int a = 3;
5.              int b = 5;
6.              float c = 5.3f;
7.              float d = a * b * c;
8.          }//语句块结束
9.      }
10. }
```

语句块更多的是在条件语句中使用，比如代码清单 5.4 在 if 语句中通过大括号将两种情况分隔开，语句块 1 是条件成立时所执行的语句块，而语句块 2 是条件不成立时所执行的语句块。

代码清单 5.4　if 语句块
```
1.  public class StatementBlockTest2 {
2.      public static void main(String[] args) {
3.          boolean condition = true;
4.          if (condition) { // 语句块 1 开始
5.              System.out.println("语句块 1");
6.              System.out.println("语句块 1");
7.          } // 语句块 1 结束
8.          else { // 语句块 2 开始
9.              System.out.println("语句块 2");
10.             System.out.println("语句块 2");
11.         } // 语句块 2 结束
12.     }
13. }
```

语句块可以为空，如代码清单 5.5 中 main()方法的大括号所对应的语句块为空，这种情况是允许的，运行该程序时什么也不执行。

代码清单 5.5　空语句
```
1.  public class StatementBlockTest3 {
2.      public static void main(String[] args) {
3.
4.      }
5.  }
```

> **考考你**
> - 表达式由哪三种元素组成？
> - 语句必须以分号结束吗？
> - 表达式和语句的不同之处是什么？
> - 一个语句块可以包含任意条语句，也可以不包含任何语句吗？
>
> **动手做一做**
> 手动输入本节中包含的所有例子并运行，查看输出的结果，以帮助自己对表达式、语句和语句块有更深的理解。

5.2 程序执行顺序

我们知道 JVM 执行时是以语句为单位的，每个执行语句都以分号作为结束符。我们编写的程序默认是从上到下一行行地顺序执行的，但有些情况下又需要通过条件判断或循环来控制程序的执行顺序，从而实现程序的选择执行和循环执行等逻辑功能。本节我们来学习程序的执行顺序。

5.2.1 默认执行顺序

Java 程序默认按照阅读的顺序执行，这是最自然的顺序，从小到大我们早已习惯了用这种方式来阅读。代码清单 5.6 执行后会依次输出"step-1""step-2""step-3"和"step-4"，即从上到下一行行执行。

代码清单 5.6　执行顺序
```
1.  public class ExecuteOrderDefaultTest {
2.      public static void main(String[] args) {
3.          System.out.println("step-1");
4.          System.out.println("step-2");
5.          System.out.println("step-3");
6.          System.out.println("step-4");
7.      }
8.  }
```

5.2.2 分支执行顺序

分支执行顺序是指当程序有多条分支流程时，会根据判断条件去选择执行哪个分支流程。分支执行顺序可以通过图 5.3 的流程图来理解，程序开始执行后到达某个分支判断条件时，一共包含了 A 和 B 两个条件。当条件 A 和条件 B 都成立时执行左边分支中的语句块 1，当条件 A 成立但条件 B 不成立时执行中间的语句块 2，当分支条件不满足前面两种情况时则执行语句块 3。

5.2 程序执行顺序

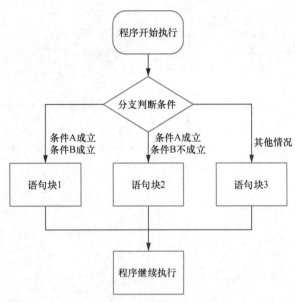

图 5.3 分支执行顺序

Java 中要实现分支执行顺序可以通过 if 语句或 switch 语句，关于这些语句的使用我们在后面会详细讲解，现在我们先看一个用 if 语句实现分支执行的例子。代码清单 5.7 对应图 5.3 的流程图，由于 condition_A 和 condition_B 分别为 true 和 false，因此最终程序输出"条件 A 成立，条件 B 不成立"，即执行了中间的分支。

代码清单 5.7 分支执行顺序
```
1.   public class ExecuteOrderBranchTest {
2.       public static void main(String[] args) {
3.           boolean condition_A = true;
4.           boolean condition_B = false;
5.           if (condition_A && condition_B) {
6.               System.out.println("条件A成立，条件B成立");
7.           } else if (condition_A && !condition_B) {
8.               System.out.println("条件A成立，条件B不成立");
9.           } else {
10.              System.out.println("其他情况");
11.          }
12.      }
13.  }
```

5.2.3 循环执行顺序

循环执行顺序是指程序的某些语句块需要重复被执行多次，根据判断条件来决定执行的次数。循环执行的流程有两种方式，分别如图 5.4 中左右流程图所示。第一种是程序开始执行后会先进行条件判断，在条件成立的情况下才会执行指定的语句块，然后继续下一轮的循环，直到条件不成立时跳出循环流程。第二种是程序开始执行后会先执行指定的语句块，然后才进行条件判断，如果条件成立则继续执行下一轮循环，直到条件不成立时才跳出循环流程。

资源获取验证码：230237

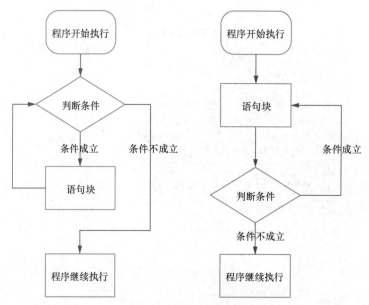

图 5.4　循环执行顺序

Java 中可以通过 for 语句、while 语句以及 do-while 语句来实现循环执行，关于这些语句详细的用法都放到后面的章节中介绍，现在我们来看最常见的 for 语句是如何实现循环执行的。如代码清单 5.8 所示，"for (int i = 0; i < 5; i++)"表示初始化一个 int 类型的变量 i 并赋值为 0，当 i 小于 5 的情况下会不断执行 for 语句的大括号所包含的语句块，每执行一次后就让 i 自增 1。最终该程序会输出 5 行"语句块"，也就是说循环执行了 5 次。

代码清单 5.8　循环执行顺序

```
1.  public class ExecuteOrderLoopTest {
2.      public static void main(String[] args) {
3.          for (int i = 0; i < 5; i++) {
4.              System.out.println("语句块");
5.          }
6.      }
7.  }
```

考考你
- Java 程序有几种执行顺序，它们分别是怎样执行的？
- 可以用什么语句来实现分支执行控制？
- 可以用哪些语句来实现循环执行控制？
- if 语句中的条件必须是什么数据类型？

动手做一做
尝试将上面的 for 语句改成无限循环执行的代码。

5.3 if 条件分支语句

前面在介绍语句时说到 Java 一共有三种语句，其中表达式语句和声明语句都已经讲解过了，接着将详细地介绍流程控制语句。流程控制语句包括条件分支语句和循环语句，其中条件分支语句又包括 if 条件分支语句和 switch 条件分支语句，而循环语句则包括 for 语句、while 语句和 do-while 语句。

本节将介绍条件分支语句中的一种——if 语句，if 语句通过布尔表达式或者布尔值作为判断条件，从而实现分支控制。if 语句可以分为 4 种结构，即 if 结构、if-else 结构、if-else-if 结构以及嵌套 if 结构，下面分别来看 4 种结构的用法。

5.3.1 if 结构

if 结构是最简单且最常用的一种结构，它的语法如下。if 后的小括号里可以是布尔值或布尔表达式，大括号里是待执行的语句块，所表达的意思是，如果小括号里的值为真则执行大括号里的语句块。如果待执行的语句为单行语句，可以将大括号省略掉。

```
1.    if（布尔表达式）{
2.        语句块
3.    }
4.
5.    if（布尔表达式）
6.        单行语句
```

if 结构的流程图如图 5.5 所示，程序执行到 if 语句处时判断布尔值或布尔表达式，如果它的值为 true 则执行 if 语句所包含的语句块，而如果它的值为 false 则直接跳过语句块往下执行。

代码清单 5.9 是 if 结构的一个示例。第一个 if 语句的布尔表达式"a>b"的值为 false，所以不执行对应的语句块。而第二个 if 语句的"a<b"的值为 true，所以程序将输出"单行语句"。注意，第二个 if 语句对应的语句块为单行语句，所以可以省略大括号。

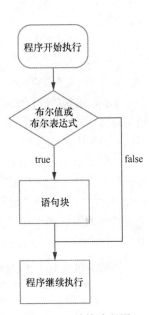

图 5.5 if 结构流程图

代码清单 5.9　if 示例

```
1.  public class IfStatementTest {
2.      public static void main(String[] args) {
3.          int a = 1;
4.          int b = 2;
5.          if (a > b) {
6.              System.out.println("语句1");
7.              System.out.println("语句2");
8.          }
9.
10.         if (a < b)
11.             System.out.println("单行语句");
12.     }
13. }
```

5.3.2 if-else 结构

if 结构只支持定义单个分支的语句块，而如果想要在 true 和 false 两种分支的情况下都定义语句块则要使用 if-else 结构。它的语法如下，if 小括号里可以是布尔值或布尔表达式，接着的大括号里是小括号里的值为 true 时所执行的语句块，else 的大括号是小括号里的值为 false 时所执行的语句块。对于单行语句同样可以省略大括号。if-else 结构所表达的意思是，如果小括号里的值为 true 时则执行语句块 1，否则执行语句块 2。

```
1.  If (布尔表达式) {
2.      语句块 1
3.  } else {
4.      语句块 2
5.  }
6.
7.  If (布尔表达式)
8.      单行语句 1
9.  else
10.     单行语句 2
```

if-else 结构的流程图如图 5.6 所示。程序执行到 if 语句处时判断布尔值或布尔表达式，如果它的值为 true 则执行语句块 1，而如果它的值为 false 则执行语句块 2。

代码清单 5.10 是 if-else 结构的示例。第一个 if 语句的布尔表达式 "a>b" 的值为 false，所以执行 else 对应的语句块，即输出 "语句 3" 和 "语句 4"。而第二个 if 语句的表达式 "a<b" 的值为 true，所以程序将输出 "单行语句 1"。

代码清单 5.10　if-else 示例

```
1.  public class IfStatementTest2 {
2.      public static void main(String[] args) {
3.          int a = 1;
4.          int b = 2;
5.          if (a > b) {
6.              System.out.println("语句1");
7.              System.out.println("语句2");
8.          } else {
9.              System.out.println("语句3");
10.             System.out.println("语句4");
11.         }
12.
13.         if (a < b)
14.             System.out.println("单行语句1");
15.         else
16.             System.out.println("单行语句2");
17.
18.     }
19. }
```

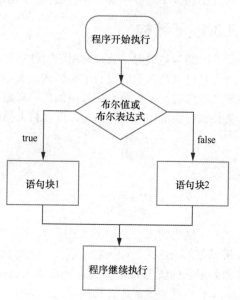

图 5.6　if-else 结构流程图

5.3.3　if-else-if 结构

在实际编程中有可能需要处理两个以上的分支，这时就需要使用 if-else-if 结构。它的语法如下，第一个 if(布尔表达式 1)表示布尔表达式 1 的值为 true 时执行语句块 1。else if(布尔表达式 2)表示在第一个 if 不成立的情况下布尔表达式 2 的值为 true 时执行语句块 2，以此类推，可以有若干 else if(布尔表达式 *n*)和语句块 *n*，最终以 else 结束。对于单行语句可以省略大括号。

if-else-if 结构所表达的意思是，如果布尔表达式 1 的值为 true 则执行语句块 1，否则看布尔表达式 2，如果它的值为 true 则执行语句块 2。如果前面两个布尔表达式都不满足则继续看布尔表达式 3，如果它的值为 true 则执行语句块 3，以此类推，当所有布尔表达式的值都为 false 时，执行 else 中的语句块。按顺序依次判断应该执行哪个分支的语句块。

```
1.  if (布尔表达式1) {
2.      语句块 1
3.  } else if (布尔表达式2) {
4.      语句块 2
5.  } else {
6.      语句块 3
7.  }
8.
9.  if (布尔表达式1)
10.     单行语句 1
11. else if (布尔表达式2)
12.     单行语句 2
13. else
14.     单行语句 3
```

我们可以通过图 5.7 的流程图来理解 if-else-if 结构，如果布尔表达式 1 为 true 则执行语句块 1，否则继续执行下一个条件的判断。如果布尔表达式 2 为 true 则执行语句块 2，否则继续下一个条件的判断，以此类推，依次判断每一个条件，如果以上所有布尔表达式都为 false 则执行语句块 *n*+1。

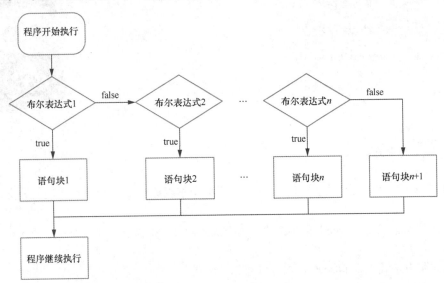

图 5.7　if-else-if 流程图

代码清单 5.11 是 if-else-if 结构的一个示例。该程序的功能是判断年龄段，我们将年龄段分为少年（0~14 岁）、壮年（15~64 岁）和老年（65 岁及以上）。这就是典型的多分支场景，通过 if 先判断"age <= 14"，如果条件为 true 则输出"少年"。否则通过 else if 继续判断"age > 14 && age < 65"，如果条件为 true 则输出"壮年"。最后通过 else 输出"老年"，也就是说以上两个 if 条件都不满足时我们就认为是"老年"。程序最后输出"壮年"。

代码清单 5.11　if-else-if 示例

```
1.  public class IfStatementTest3 {
2.      public static void main(String[] args) {
3.          int age = 30;
4.          if (age <= 14) {
5.              System.out.println("少年");
6.          } else if (age > 14 && age < 65) {
7.              System.out.println("壮年");
8.          } else {
9.              System.out.println("老年");
10.         }
11.     }
12. }
```

5.3.4　嵌套 if 结构

经过前面的介绍，我们已经明白 if 语句的作用就是控制分支的，对于各种不同的"如果-否则"场景都可以用 if 语句来实现。对于更复杂的情形我们还可以用嵌套 if 结构来实现，所谓嵌套就是可以在 if 结构、if-else 结构或 if-else-if 结构中再实现一个 if 结构、if-else 结构或 if-else-if 结构，它们之间可以任意组合。语法类似如下。

```
1.  if (布尔表达式 1) {
2.      if (布尔表达式 1-1) {
3.          语句块 1-1
4.      } else {
5.          语句块 1-2
6.      }
7.  } else if (布尔表达式 2) {
8.      if (布尔表达式 2-1) {
9.          语句块 2-1
10.     } else {
11.         语句块 2-2
12.     }
13. } else {
14.     语句块 3
15. }
```

俄罗斯套娃
里面嵌套很多个娃娃的哦

结合图 5.8 的流程图看上面的语法，刚开始根据布尔表达式 1 的值执行不同的分支，大致步骤如下。

1. 当布尔表达式 1 为 true 时，执行到布尔表达式 1-1，根据它的值判断执行语句块 1-1 或语句块 1-2。

2. 当布尔表达式 1 为 false 时，执行到布尔表达式 2。

3. 当布尔表达式 2 为 true 时，执行到布尔表达式 2-1，根据它的值判断执行语句块 2-1 或语句块 2-2。

4. 当布尔表达式 2 为 false 时，执行语句块 3。

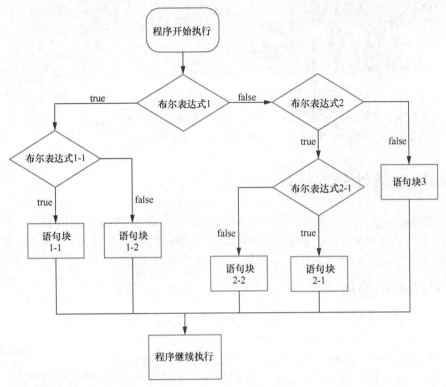

图 5.8　嵌套 if 结构流程图

仍以年龄段为例，现在要以 35 岁为分隔点将壮年进一步分为青年和中年，那么可以使用嵌套 if 结构来实现。可以看到代码清单 5.12 中在"else if (age > 14 && age < 65)"分支中增加了一个 if-else 结构，这样就能实现进一步的年龄分段，程序最后输出"青年"。

代码清单 5.12　嵌套 if 示例

```
1.  public class IfStatementTest4 {
2.      public static void main(String[] args) {
3.          int age = 30;
4.          if (age <= 14) {
5.              System.out.println("少年");
6.          } else if (age > 14 && age < 65) {
7.              if (age < 35) {
8.                  System.out.println("青年");
9.              } else {
10.                 System.out.println("中年");
11.             }
12.         } else {
13.             System.out.println("老年");
14.         }
15.     }
16. }
```

考考你
- 流程控制语句包括哪两种？
- 条件分支语句包括哪两种？
- if 语句有几种结构？分别是哪些？
- if 结构中任何情况下待执行语句都必须要加大括号吗？
- 为什么需要嵌套 if 结构？

动手做一做

我们要将考试分数进行分段，其中 85~100 为优秀，75~84 为良好，60~74 为中等，60 以下为差，编写一个程序来判断某个分数所对应的分数段。

5.4 switch 条件分支语句

5.3 节介绍了 if 条件分支语句，本节将继续介绍另一种条件分支语句，即 switch 条件分支语句。从分支处理的角度来看，if 条件分支语句更擅长处理两个分支的情况，因为对于多分支的情况它需要有多个 if 进行嵌套，于是 Java 提供了 switch 条件分支语句，它天然地支持多分支处理。

5.4.1 switch 的使用

switch 语句的语法如下，switch 后的小括号里是一个表达式或者变量，switch 语句会根据它们所对应的值进行分支判断，值的数据类型可以是 byte、char、short、int、long、String 或枚举。switch 后的大括号里的 case 语句用于指定不同的分支，其中 "case 值 1:" 表示当表达式或变量的值等于 "值 1" 时执行 "语句块 1"，"case 值 2:" 表示当表达式或变量的值等于 "值 2" 时执行 "语句块 2"。类似地，可以编写 n 个 case 分支。注意最后有一个 default 分支，它表示默认分支，即当前面所有的 n 个 case 分支都没匹配上时就会匹配这个默认分支。此外，可以看到每个分支都有一个 break 语句，它表示匹配上了该分支后就跳出整个 switch 语句结构，不再继续往下匹配。整个语法包含 switch、case、break 和 default 这 4 个 Java 关键字。

多分支条件判断还是我更擅长

```
1.   switch (表达式或变量) {
2.       case 值1:
3.           语句块1；
4.           break;
5.       case 值2:
6.           语句块2；
7.           break;
8.       …
9.       case 值n:
10.          语句块n；
11.          break;
12.      default:
```

```
13.         语句块 n+1;
14.         break;
15. }
```

图 5.9 所示的流程图可以帮助我们理解 switch 语句。程序开始执行后到达 switch 处时开始判断表达式或变量的值,包括"case 值 1""case 值 2"……"case 值 *n*"以及"default"等共 *n*+1 个分支,根据表达式或变量的值去匹配对应的分支来执行。

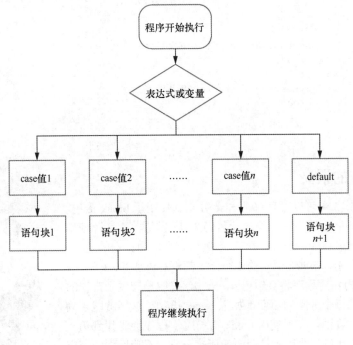

图 5.9　switch 流程图

代码清单 5.13 是 switch 语句的一个示例,它会根据变量 day 的值来输出星期几,值 1~7 分别对应星期一到星期日这 7 个分支。另外,default 是默认分支,如果不是值 1~7 则会执行这个分支。该程序最终输出结果为"星期三"。

代码清单 5.13　switch 示例

```
1.  public class SwitchStatementTest {
2.      public static void main(String[] args) {
3.          int day = 3;
4.          switch (day) {
5.          case 1:
6.              System.out.println("星期一");
7.              break;
8.          case 2:
9.              System.out.println("星期二");
10.             break;
11.         case 3:
12.             System.out.println("星期三");
```

```
13.             break;
14.         case 4:
15.             System.out.println("星期四");
16.             break;
17.         case 5:
18.             System.out.println("星期五");
19.             break;
20.         case 6:
21.             System.out.println("星期六");
22.             break;
23.         case 7:
24.             System.out.println("星期日");
25.             break;
26.         default:
27.             System.out.println("错误的数值");
28.             break;
29.         }
30.     }
31. }
```

5.4.2 break 的语义

从代码清单 5.13 中可以看到每个 case 分支都使用了 break 语句，它的作用是阻断 switch 语句在匹配成功后仍继续往下执行，实际使用时建议在每个分支最后加上 break 语句，不然很容易出现错误的逻辑。如代码清单 5.14 所示，switch 语句的 4 个分支都没有添加 break 语句，那么当变量 num 为 4 时程序将会输出 4、5、6，很明显产生了错误的逻辑。我们可以在每个分支的后面都加上 break 语句，这样就能正确执行了。同时可以看到，在不使用 break 语句时，程序会先找到第一个符合条件的分支执行，然后执行后面的所有分支，不管后面的分支是否满足条件。

代码清单 5.14　没有 break 时的情况
```
1.  public class SwitchStatementTest3 {
2.      public static void main(String[] args) {
3.          int num = 4;
4.          switch (num) {
5.          case 3:
6.              System.out.println("3");
7.          case 4:
8.              System.out.println("4");
9.          case 5:
10.             System.out.println("5");
11.         default:
12.             System.out.println("6");
13.         }
14.     }
15. }
```

考考你

- if 语句和 switch 语句分别更擅长处理多少个分支？
- switch 语句中的判断条件支持哪些数据类型？
- default 关键字的作用是什么？
- break 关键字的作用是什么？switch 语句如果不使用 break 语句会出现什么问题？

动手做一做

用 switch 语句编写一个抽奖程序，对于员工编号尾数为 3、6、9 的分别奖励"礼物套餐一""礼物套餐二""礼物套餐三"。

5.5 for 循环语句

本节讲解第一种循环语句——for 循环语句，通过它可以控制程序循环执行某些语句，从而达到控制程序流程的效果。

循环语句的作用就是对程序进行循环控制，它能控制程序循环执行某个代码块。在不使用循环语句的情况下，如果我们要执行 3 次如图 5.10 所示的代码块，就只能手工复制粘贴 3 次，并且只能次数固定，而不能根据变量值来决定循环几次。

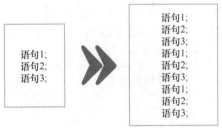

图 5.10 循环控制

如果有了 for 循环语句，则可以很方便高效地实现上述需求。

```
1.  for (int i = 0; i < 3; i++) {
2.      语句 1;
3.      语句 2;
4.      语句 3;
5.  }
```

5.5.1 for 语句语法

下面来看 for 循环语句的语法，其中表达式 1 用于声明一个循环控制变量并对其进行初始化赋值，表达式 2 用于判断是否要继续循环执行，表达式 3 用于修改循环控制变量。一对大括号所指定的范围称为循环体，循环体包含了一条或多条语句（语句块）。

```
1.  for (表达式1;表达式2;表达式3) {
2.      语句块
3.  }
```

通过图 5.11 来帮助我们理解 for 语法，其中 int i = 0 是表达式 1，表示我们定义了一个变量 i 来进行循环控制。i < 10 是表达式 2，它会判断变量 i 是否小于 10，如果是则执行语句块，否则停止循环执行。i++ 是表达式 3，表示每执行一次循环体后都会让变量 i 自增 1。

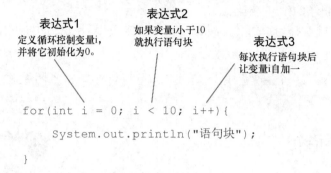

图 5.11 for 语法解析

5.5.2 for 语句流程

如图 5.12 所示，结合 for 语句的语法看看它的执行流程。首先将目光定位到表达式 1，定义一个变量并对其进行赋值，这部分从始到终只会被执行一次；接着判断表达式 2 是否成立，如果成立则执行循环体；执行完语句块后会执行表达式 3，修改循环控制变量；然后进入下一轮的检测，继续判断表达式 2 是否成立，如果成立则再一次执行循环体；接着又执行一次表达式 3；不断重复上述的循环过程，直到表达式 2 的循环条件不成立时退出 for 循环，从而结束该循环过程。

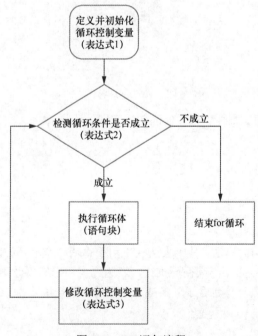

图 5.12 for 语句流程

下面来看 for 语句的具体使用示例，如代码清单 5.15 所示。该示例会循环执行 for 的大括号所指定的语句块，共执行三次。在执行过程中变量 i 从 0 开始，如果它小于 3 就会执行一次语句块，每执行完一次都让变量 i 自增 1。

代码清单 5.15 for 示例

```
1.   public class ForStatementTest {
2.       public static void main(String[] args) {
3.           for (int i = 0; i < 3; i++) {
4.               System.out.println("语句1");
5.               System.out.println("语句2");
6.               System.out.println("语句3");
7.           }
8.       }
9.   }
```

输出结果：

1. 语句 1
2. 语句 2
3. 语句 3
4. 语句 1
5. 语句 2
6. 语句 3
7. 语句 1
8. 语句 2
9. 语句 3

for 语句还可以与 if 语句结合，从而增加循环体内的条件判断。如代码清单 5.16 所示，当变量 i 等于 0 时才会输出 "语句 1" 和 "语句 2"，其他条件下不输出。

代码清单 5.16 for 与 if 结合

```
1.   public class ForStatementTest2 {
2.       public static void main(String[] args) {
3.           for (int i = 0; i < 3; i++) {
4.               if (i == 0) {
5.                   System.out.println("语句1");
6.                   System.out.println("语句2");
7.               }
8.               System.out.println("语句3");
9.           }
10.      }
11.  }
```

输出结果：

1. 语句 1
2. 语句 2
3. 语句 3
4. 语句 3
5. 语句 3

如果想要实现一个无限循环，可以通过 for(;;) 来实现，如代码清单 5.17 所示。此时它会无限输出 "无限循环"。

代码清单 5.17　for 无限循环
```
1. public class ForStatementTest6 {
2.     public static void main(String[] args) {
3.         for (;;) {
4.             System.out.println("无限循环");
5.         }
6.     }
7. }
```

5.5.3　嵌套 for 语句

我们还可以在一个 for 循环语句内再嵌套一个 for 循环语句，这样就可以达到嵌套循环的效果。代码清单 5.18 是嵌套 for 循环的一个示例，可以看到两个 for 语句分别使用了 i 和 j 两个变量进行循环控制。

代码清单 5.18　嵌套 for 循环示例
```
1. public class ForStatementTest3 {
2.     public static void main(String[] args) {
3.         for (int i = 0; i < 3; i++) {
4.             for (int j = 0; j < 2; j++) {
5.                 System.out.println("i=" + i + ",j=" + j);
6.             }
7.         }
8.     }
9. }
```

输出结果：
```
1. i=0,j=0
2. i=0,j=1
3. i=1,j=0
4. i=1,j=1
5. i=2,j=0
6. i=2,j=1
```

5.5.4　break 与 continue

当我们想提前结束 for 循环时可以通过 break 来实现。如代码清单 5.19 所示，它输出 "i=0" 和 "i=1" 后就会输出 "提前结束 for 循环"，并通过 break 提前跳出 for 循环。

代码清单 5.19　使用 break
```
1.  public class ForStatementTest4 {
2.      public static void main(String[] args) {
3.          for (int i = 0; i < 3; i++) {
4.              if (i == 2) {
5.                  System.out.println("提前结束 for 循环");
6.                  break;
7.              }
8.              System.out.println("i=" + i);
9.          }
10.     }
11. }
```

输出结果:

```
1.  i=0
2.  i=1
3.  提前结束for循环
```

此外,如果我们只想结束当前轮循环,可以通过 continue 来实现。如代码清单 5.20 所示,由于当 i==1 时执行 continue 语句,因此会结束该轮循环,但会继续执行下一轮循环。

代码清单 5.20　使用 continue

```
1.  public class ForStatementTest5 {
2.      public static void main(String[] args) {
3.          for (int i = 0; i < 3; i++) {
4.              if (i == 1) {
5.                  System.out.println("结束当前轮");
6.                  continue;
7.              }
8.              System.out.println("i=" + i);
9.          }
10.     }
11. }
```

输出结果:

```
1.  i=0
2.  结束当前轮
3.  i=2
```

> **考考你**
> - 循环语句用于什么场景?
> - for 语句语法中三个表达式的含义分别是什么?
> - for 语句中如果想要提前停止循环可以使用什么语句?
> - for 语句中如果想结束当前轮循环进入下一轮循环可以使用什么语句?

> **动手做一做**
> 用 for 循环语句实现从 1 加到 100。

5.6　while 循环语句

Java 提供的第二种循环语句是 while 循环语句。下面我们学习 while 语句相关的知识。

5.6.1　while 语句语法

相比于 for 循环语句,while 循环语句的语法理解起来更容易,它的语法如下。该语法很好理解,当条件表达式成立时执行大括号内的语句块,也就是说 while 会不断检测条件表达式是否成立,如果成立会执行语句块,不成立则停止循环。

```
1.  while (条件表达式) {
2.      语句块
3.  }
```

while 循环可以通过图 5.13 所示的流程图来理解，程序执行到 while 语句时会判断条件表达式是否成立，如果成立则执行循环体内的语句块并再次进行判断，否则跳出循环继续往下执行。

接下来通过代码清单 5.21 来看 while 的使用方法，可以看到先定义了一个变量 i 并将其初始化为 0，然后通过 while 不断判断 i<5 是否成立，如果成立就输出变量 i 的当前值，并且对变量 i 进行自增一操作。

代码清单 5.21　while 示例
```
1.  public class WhileStatementTest {
2.      public static void main(String[] args) {
3.          int i = 0;
4.          while (i < 5) {
5.              System.out.println(i);
6.              i++;
7.          }
8.      }
9.  }
```

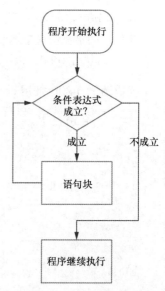

图 5.13　while 循环流程图

输出结果：
```
1.  0
2.  1
3.  2
4.  3
5.  4
```

如果想要使用 while 实现一个无限循环，可以通过 while(true)来实现，因为它的条件表达式永远成立，如代码清单 5.22 所示。

代码清单 5.22　while 无限循环
```
1.  public class WhileStatementTest4 {
2.      public static void main(String[] args) {
3.          while (true) {
4.              System.out.println("无限循环");
5.          }
6.      }
7.  }
```

5.6.2　break 与 continue

while 语句如果想要提前结束整个循环或者结束当前轮，也可以通过 break 和 continue 来实现。代码清单 5.23 中当变量 i 等于 2 时执行 break 语句提前结束整个循环。

代码清单 5.23　使用 break
```
1.  public class WhileStatementTest2 {
2.      public static void main(String[] args) {
3.          int i = 0;
```

```
4.          while (i < 5) {
5.              if (i == 2)
6.                  break;
7.              System.out.println(i);
8.              i++;
9.          }
10.     }
11. }
```

输出结果：

```
1. 0
2. 1
```

再看代码清单 5.24 中 continue 的示例，当变量 i 等于 2 时执行 i++ 后通过 continue 语句结束了当前轮，但是整个循环还没结束，所以继续下一轮，通过输出信息可以看到少输出了 "2"。

代码清单 5.24　使用 continue

```
1. public class WhileStatementTest3 {
2.      public static void main(String[] args) {
3.          int i = 0;
4.          while (i < 5) {
5.              if (i == 2) {
6.                  i++;
7.                  continue;
8.              }
9.              System.out.println(i);
10.             i++;
11.         }
12.     }
13. }
```

输出结果：

```
1. 0
2. 1
3. 3
4. 4
```

考考你

- while 语句与 for 语句在使用时有哪些不同？
- while 语句的执行流程是怎样的？

动手做一做

用 while 循环语句计算 10 的阶乘。

5.7　do-while 循环语句

还有一种与 while 循环很相似的循环语句是 do-while 循环语句。由于 do 在 while 的前面，所以它是先执行循环语句块后再判断条件。

5.7.1 do-while 语句语法

do-while 语句的语法如下，它会先执行语句块，再根据条件表达式判断是否要进行下一轮的循环。如果条件表达式成立则执行下一轮，否则停止执行循环，整个过程中至少执行一次循环。

```
1. do {
2.      语句块
3. } while (条件表达式);
```

do-while 语句的执行流程如图 5.14 所示。程序执行后会先执行 do 后面大括号所指定的语句块，然后才判断 while 后面括号内的条件表达式是否成立，如果成立则执行循环体内的语句块并再次进行判断，否则跳出循环继续往下执行。

代码清单 5.25 是 do-while 的一个示例，先定义一个变量 i 并赋值为 0，然后输出变量 i，接着让变量 i 执行自增一操作，再判断 i<5 是否成立。如果成立则继续下一轮的循环，否则退出循环。

代码清单 5.25　do-while 示例

```
1. public class DoWhileStatementTest {
2.     public static void main(String[] args) {
3.         int i = 0;
4.         do {
5.             System.out.println(i);
6.             i++;
7.         } while (i < 5);
8.     }
9. }
```

输出结果：

```
1. 0
2. 1
3. 2
4. 3
5. 4
```

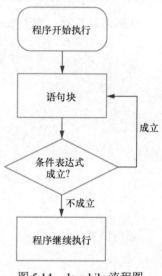

图 5.14　do-while 流程图

do-while 的无限循环可以通过代码清单 5.26 所示的这种方式来实现，它会无限循环输出"无限循环"。

代码清单 5.26　do-while 无限循环

```
1. public class DoWhileStatementTest3 {
2.     public static void main(String[] args) {
3.         do {
4.             System.out.println("无限循环");
5.         } while (true);
6.     }
7. }
```

5.7.2 break 与 continue

同样地，我们可以在 do-while 中通过 break 和 continue 来结束循环或者跳到下一轮。如代码清单 5.27 所示，当变量 i 等于 2 时通过 continue 语句进入下一轮，而当变量 i 等于 3 时执行 break 语句停止循环，最终只输出 0、1、2。

代码清单 5.27　break 与 continue

```
1.  public class DoWhileStatementTest2 {
2.      public static void main(String[] args) {
3.          int i = 0;
4.          do {
5.              System.out.println(i);
6.              i++;
7.              if (i == 2)
8.                  continue;
9.              if (i == 3)
10.                 break;
11.         } while (i < 5);
12.     }
13. }
```

输出结果：

1. 0
2. 1
3. 2

5.7.3　while 与 do-while 有什么不同

在学完 while 语句和 do-while 语句后你能说出这两种循环语句的区别吗？它们主要有如下三个不同点。

- while 语句先进行条件判断再决定是否执行语句块，而 do-while 语句则先执行语句块再进行条件判断。
- while 语句在初始时如果不满足条件则一次也不执行循环体，而 do-while 语句则在初始时不管是否满足条件都至少会执行一次循环体。
- 此外，还要注意 do-while 语句需要在最后加一个分号，while 语句则不需要。

考考你
- do-while 语句的执行流程是怎样的？
- while 语句至少会执行一次循环体吗？
- while 与 do-while 语句有什么不同？

动手做一做
用 do-while 循环语句计算 10 的阶乘。

5.8　return 语句

在 Java 编程中 return 是最常见的关键字之一，return 语句用于表示某个方法终止执行，并且能指定某个方法的返回值。如图 5.15 所示，A 方法和 B 方法分别是一个有返回值和无返回值的方法，那么调用 A 方法时将执行该方法的逻辑并返回一个值，而调用 B 方法时则只会执行该方法的

逻辑但不会返回一个值。这里某个方法返回值由 return 语句来实现，执行某个方法时如果遇到 return 语句会立即终止执行该方法并返回值。此外，如果某个方法声明了返回值的类型，那么该方法必须通过 return 关键字返回某个值。

return 语句的语法很简单，直接在 return 关键字后面指定一个要返回的值即可，这个值可以是变量也可以是一个表达式。需要注意的是，return 后面的值的数据类型必须与方法声明的返回值的类型一致。

1. return 变量；
2.
3. return 表达式；

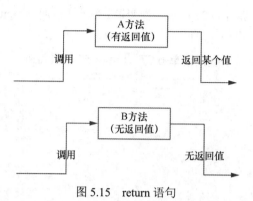

图 5.15 return 语句

代码清单 5.28 是 return 语句的示例，我们重点观察 addition()方法，注意该方法的返回值被声明为 int 类型，所以在该方法内执行逻辑后将通过 "return sum;" 语句把计算结果返回给调用者。当执行主线程并调用 addition()方法时会执行两个数相加的操作，然后将结果作为返回值返回，主线程便能得到执行该方法后的返回值。

代码清单 5.28　有返回值的 return 示例
```
1.  public class ReturnStatementTest {
2.    public static int addition(int a, int b) {
3.      int sum;
4.      sum = a + b;
5.      return sum;// return a+b;
6.    }
7.
8.    public static void main(String[] args) {
9.      System.out.println(ReturnStatementTest.addition(10, 5));
10.   }
11. }
```

再看代码清单 5.29。该示例中的 hello()方法的返回值被声明为 void 类型，即表示返回值为空。此时该方法在执行逻辑后，可以通过 "return;" 语句来表示终止该方法的执行，当然我们也可以将这里的 "return;" 语句省略。

代码清单 5.29　无返回值的 return 示例
```
1.  public class ReturnStatementTest2 {
2.    public static void hello() {
3.      System.out.println("Hello Java!");
4.      return;
5.    }
6.
7.    public static void main(String args[]) {
8.      hello();
9.    }
10. }
```

我们还可以通过 return 关键字来实现提前终止某个方法并返回，如代码清单 5.30 所示。当传入 hello()方法的参数值为 0 时提前终止该方法的执行并返回，此时不会输出 "Hello Java!"，只有在参数值为非 0 时才会往下执行并输出 "Hello Java!"。

代码清单 5.30　提前终止方法
```
1.  public class ReturnStatementTest3 {
2.      public static void hello(int a) {
3.          if (a == 0) {
4.              return;
5.          }
6.          System.out.println("Hello Java!");
7.      }
8.
9.      public static void main(String args[]) {
10.         hello(0);
11.         hello(1);
12.     }
13. }
```

考考你
- return 关键字有什么作用？
- 某个方法执行 return 语句后还会往下执行吗？
- 如何通过 return 语句返回空值？
- return 语句的返回值的类型在哪里指定？

动手做一做
在 IDE 中验证下面的代码能否正常执行，如果无法执行，请找出原因。
```
1.  public class ReturnStatementTest4 {
2.      public static void hello() {
3.          return;
4.          System.out.println("Hello Java!");
5.      }
6.
7.      public static void main(String args[]) {
8.          hello();
9.      }
10. }
```

第 6 章

类与对象（上）

6.1 面向对象编程

早期的编程以面向过程的方式为主，这种编程方式的思想是将问题的解决方法分成若干部分，然后通过函数的形式来实现其中的每一个部分，并通过函数之间的调用来实现整体解决方法。比如在图 6.1 中，主函数先调用函数 1，函数 1 又通过调用函数 2 和函数 3 来实现。接着主函数继续调用函数 4，函数 4 又会调用函数 5。最后主函数调用函数 6，从而实现整个主函数的功能。

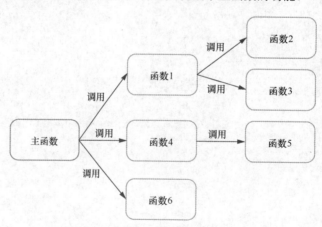

图 6.1　面向过程

后来出现了一种更流行的编程方式，也就是面向对象编程（Object Oriented Programming，OOP），它的核心思想是"一切皆对象"。对于简单的问题，使用面向过程的思想能更加直接有效地解决问题。但是对于庞大且复杂的问题，面向过程的方式显得有点力不从心。这时就出现了面向对象的编程思想，从深层次看，面向对象是一种设计思想，它符合客观世界的运行规律。

客观世界中的所有人和事物都可以看作一个对象，每个对象都有自己的属性和方法，对象之间通过方法进行交互。所有同类的对象可以通过同一个模板创建出来，这个模板称为类，比如有一个"车"类，通过这个类就可以创建无数个"车"对象，如图6.2所示。

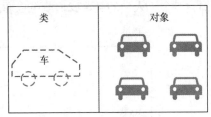

图6.2　面向对象

总结起来，这两种编程方式的优缺点如下。

- 面向过程编程方式

1．流程化使编程任务明确，具体的实现步骤清晰明了。

2．对于中小型项目来说编程效率高，强调代码的短小精悍，并且强调通过数据结构和算法来实现高性能的程序。

3．比较费精力，需要深入思考如何提升代码性能。此外，代码的复用性和可扩展性都比较差，而且后期维护的难度也较大。

- 面向对象编程方式

1．面向对象更加符合人类的思维方式，程序的结构清晰且更加模块化。

2．具有更高的代码复用性、可扩展性以及易维护性，同时能降低系统的耦合性。

3．面向对象编程需要有很多额外的代码，增加了开销，也使程序更加臃肿，同时性能方面也不如面向过程编程的方式。

考考你
- 什么是面向过程编程？
- 什么是面向对象编程？

6.2　面向对象的基本概念

面向对象的主要概念包括对象、类、继承、抽象、多态以及封装，如图6.3所示。这些概念都是面向对象编程的基础，下面分别对它们进行介绍。

图6.3　面向对象的主要概念

在面向对象编程中一切皆对象，每个人、每个动物、每个水果都可以看成一个对象，如图6.4所示。每个对象都有自己的状态（属性）和行为（方法），比如一只狗的颜色、品种和体重等属于它的属性，摇尾巴、跑和吠等属于它的方法。

类是所有同类对象的集合，它就像一个模板一样，可以创建出具有该类属性和方法的对象，此对象也称为该类的实例。比如有一个"人"的类，我们就可以通过该类来创建不同的"人"的对象（实例），如图 6.5 所示。

图 6.4　一切皆对象

图 6.5　类

继承主要描述的是两个类之间具有父子类的关系，一个类继承了某个父类意味着该类会自动具有父类的属性和方法，通过继承可以使代码被复用。如图 6.6 所示，假设有一个"人"的类，那么可以定义"男人"和"女人"两个子类，这两个子类自动具有"人"的属性和方法。这里"人"称为"男人"和"女人"的父类，而"男人"和"女人"则称为"人"的子类。

抽象的核心内容是将内部的具体实现细节隐藏起来，通过一个对外接口来提供给外部使用，可以存在多种不同的具体实现，如图 6.7 所示。Java 中通过接口和抽象类来实现抽象。

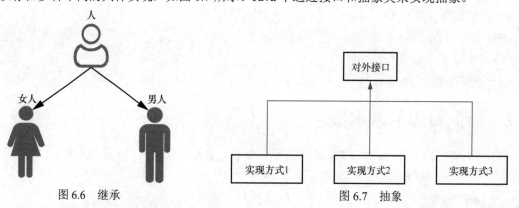

图 6.6　继承　　　　　　　　　　图 6.7　抽象

封装主要描述的是相关数据被包装到同一个单元里面，类似于图 6.8 中的胶囊一样，相关的药成分都被包装到一起。在 Java 中，封装主要体现在类的属性被声明为私有时，它们就会被封装在该类中。

多态主要描述的是同一个行为有着不同的形态能力，比如对于计算面积这个行为，正方形的计算公式是边长的平方，而圆形的计算公式是 π 乘以半径的平方，还有三角形和平行四边形等都有各自的面积计算公式，如图 6.9 所示。在 Java 中，多态主要通过方法的重载和重写来实现。

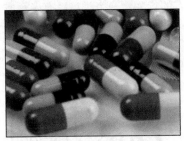

图 6.8　封装

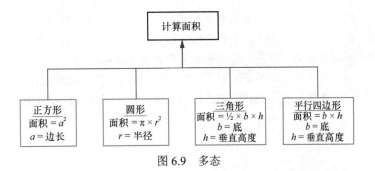

图 6.9　多态

> **考考你**
> - 面向过程编程与面向对象编程各自的优缺点是什么？
> - 面向对象包含哪些主要概念？

6.3　Java 类与对象

类和对象是面向对象编程中最核心、最重要的概念，也是面向对象编程的基础。接下来我们将介绍 Java 语言中"类"和"对象"的相关知识。

Java 的类是所有 Java 同类对象的集合，它就像是一个模板，通过该模板可以创建出具有该类所定义的属性和方法的 Java 对象（实例）。比如我们有"xx 类"这个模板，那么可以创建出具有与该模板相同属性和方法的对象，如图 6.10 所示。也就是说，类所描述的是所有对象的共性特征，类是一个共性的概念。

下面举几个类与对象的具体例子，如表 6.1 所示。其中，"人"类的对象可以是小明、小红和小东；"手机"类的对象可以是小明的手机、小红的手机和小东的手机；"电脑"类的对象可以是小明的电脑、小红的电脑和小东的电脑。

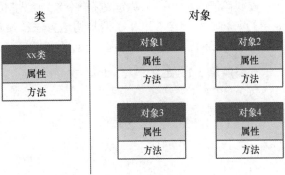

图 6.10　类与对象

表 6.1　类与对象

类（模板）	对象（实例）
人	小明、小红、小东
手机	小明的手机、小红的手机、小东的手机
电脑	小明的电脑、小红的电脑、小东的电脑

6.3.1　定义 Java 类

一个 Java 类主要由属性（变量）、构造方法、成员方法以及主方法四要素组成。属性用于描述该类的共性特性，一个类可以有多个属性。构造方法一般用于在创建对象时给对象的属性赋值，构造方法的名称和类名称必须相同。成员方法用于描述该类所具有的行为，一个类可以有多个成员方法。主方法是一个非常特殊的方法，它是 Java 程序的入口，当我们要运行某个类时就需要在该类中定义主方法，主方法对于类并非都是必要的。

定义一个类的语法如下所示，在关键字 class 后面接上自定义的类名，然后在大括号内定义所有的属性和方法，其中方法包括构造方法、成员方法以及主方法。

```
1.    访问修饰符 class 类名 {
2.        // 定义属性
3.        属性1；
4.        属性2；
5.        属性3；
6.
7.        // 定义方法
8.        构造方法1；
9.        构造方法2；
10.       构造方法3；
11.       成员方法1；
12.       成员方法2；
13.       成员方法3；
14.
15.       主方法；
16.   }
```

在代码清单 6.1 中，首先定义了一个名为"人"的类，该类中包含了 name 和 age 两个属性，分别表示姓名和年龄；接着定义了两种构造方法；最后定义了三个成员方法，包括 eat()、sleep()和 introduceMyself()三个方法，分别表示吃东西、睡觉和自我介绍。

代码清单 6.1　定义"人"Java 类

```
1.   class Person {
2.       String name;
3.       int age;
4.
5.       Person() {
6.       }
7.
8.       Person(String name, int age) {
9.           this.name = name;
10.          this.age = age;
11.      }
12.
13.      void eat() {
14.          System.out.println("吃东西");
15.      }
16.
17.      void sleep() {
18.          System.out.println("睡觉");
19.      }
20.
21.      void introduceMyself() {
22.          System.out.println("my name is " + name + ", " + age + " years old.");
23.      }
24.  }
```

当然，我们还可以在 class 前面添加不同的修饰符以声明该类所具有的特性，比如可以添加

public 来表示该类具有"公有"特性,可以在其他类中对其进行访问,如代码清单 6.2 所示。Java 中的主类一般都要用 public 进行修饰,这样其他类都能对其进行访问。除 public 外还有很多修饰符可以用来声明 class,我们会在后面对应的内容中进一步地介绍和讲解。

代码清单 6.2　public 修饰类

```
1.  public class Person {
2.
3.      ...
4.
5.  }
```

Java 语言规定将类的源代码保存到 .java 文件中,文件名必须与公有类保持一致,比如我们定义了一个 Person 类并声明为 public,那么对应源代码的文件名为 Person.java。多数情况下我们都会按照一个 Java 类对应一个 .java 文件的方式进行组织,不过 Java 也允许在一个 .java 文件里定义多个 Java 类,并且按照规定有且仅有一个类能被声明为 public,且被声明为 public 的类名必须与文件名相同。

代码清单 6.3 的三个类都在 MulticlassTest.java 文件中,包含 MulticlassTest、Student 和 Worker 三个类,它们都能被编译器正确编译。需要注意的是,只有 MulticlassTest 类被声明为 public,不能同时声明两个类为 public。

代码清单 6.3　java 文件中的多个类

```
1.  public class MulticlassTest {
2.      public static void main(String[] args) {
3.          Student s = new Student(100,"小明");
4.          Worker w = new Worker(40,"工人");
5.      }
6.  }
7.
8.  class Student {
9.      int id;
10.     String name;
11.
12.     public Student(int id, String name) {
13.         this.id = id;
14.         this.name = name;
15.     }
16. }
17.
18. class Worker {
19.     public int age;
20.     public String name;
21.
22.     public Worker(int age, String name) {
23.         this.age = age;
24.         this.name = name;
25.     }
26. }
```

6.3.2　创建对象

创建某个类的对象需要通过 new 关键字来实现,它的语法如下。类名后面的括号对应着类的构造方法，在构建对象时会根据参数的不同调用对应的构造方法来对对象进行初始化操作。

```
1.  类名 对象名 = new 类名();
2.
3.  类名 对象名 = new 类名(参数1,参数2,...);
```

比如可以用代码清单 6.4 的两种方式创建 Person 对象。第一种方式创建的"xiaoming"对象的属性 name 和 age 都为默认值，它们的值分别为 null 和 0。而第二种方式创建的"xiaoming"对象的属性 name 和 age 的值分别为"小明"和"6"。

代码清单 6.4　创建对象
```
1.  Person xiaoming = new Person();
2.
3.  Person xiaoming = new Person("小明", 6);
```

创建对象后我们就会想要访问它的属性或者调用它的方法，这时可以用"."符号来实现。比如代码清单 6.5 中，分别获取到了"xiaoming"的 name 属性值以及调用了"xiaoming"的 introduceMyself() 这个方法。

代码清单 6.5　访问属性与调用方法
```
1.  xiaoming.name;
2.  xiaoming.introduceMyself();
```

6.3.3　对象的初始化

如果创建对象时不对其属性进行赋值，则这些属性都为默认值，大多数情况下默认值并非是我们想要的，这时就会涉及初始化对象属性值的问题。总的来说有三种初始化方式，分别为构造方法方式、属性赋值方式以及方法赋值方式。

构造方法方式最简单，只需要我们自己定义好构造方法。将需要初始化的属性定义为构造方法的参数，当我们创建对象时可以直接将属性值传入。比如在代码清单 6.6 中，"小明"和"6"作为属性值传入构造方法中，创建 person 对象时就会将属性值赋值给对应的属性。

代码清单 6.6　构造方法初始化对象
```
1.  public class PersonInitForm1 {
2.      public static void main(String[] args) {
3.          Person person = new Person("小明", 6);
4.          person.introduceMyself();
5.      }
6.  }
```

属性赋值方式则是先创建一个具有默认值的对象，再逐一对其属性进行赋值。比如代码清单 6.7 中，创建 person 对象后通过 person.age = 20 和 person.name = "小明"两个赋值语句分别对该对象的属性 age 和 name 进行赋值。

代码清单 6.7　通过属性赋值初始化对象
```
1.  public class PersonInitForm2 {
2.      public static void main(String[] args) {
3.          Person person = new Person();
```

```
4.         person.age = 20;
5.         person.name = "小明";
6.         person.introduceMyself();
7.     }
8. }
```

方法赋值方式与属性赋值方式的本质是一样的，区别是方法赋值不直接访问属性，而是通过调用方法来访问属性。比如代码清单 6.8 中我们在 Person 类中添加 setAge() 和 setName() 两个方法，那么可以通过调用这两个方法来修改属性 age 和 name 的值。

代码清单 6.8　通过 set 方法赋值初始化对象

```
1. class Person implements Serializable {
2. 
3.     ...
4. 
5.     public void setAge(int age) {
6.         this.age = age;
7.     }
8. 
9.     public void setName(String name) {
10.        this.name = name;
11.    }
12. }
13. public class PersonInitForm3 {
14.     public static void main(String[] args) {
15.         Person person = new Person();
16.         person.setAge(10);
17.         person.setName("小明");
18.         person.introduceMyself();
19.     }
20. }
```

6.3.4　类的主方法

每个类都可以定义一个特殊的方法——主方法（main()），有了这个方法就可以让 JVM 来执行这个类程序。主方法的格式必须为 public static void main(String[] args)，这是 Java 规范要求的。可以看到主方法必须是 public 且 static，而且返回值类型为 void，此外它还定义了参数数组，这些参数是 Java 执行时传入的。

当我们在某个类中定义了主方法后就可以通过下面的命令来执行该 Java 类，可以使用不带参数的方式"java 类名"来执行这个类，也可以通过带参数的方式"java 类名 参数1 参数2 参数3 ..."将参数传入主方法中。

```
1. java 类名
2. 
3. java 类名 参数1 参数2 参数3 ...
```

代码清单 6.9 中我们以 Person 类为例，看看如何定义主方法并执行它。其实很简单，只需要在 Person 类中添加一个 public static void main(String[] args) 方法，然后在其中添加程序逻辑，这样便完成了主方法的定义。在该主方法中我们创建了一个"xiaoming"对象，然后输出"xiaoming"对象的 name 属性值，以及调用"xiaoming"对象的 introduceMyself()方法。

代码清单6.9　主方法

```
1.   class Person {
2.       String name;
3.       int age;
4.
5.       Person() {
6.       }
7.
8.       Person(String name, int age) {
9.           this.name = name;
10.          this.age = age;
11.      }
12.
13.      void eat() {
14.          System.out.println("吃东西");
15.      }
16.
17.      void sleep() {
18.          System.out.println("睡觉");
19.      }
20.
21.      void introduceMyself() {
22.          System.out.println("my name is " + name + ", " + age + " years old.");
23.      }
24.
25.      public static void main(String[] args) {
26.          Person xiaoming = new Person("小明", 6);
27.          System.out.println(xiaoming.name);
28.          xiaoming.introduceMyself();
29.      }
30.  }
```

接着需要通过"javac Person.java"命令对 Person 类进行编译，编译后会在当前目录下生成一个"Person.class"文件，它里面就是 Java 字节码指令，Java 执行时的指令编码都在该文件中。最后我们就可以执行"java Person"命令了，它会调用 Person 类的主方法，从而执行该方法中的所有逻辑。最终输出如下：

```
1.   小明
2.   my name is 小明, 6 years old.
```

考考你

- 类与对象之间是什么关系？
- 一个类主要由哪几个要素组成？
- 构造方法有什么作用？

- Java 中如何创建一个对象？
- 类中的主方法有什么作用？
- 对象初始化的方式一共有几种？分别解释一下具体的初始化过程。

动手做一做

定义一个矩形（Rectangle）类，该类包含长和宽两个属性，然后定义一个计算面积的方法，并在主方法中创建两个矩形对象，第一个矩形的长和宽分别为 3 和 2，第二个矩形的长和宽分别为 5 和 4，最后分别计算和输出这两个矩形的面积。

6.4 类的成员方法

通过前面的学习我们已经知道一个类可以有构造方法、成员方法和主方法三类方法，其中主方法已经介绍过了，本节将继续介绍另一类方法——成员方法。

使用 Java 编程时我们通常会将某个任务的执行步骤抽象成一个方法，这个方法包含了执行这个任务的所有指令，至于由哪些指令来组成哪些方法则需要我们自己根据实际项目的需求来决定。定义方法的最大好处是提升代码的复用性和可读性。在复用性方面，我们编写的方法可以被多次使用，从而避免重复编写相同的代码。在可读性方面，将若干指令定义成一个方法，可以从方法层面去理解代码，从而提高代码的可读性。

成员方法是指在 Java 类中除构造方法和主方法外的方法，比如下面是一个成员方法的伪代码，在 Rectangle 类中定义一个名为 calcArea() 的成员方法，该方法包含了若干语句。

```
1.   class Rectangle {
2.
3.       ...
4.
5.       int calcArea() {
6.           语句1;
7.           语句2;
8.           语句3;
9.           ...
10.      }
11.
12.      ...
13.  }
```

6.4.1 方法的构成

Java 中的一个方法由六要素组成：访问修饰符、非访问修饰符、返回类型、方法名、参数列表以及方法体，如图 6.11 所示。这些要素中有些是必需的，有些则可以根据实际情况省略。下面对这 6 个要素分别进行介绍。

访问修饰符，用于声明方法的访问类型，访问类型决定了方法的可见性。Java 提供了以下 4 种不同的访问修饰符。

- public：表示公有的，它声明的方法可以被所有类访问。

- **protected**：表示受保护的，它声明的方法可以被相同包下的其他类访问，或者不同包的子类访问。

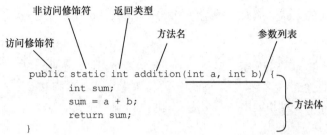

图 6.11 方法的构成

- **private**：表示私有的，它声明的方法只能在当前类内部被访问。
- **默认情况**：当我们不使用任何访问修饰符来声明方法时即默认情况，默认情况下的方法只能被相同包下的类访问。

非访问修饰符，用于表示方法的特性，对于一个方法来说非访问修饰符并非必需的，包括以下三种。

- **static**：表示静态的，一个静态的方法可以通过类直接访问而无须创建对象。
- **final**：表示该方法为最终形态，一个具有最终形态的方法不能被子类重写。
- **synchronized**：表示该方法是同步的，该方法同时只能由一个线程进行访问。

返回类型，表示方法返回的数据类型，可以是 Java 合法的任意数据类型，如果无须返回数据则使用 void 关键字。

方法名，它是方法的标识符，建议它的命名是有意义的。同时它与参数列表的组合必须保证是唯一的，比如 "test()" 和 "test(int i)" 是允许同时存在的，因为虽然它们的方法名相同，但是与参数列表的组合不相同。

参数列表，表示调用该方法时需要传入的所有参数，这些参数由逗号分隔并由一对括号括起来，每个参数定义都包含了数据类型和变量名。如果某个方法无须传入任何参数，那么只剩一对括号即可。

方法体，方法体里是方法的所有执行指令，它通过大括号将这些执行指令包围起来。

6.4.2 方法的定义

定义一个方法的语法如下。首先根据情况设定访问修饰符和非访问修饰符，注意它们都并非必需的。其次设定返回类型、方法名以及参数列表，它们都是必需的，注意参数列表整体包含了括号，如果没有需要传入的参数则直接使用()即可。最后是方法体，方法体包括了一对大括号，并在大括号内部编写该方法的所有指令。

1. 访问修饰符 非访问修饰符 返回类型 方法名(参数列表) {
2. 　　方法体
3. }

根据上面的定义我们重新看上一个示例，如图 6.12 所示，该方法定义了一个加法操作，其中 public 访问修饰符声明该方法可以供所有类访问，static 修饰符表示它是一个静态方法，int 说明该方法返回值的类型为整型，addition 是该方法的名称，(int a, int b)说明该方法需要传入两个参数，大括号及其包含的所有语句为该方法的方法体。以上便完成了一个方法的定义。

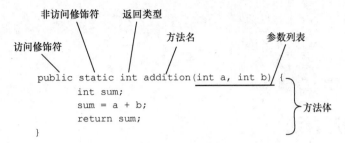

图 6.12 方法的定义

6.4.3 方法的调用

当我们定义好一个方法后就可以使用它，通常我们用"调用方法"来表述方法的使用。对于某个对象或类，可以通过圆点符号（.）来调用它的方法。调用时需要根据方法定义的参数列表传入所有参数，如果没有定义参数则为一对括号。

1. 对象.方法名(参数列表);
2. 对象.方法名();
3. 类.方法名(参数列表);
4. 类.方法名();

代码清单 6.10 是方法调用的示例，我们定义了一个 Calculator 类，该类包含了 addition()和 subtraction()两个方法。其中 addition()方法使用了 static 进行修饰，所以可以通过类直接调用，即 Calculator.addition(10, 5)，其中 10 和 5 对应 addition()方法的参数列表，传入这两个参数值后会执行该方法并返回二者之和，最终输出 15。而对于 subtraction()方法，由于它没有使用 static 修饰，因此需要先创建 Calculator 的对象，再通过所创建的对象去调用该方法，最终输出 10。注意，调用方法时要确保传入的参数值与方法中定义的参数列表的顺序一致。

代码清单 6.10　方法调用示例

```
1.  public class Calculator {
2.      public static int addition(int a, int b) {
3.          int sum;
4.          sum = a + b;
5.          return sum;
6.      }
7.
8.      public int subtraction(int a, int b) {
9.          return a - b;
10.     }
11.
12.     public static void main(String[] args) {
13.         System.out.println(Calculator.addition(10, 5));
14.         Calculator calculator = new Calculator();
```

```
15.        System.out.println(calculator.subtraction(20, 10));
16.    }
17. }
```

> **考考你**
> - 方法的定义会带来哪些好处。
> - 方法由哪六要素构成？
> - 如何调用静态方法和非静态方法？

6.5 类的构造方法

我们已经介绍了成员方法和主方法，接下来介绍类中的最后一类方法——构造方法。Java 类中有一类非常特殊的方法，它会在创建对象时自动被调用，通常用于对象的初始化工作，它就是构造方法。构造方法与成员方法非常相似，不过它们之间也有一些区别。

定义一个构造方法的语法如下，首先是访问修饰符（非必需的）。然后是方法名和参数列表，其中方法名必须与类名相同，如果要定义无参的构造方法则直接使用()即可。最后是方法体，由一对大括号指定，所有初始化语句都在大括号内编写。

构造方法初始化对象

```
1. 访问修饰符 方法名(参数列表) {
2.     方法体
3. }
```

构造方法有如下特点。
- 构造方法名必须与类名相同。
- 构造方法不能有返回值类型。
- 构造方法不能使用 static、final、synchronized 和 abstract 等修饰符。
- 一个类可以有多个构造方法，只要它们的参数列表不同。
- 构造方法只在执行 new 指令时被隐式地调用，我们无法显式地去调用它。

假设我们有一个 Student 类，它包含 id、age 和 name 三个属性。代码清单 6.11 定义了一个包含三个参数的构造方法，可以看到它的名字 Student 与类名是相同的，传入的三个参数值分别赋值给构造的对象的 id、age、name 这三个属性。当我们要创建"xiaoming"对象时可以通过 Student xiaoming = new Student(1, 10, "小明");来实现，传入的三个参数值会分别赋值给"xiaoming"对象的三个属性。

代码清单 6.11　构造方法示例
```
1. public class Student {
2.     int id;
3.     int age;
4.     String name;
5.
6.     public Student(int id, int age, String name) {
7.         this.id = id;
8.         this.age = age;
9.         this.name = name;
```

```
10.    }
11. }
```

一个类可以包含多个构造方法，它们的方法名相同，只是参数列表不同而已，如代码清单 6.12 所示。可以看到第一个构造方法不包含任何参数，第二个只包含 id 和 name 两个参数，第三个则包含了 id、age 和 name 三个参数。当我们执行 new 指令创建对象时可以根据实际情况传入不同的参数，比如代码清单 6.12 的主方法中分别使用了三种构造方法。注意，当我们不传入任何参数值给构造方法时，生成的对象的属性都为默认值，比如 "new Student()"，生成对象的 id、age、name 三个属性的值分别为 0、0、null。

代码清单 6.12　多个构造方法
```
1.  public class Student {
2.      int id;
3.      int age;
4.      String name;
5.
6.      public Student() {
7.      }
8.
9.      public Student(int id, String name) {
10.         this.id = id;
11.         this.name = name;
12.     }
13.
14.     public Student(int id, int age, String name) {
15.         this.id = id;
16.         this.age = age;
17.         this.name = name;
18.     }
19.
20.     public static void main(String[] args) {
21.         Student xiaoming = new Student(1, 10, "小明");
22.         Student xiaodong = new Student(2, "小东");
23.         Student somebody = new Student();
24.     }
25. }
```

有时我们会看到某些类没有定义任何构造方法，是不是就意味着不能创建该类的对象呢？比如代码清单 6.13 的 Teacher 类，该类仅定义了 age 和 name 两个属性，没有定义任何构造方法，那么我们能不能通过 "new Teacher();" 来创建对象呢？

代码清单 6.13　不定义构造方法
```
1.  public class Teacher {
2.      public int age;
3.      public String name;
4.  }
```

实际上，如果我们没有定义任何构造方法，那么 Java 编译器会帮我们加上一个默认的无参构造方法。如图 6.13 所示，Teacher 类通过编译器编译后就会被加上一个默认的构造方法。

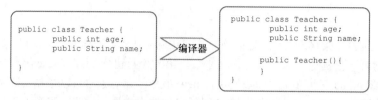

图 6.13　默认构造方法

不过编译器并非总是会帮我们加上无参构造方法，比如在代码清单 6.14 中，我们已经定义了一个有参构造方法，这时编译器就不会再帮我们生成无参构造方法，这时如果我们使用"new Teacher();"将会报错。所以可以总结为，一旦我们定义了任意一个构造方法，编译器就不会再帮我们生成默认构造方法，此时对于要用到的所有构造方法，都需要我们自己去定义。

代码清单 6.14　编译器不生成构造方法

```
1.  public class Teacher {
2.      public int age;
3.      public String name;
4.
5.      public Teacher(int age, String name) {
6.          this.age = age;
7.          this.name = name;
8.      }
9.  }
```

关于构造方法和成员方法，我们通过表 6.2 来进行一个对比总结，这样就能更好地理解它们。

表 6.2　构造方法与成员方法

对比项	构造方法	成员方法
作用	用于在创建一个对象时对其进行初始化	用于暴露某个对象的行为操作以供调用
命名	必须与类名相同	根据需要自定义
返回值	不能定义返回值	必须定义返回值
调用时机	执行 new 时隐式地调用	编程者显式地调用

考考你

- 什么是构造方法？
- 构造方法什么时候被调用？
- 如何定义一个构造方法？
- 构造方法有哪些特点？相比于成员方法有哪些不同？
- 一个类只能有一个构造方法。这种说法对吗？
- 是否必须在每个类中都自己定义一个构造方法？

动手做一做

在 Worker 类中定义一个构造方法，假设该类包含了 age 和 name 两个属性。

6.6 类中的 this 关键字

前面我们在学习过程中经常会在类中看到 this 这个关键字，大家是否对它有疑惑呢？本节将给大家讲解 this 关键字的相关知识。this 其实是一个引用变量，它指向当前对象，即通过类创建出的那个对象（见图 6.14）。类是一种静态的概念，而对象则是运行时的概念，this 同样是运行时的概念。

this 关键字的用法主要包含以下三种：访问当前对象的属性；调用当前对象的方法；调用构造方法。下面将向大家逐一讲解每种用法的详细情况。

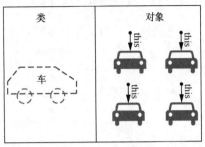

图 6.14 this 关键字

6.6.1 访问当前对象的属性

this 最常见的用法是访问当前对象的属性，我们经常会在构造方法中看到通过 this 来对对象属性进行赋值的操作。我们来看一下假如不使用 this 会是什么情况，代码清单 6.15 的 Worker 类的构造方法中没有使用 this，然后创建一个"xiaoming"对象并输出该对象的属性值，结果是"0"和"null"。

代码清单 6.15　不能省略 this
```
1.   public class Worker {
2.       public int age;
3.       public String name;
4.
5.       public Worker(int age, String name) {
6.           age = age;
7.           name = name;
8.       }
9.
10.      public static void main(String[] args) {
11.          Worker xiaoming = new Worker(10,"xiaoming");
12.          System.out.println(xiaoming.age);
13.          System.out.println(xiaoming.name);
14.      }
15.  }
```

如果我们在构造方法中稍微改造一下，对两个属性都添加 this 关键字，如代码清单 6.16 所示。此时再运行程序就可以看到输出结果为"10"和"xiaoming"。

代码清单 6.16　使用 this 访问当前对象
```
1.   public class Worker {
2.       ...
3.
4.       public Worker(int age, String name) {
5.           this.age = age;
6.           this.name = name;
7.       }
8.
9.       ...
10.  }
```

实际上，如果类的属性名和构造方法参数名不同时则可以省略 this。比如对于代码清单 6.17 中同样的 Worker 类，我们将构造方法的参数名改为 age2 和 name2，那么不使用 this 就能够对当前对象的属性进行赋值，最终的输出结果为"10"和"xiaoming"。

代码清单 6.17　可以省略 this

```
1.   public class Worker {
2.       ...
3.
4.       public Worker(int age2, String name2) {
5.           age = age2;
6.           name = name2;
7.       }
8.
9.       ...
10.  }
```

6.6.2　调用当前对象的方法

还有一个常见的用法是调用当前对象的方法，代码清单 6.18 的 Dog 类中定义了 run()和 bark() 两个方法，那么可以在另一个方法 runAdnBark()中通过 this.run()和 this.bark()来调用这两个方法。

代码清单 6.18　通过 this 调用当前对象的方法

```
1.   public class Dog {
2.       public void run() {
3.           System.out.println("running...");
4.       }
5.
6.       public void bark() {
7.           System.out.println("barking...");
8.       }
9.
10.      public void runAdnBark() {
11.          this.run();
12.          this.bark();
13.      }
14.  }
```

实际上这里也可以省略 this 关键字，因为这种情况下编译器会帮我们加上 this，如图 6.15 所示。

```
public class Dog {
    ...
    public void runAdnBark(){
        run();
        bark();
    }
}
```
→ 编译器 →
```
public class Dog {
    ...
    public void runAdnBark(){
        this.run();
        this.bark();
    }
}
```

图 6.15　调用当前对象

6.6.3 调用构造方法

我们还可以通过 this() 的方式在类的某个构造方法中调用另一个构造方法,这种方式能提升代码的重复使用率。比如代码清单 6.19 的 Worker 类共有 age、name 和 height 三个属性,如果已经定义好了包含参数 age 和 name 的构造方法,就可以在包含 age、name 和 height 三个参数的构造方法中通过 this(age, name) 来调用对应的构造方法,从而实现对 age 和 name 的赋值操作。

代码清单 6.19　通过 this 调用构造方法

```
1.  public class Worker {
2.      public int age;
3.      public String name;
4.      public int height;
5.
6.      public Worker(int age, String name) {
7.          this.age = age;
8.          this.name = name;
9.      }
10.
11.     public Worker(int age, String name, int height) {
12.         this(age, name);
13.         this.height = height;
14.     }
15. }
```

需要注意的是,必须是在构造方法中且在构造方法中的第一行代码就调用 this(),否则会报错,比如代码清单 6.20 中将"this(age, name);"放到"this.height = height;"后面就会导致编译错误。

代码清单 6.20　this() 不在第一行会导致错误

```
1.  public class Worker {
2.      public int age;
3.      public String name;
4.      public int height;
5.
6.      public Worker(int age, String name) {
7.          this.age = age;
8.          this.name = name;
9.      }
10.
11.     public Worker(int age, String name, int height) {
12.         this.height = height;
13.         this(age, name);
14.     }
15. }
```

> **考考你**
> - this 关键字包括哪三种常见的用法?
> - 在类中访问属性时在任何情况下都可以省略 this 吗?
> - 在类中通过 this 调用方法时,如果没加 this,编译器会自动加上吗?
> - 通过 this 调用构造方法时,可以不把它放在方法中的第一行吗?

> **动手做一做**
> 自己定义一个类，然后尝试在其中使用 this 的三种常见用法。

6.7　Java 中的包

操作系统中有目录和文件的概念，其实包和类的关系有点像目录和文件的关系，包就像是目录而类则像是文件。一个 Java 项目中的包和类展开后就是一个文件目录结构，如图 6.16 所示。其中，com 是包（目录），backend 和 frontend 都是子包（子目录），frontend 包下有三个 Java 类（文件），而 backend 包下还有 core 和 util 两个子包，这两个子包下也分别有三个 Java 类。

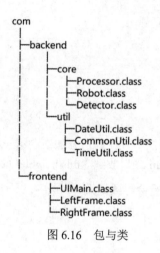

图 6.16　包与类

6.7.1　为什么需要包

首先，假设不存在"包"的概念，那么会存在类名冲突的问题。所谓的类名冲突就是在使用时无法区分相同名称的类。如图 6.17 所示，JDK 内置了一个 String 类，我们自己再定义一个 String 类，那么当我们要使用这两个 String 类时会无法区分它们。

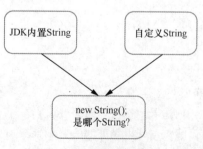

图 6.17　相同名称的类

其次,"包"机制能让项目结构更加清晰,从而方便维护。实际的 Java 项目中一般会包含大量类,小项目中可能有几十至上百个类,而大中型项目中往往有成百上千个类,如果将所有类都放到一起会是难以想象的。而通过包则可以按照逻辑划分将不同模块的 Java 类放到不同的包中,这样能使项目结构更加清晰,同时使开发维护工作也更方便。

最后,"包"机制还提供了访问控制功能,在 Java 中可以通过访问修饰符(如 protected、public 等)来控制类的访问范围,这个范围与包相关,具体内容将在下面详细讲解。

6.7.2 如何声明包

要对一个类进行包声明非常简单,只需在类源文件(.java)的第一行添加包声明语句,具体的语法格式如下。除了类,接口和枚举的包声明的格式也是一样的。

```
1.  package 包名;
```

下面来看包声明的一个示例,如代码清单 6.21 所示。可以看到,我们只需在第一行添加 "package com.seaboat;" 就能将 Student 类声明为 com.seaboat 包,该包包含了两个层次,com 是第一层,seaboat 是第二层,seaboat 是 com 的子包。实际上包的层次数可以是任意的,包的层次间用 "." 点号进行分隔,同时需要注意包名必须全部为小写。

代码清单 6.21　声明包

```
1.  package com.seaboat;
2.
3.  public class Student {
4.      int id;
5.      int age;
6.      String name;
7.
8.      public Student(int id, int age, String name) {
9.          this.id = id;
10.         this.age = age;
11.         this.name = name;
12.     }
13.
14.     public static void main(String[] args) {
15.         Student xiaoming = new Student(1, 10, "小明");
16.         System.out.println(xiaoming.name + "," + xiaoming.age);
17.     }
18. }
```

6.7.3 包的导入

在实际开发过程中会将不同的 Java 类按照功能模块或者业务逻辑进行划分,将属于某个模块的所有类统一放到一个包内。假如要在某个包的类中使用另一个包中的类,就需要先导入这个包,然后才能使用该包中的类。

下面看看导入包和类的语法，通过 import 关键字来完成导入，格式是"import 包.类;"或者"import 包.*;"。前者导入的是某个包中的具体某个类，而后者则是导入某个包中的所有类。

1. import 包.类;
2.
3. import 包.*;

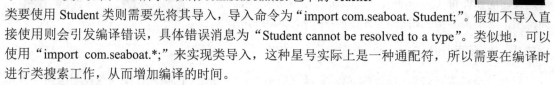

下面看一个示例，如代码清单 6.22 所示。com.seaboat 包下有一个 Student 类，如图 6.18 所示，如果 com.seaboat.test 包下的 Teacher 类要使用 Student 类则需要先将其导入，导入命令为"import com.seaboat.Student;"。假如不导入直接使用则会引发编译错误，具体错误消息为"Student cannot be resolved to a type"。类似地，可以使用"import com.seaboat.*;"来实现类导入，这种星号实际上是一种通配符，所以需要在编译时进行类搜索工作，从而增加编译的时间。

代码清单 6.22　单个包的导入
```
1.  package com.seaboat.test;
2.  
3.  import com.seaboat.Student;
4.  
5.  public class Teacher {
6.      public String name;
7.      public Student student;
8.  }
```

如果要导入多个包和类，可以通过多行 import 语句来实现。如代码清单 6.23 所示，为了导入图 6.19 中的 Student 类和 Grade 类，可以通过两行 import 语句来实现。

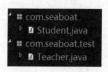

图 6.18　包目录 1

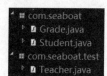

图 6.19　包目录 2

代码清单 6.23　多个包的导入
```
1.  package com.seaboat.test;
2.  
3.  import com.seaboat.Student;
4.  import com.seaboat.Grade;
5.  
6.  public class Teacher {
7.      public String name;
8.      public Student student;
9.      public Grade grade;
10. }
```

此外，如果我们不想使用 import 语句来导入包和类，可以通过全限定名的方式来使用某个类，即在使用类时以"包.类"的格式来声明。通过代码清单 6.24 大家就能明白如何使用全限定名的方式了。

代码清单 6.24　通过全限定名指定类

```
1.  public class Teacher2 {
2.      public String name;
3.      public com.seaboat.Student xiaoming = new com.seaboat.Student(1, 10, "小明");
4.  }
```

使用全限定名方式还能解决同名类的问题，比如我们在 com.seaboat.util 包下创建了一个 String 类，这个类与 Java 语言提供的 String 类同名，当我们要同时使用它们时可以通过全限定名来区分，如代码清单 6.25 所示。

代码清单 6.25　通过全限定名解决同名问题

```
1.  public class Test {
2.      public static void main(java.lang.String[] args) {
3.          java.lang.String string = new java.lang.String();
4.          com.seaboat.util.String string2 = new com.seaboat.util.String();
5.      }
6.  }
```

6.7.4　内置包与自定义包

总体而言，我们可以把 Java 的包分为 Java 语言内置包和自定义包，内置包是 Java 为了方便开发者提供的语言层面的常用包，自定义包则是开发者根据实际需要自行创建的包。

下面简单介绍几个常见的内置包，包括 java.lang、java.io、java.net 以及 java.util。

- java.lang 包：系统常用基础包，包括了很多 Java 运行时必不可少的类以及开发常用类，如 String、System 等。Java 会自动导入这个包，所以我们不必手动导入它。
- java.io 包：Java 语言的标准输入输出类包，包括文件流、输入输出流、字符字节流等。
- java.net 包：Java 语言提供的网络编程工具包，通过它能实现网络通信功能。
- java.util 包：Java 语言提供的常用工具包，包括集合框架、日期时间、国际化、时间模型、时区、位组、随机生成器等。

考考你
- Java 提供的包机制有什么好处？
- 类比一下"目录—文件"与"包—类"之间的关系。
- 包声明语句可以放在类源文件中的任意位置吗？
- "com.java.test"包中 java 是 com 的子包，test 则是 java 的子包？
- 我们可以使用"."或"/"来分隔包的层次吗？
- "import 包.类;"和"import 包.*;"两种导入方式有什么区别？
- 如果不想使用 import 来导入包类，可以通过哪种方式来使用其他包的类？
- 常见的 Java 内置包有哪些？

动手做一做
创建一个 myJava 项目，然后在里面创建如下所示的包和类，并在 AA 类中导入并使用 BB 和 CC 两个类。接着用 javac 来编译 AA 类，并最终成功用 java 命令执行 AA 类。

```
 1.  myJava
 2.  │
 3.  └─com
 4.     └─test
 5.        ├─aa
 6.        │  └─ AA.java
 7.        ├─bb
 8.        │  └─ BB.java
 9.        └─cc
10.           └─ CC.java
```

6.8　Java 中的 4 种访问修饰符

前面的章节中我们经常会看到 public、private 之类的关键字，它们既可以用来修饰类，也可以用来修饰方法和属性。对于它们的作用和使用方法大家可能会有一些疑惑，毕竟我们还没有完整地讲解过访问修饰符，本节将对访问修饰符进行详细介绍。

访问修饰符用于控制指定元素（类、接口、方法、属性）的可访问性，比如我们将一个类的属性设为私有，则它只能在该类中被访问，其他类无法直接访问它。Java 一共包含 4 种访问修饰符，分别为 private、默认、protected 和 public。

下面我们通过表 6.3 来详细看看 4 种访问修饰符的访问控制范围。

表 6.3　访问修饰符

访问修饰符	类内部	同一个包内	不同包的子类	不同包的非子类
private	可访问	不可访问	不可访问	不可访问
默认	可访问	可访问	不可访问	不可访问
protected	可访问	可访问	可访问	不可访问
public	可访问	可访问	可访问	可访问

private，表示私有的，对于被它声明的元素（变量或方法），只能在当前类内部对其进行访问。注意，该修饰符不能用于修饰类和接口。

一起来看代码清单 6.26，其中 Box 类中定义了一个 private 的变量和一个 private 的方法。我们在另一个 ModifierPrivateTest 类中通过 box 对象访问它的 name 变量和 open 方法，此时将会导致编译错误，具体错误消息为"The field Box.name is not visible"和"The method open() from the type Box is not visible"。可以看到由于它们都是私有的，因此不能被其他类访问。

代码清单 6.26　private 修饰符

```
1.  public class ModifierPrivateTest {
2.      public static void main(String[] args) {
3.          Box box = new Box();
4.          System.out.println(box.name);
5.          box.open();
6.      }
```

```
7.  }
8.
9.  class Box {
10.     private String name;
11.
12.     private void open() {
13.         System.out.println("open box");
14.     }
15. }
```

默认，表示不使用任何访问修饰符，默认情况下的方法、属性、类和接口只能被相同包下的类访问，其他包的类无法访问。

如代码清单 6.27～代码清单 6.29 所示，在 com.seaboat 包下创建 Box 类，该类及其所包含的变量和方法都为默认的。在 com.seaboat 包下创建一个 ModifierDefaultTest 类，由于是在相同包下，因此它可以访问 Box 类。但如果 ModifierDefaultTest 类创建在 com.seaboat.test 包下则无法访问 Box 类，编译时会报 "The type com.seaboat.Box is not visible" 的错误。

代码清单 6.27　默认修饰符
```
1.  package com.seaboat;
2.
3.  class Box {
4.      String name = "box";
5.
6.      void open() {
7.          System.out.println("open box");
8.      }
9.  }
```

代码清单 6.28　相同包访问默认类
```
1.  package com.seaboat;
2.
3.  public class ModifierDefaultTest {
4.      public static void main(String[] args) {
5.          Box box = new Box();
6.          System.out.println(box.name);
7.          box.open();
8.      }
9.  }
```

代码清单 6.29　不同包访问默认类
```
1.  package com.seaboat.test;
2.
3.  import com.seaboat.Box;
4.
5.  //不能访问 Box
6.  public class ModifierDefaultTest {
7.      public static void main(String[] args) {
8.          Box box = new Box();
9.          System.out.println(box.name);
10.         box.open();
11.     }
12. }
```

protected，表示受保护的，被它声明的元素（变量或方法）可以被相同包下的其他类访问，也可以被不同包下的子类访问。注意，该修饰符同样不能用于修饰类和接口。

如代码清单 6.30～代码清单 6.31 所示，我们在 com.seaboat 包下创建了一个 Ball 类，该类中的变量和方法都被声明为 protected。然后在 com.seaboat.test 包下创建一个 Ball 类的子类 ModifierProtectedTest，那么在该类中是可以访问 Ball 类中的属性和方法的，尽管它们不在同一个包中。

代码清单 6.30　protected 修饰符

```
1.  package com.seaboat;
2.
3.  public class Ball {
4.      protected String name = "ball";
5.
6.      protected void play() {
7.          System.out.println("play ball");
8.      }
9.  }
```

代码清单 6.31　访问 protected 属性及方法

```
1.  package com.seaboat.test;
2.
3.  import com.seaboat.Ball;
4.
5.  public class ModifierProtectedTest extends Ball {
6.      public static void main(String[] args) {
7.          ModifierProtectedTest ball = new ModifierProtectedTest();
8.          System.out.println(ball.name);
9.          ball.play();
10.     }
11. }
```

public，表示公有的，被它声明的元素（类、接口、变量或方法）可以被所有类访问。

如代码清单 6.32～代码清单 6.33 所示，我们在 com.seaboat 包下创建一个 public 的 Car 类，把该类的变量和方法都声明为 public，那么在任意包下的任意类都可以访问该类的变量和方法。

代码清单 6.32　public 修饰符

```
1.  package com.seaboat;
2.
3.  public class Car {
4.      public String name = "car";
5.
6.      public void drive() {
7.          System.out.println("driving car");
8.      }
9.  }
```

代码清单 6.33　访问 public 属性及方法

```
1.  package com.seaboat.test;
2.
3.  import com.seaboat.Car;
4.
5.  public class ModifierPublicTest {
6.      public static void main(String[] args) {
7.          Car car = new Car();
```

```
8.          System.out.println(car.name);
9.          car.drive();
10.     }
11. }
```

在了解了 Java 中的 4 种访问修饰符后,我们来总结一下访问修饰符的作用。从字面上理解,修饰符的作用就是用于控制访问。对于某些私有的数据,需要通过访问控制来防止不正当的数据操作。从类的角度来看,通过对数据和方法的访问控制可以实现封装性,该类就好比是一个黑箱供开发者使用,而其内部的具体实现则禁止被随意修改。

> **考考你**
> - 访问修饰符可以用来修饰哪些元素?
> - Java 一共有多少个访问修饰符?其作用范围有什么不同?
> - private 可以修饰类吗?
> - 访问修饰符有什么作用?

> **动手做一做**
> 将前面的 private、默认、protected 和 public 等 4 种修饰符示例的代码手动输入记事本,然后细细体会各自的访问控制范围。

6.9　Java 类的封装性

封装性是面向对象编程的很重要的一种特性,所谓封装就是将内部细节包装起来,从外部看就是一个单一的整体。对于 Java 而言,封装主要是指将 Java 类中的某些属性隐藏起来,从而防止被外部随意访问和修改,如果要访问则必须通过规定的方法,比如将某个类的属性 data 设置为 private,然后提供 setData()和 getData()两个方法来对其进行访问。

在代码清单 6.34 中,Account 类代表一个账户类,该类中有一个声明为 private 的变量 balance,它表示账户余额。可以看到所有对 balance 变量的操作都通过方法来限制,并要按照一定的规则进行修改,而不能直接修改该变量,这就体现了封装性。测试类最终的输出为 "the balance is 31.0",对余额的修改操作只能通过 deposit()和 withdraw()这两个方法进行,这两个方法都对参数进行了校验,从而能确保余额不会被恶意修改。

代码清单 6.34　封装性例子

```
1.  class Account {
2.      private double balance = 0;
3.
4.      public void withdraw(double num) {
5.          if (num < 0)
6.              System.out.println("error");
7.          else
8.              balance = balance - num;
9.      }
```

```
10.
11.     public void deposit(double num) {
12.         if (num < 0)
13.             System.out.println("error");
14.         else
15.             balance = balance + num;
16.     }
17.
18.     public double getBalance() {
19.         return balance;
20.     }
21. }
22.
23. public class EncapsulationTest {
24.     public static void main(String[] args) {
25.         Account account = new Account();
26.         account.deposit(20.5);
27.         account.deposit(20.5);
28.         account.withdraw(10);
29.         System.out.println("the balance is " + account.getBalance());
30.     }
31. }
```

下面看一下如果不考虑封装性会带来什么问题。假如有人恶意将参数-10传入取钱方法withdraw()，如果没有做好封装后的数据校验则会导致余额增加的严重逻辑错误。

```
1. Account account = new Account();
2. account.withdraw(-10);
```

此外，如果没有将 balance 变量设置为 private，那么就可以直接随意修改余额，这会导致很严重的问题。

```
1. Account account = new Account();
2. account.balance = 10000;
```

如何实现封装性呢？需要通过下面三个步骤来实现。

1. 将需要封装的类属性的访问修饰符改为 private 从而确保属性不能被外部随意访问，比如在代码清单 6.35 的 Child 类中将 name 和 age 两个属性都设为 private。

代码清单 6.35　属性声明为 private

```
1. public class Child {
2.     private String name;
3.     private int age;
4. }
```

2. 提供对每个属性访问和修改的方法，通过这些方法能够读取或修改属性值。比如在代码清单 6.36 的 Child 类中提供 getName()、setName()、getAge()和 setAge()这 4 个方法来分别访问和修改 name 和 age 这两个属性，我们通常称这些方法为 get 方法和 set 方法。要注意的是，这些方法名并没有规定一定要以 getxxx 和 setxxx 的形式，而可以根据实际需要进行命名。

代码清单 6.36　通过方法读取和修改属性值

```
1. public class Child {
2.     private String name;
3.     private int age;
```

```
4.
5.     public String getName() {
6.         return name;
7.     }
8.
9.     public void setName(String name) {
10.        this.name = name;
11.    }
12.
13.    public int getAge() {
14.        return age;
15.    }
16.
17.    public void setAge(int age) {
18.        this.age = age;
19.    }
20. }
```

3. 对 setxxx 方法添加校验逻辑，从而保证属性的正确性。如果不需要则可以省略这一步。比如在代码清单 6.37 的 setAge()方法中添加对负数的校验。

代码清单 6.37　set 方法中校验

```
1.  public class Child {
2.
3.      ......
4.
5.      public void setAge(int age) {
6.         if (age <= 0) {
7.                 System.out.println("年龄必须为正数");
8.                 return;
9.         }
10.        this.age = age;
11.    }
12. }
```

最后我们看看封装有什么好处。
- 封装能减少代码间的耦合性，将各个类都封装好就能减少耦合性。
- 封装能提升数据的安全性，如果我们将属性封装起来就能有效避免属性值被随意修改。
- 封装能控制某些属性为只读或只写，比如只提供 getxxx 方法则为只读。
- 封装能有效提升代码的复用率。
- 封装有利于测试，我们将类封装好后能更方便地进行测试。

考考你
- 解释一下自己对封装的理解。
- 封装要求一定要提供 get 方法和 set 方法吗？
- 封装有哪些好处？

动手做一做
动手实现 Book 类的封装，该类包括 name 和 price 两个属性。

6.10 Java 中的 static 关键字

作为 Java 程序员,从我们接触第一个 Java 程序开始就一直看到 static 这个关键字,编写主方法来运行某个 Java 类时,这个主方法就被声明为 static,这个关键字出现得十分频繁。

实际上 static 不仅可以修饰方法,也可以用来修饰变量和语句块,下面我们将学习 static 的这些用法。

6.10.1 实例方法与静态方法

我们先看最常见的实例方法,所谓实例方法,就是指在类中定义的非 static 方法。它是对象级的方法,所以如果要想访问它们,就必须先创建一个对象,然后通过对象进行访问。比如代码清单 6.38 的类中定义的 instanceMethod() 方法,由于它是实例方法,因此必须先通过 new 创建一个 StaticTest 对象后才能通过所创建的对象去调用该方法。

代码清单 6.38 实例方法

```
13. public class StaticTest {
14.     public void instanceMethod() {
15.         System.out.println("实例方法");
16.     }
17. }
```

再看静态方法,在类中使用 static 来修饰的方法就是静态方法,它属于类级的方法,所以可以直接通过类来访问它。继续在 StaticTest 类中定义 staticMethod() 方法,该方法属于静态方法,可以通过 StaticTest 类直接进行调用,如代码清单 6.39 所示。

主方法中分别展示了如何调用实例方法和静态方法。如果某个方法可以供所有实例共享,就可以声明为静态方法,比如工具类中会经常使用静态方法,或者不想使某些方法被重写时也可以声明为静态方法。

代码清单 6.39 静态方法

```
1.  public class StaticTest {
2.      public void instanceMethod() {
3.          System.out.println("实例方法");
4.      }
5.
6.      public static void staticMethod() {
7.          System.out.println("静态方法");
8.      }
9.
10.     public static void main(String[] args) {
11.         StaticTest st = new StaticTest();
12.         st.instanceMethod();
13.         StaticTest.staticMethod();
14.     }
15. }
```

6.10.2 实例变量与静态变量

实例变量是指类中的非 static 变量,它是对象级的变量。由类创建出的每个对象都有属于自己的变量,实例变量只能通过对应的对象去访问。相应地,静态变量是指类中声明为 static 的变量,它是类级的变量,所以也称为类变量。

代码清单 6.40 展示了实例变量与静态变量的区别,变量 a 为静态变量,而变量 b 为实例变量,我们可以直接通过 StaticTest2 类来访问静态变量 a,而 s1、s2 和 s3 三个对象都各自拥有自己的实例变量 b。

代码清单 6.40　实例变量与静态变量
```
1.  public class StaticTest2 {
2.      public static int a = 10;
3.      public int b;
4.
5.      public static void main(String[] args) {
6.          System.out.println(StaticTest2.a);
7.          StaticTest2 s1 = new StaticTest2();
8.          StaticTest2 s2 = new StaticTest2();
9.          StaticTest2 s3 = new StaticTest2();
10.         s1.b = 0;
11.         s2.b = 10;
12.         s3.b = 20;
13.         System.out.println(s1.b);
14.         System.out.println(s2.b);
15.         System.out.println(s3.b);
16.     }
17. }
```

对于所有对象来说静态变量只有一个,而实例变量却是每个对象都拥有一个。如图 6.20 所示,变量 a 只有一个,所有对象共享一个变量 a,但变量 b 却有多个。当一个变量被所有对象共享时可以定义为静态变量,而当一个变量在每个对象中都需要有各自的值时,则要定义为实例变量。比如在 Math 类中定义圆周率 π,可以定义为 "public static double PI = 3.14159265;",所有 Math 对象都可以共享这个值。

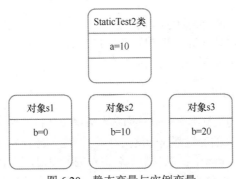

图 6.20　静态变量与实例变量

6.10.3　静态块

静态块是指以 static{ } 的形式包围起来的语句块，它的主要作用是在类加载时进行一些初始化工作，比如初始化类的静态变量，静态块会在类加载时被执行。静态块只在类加载时被执行一次，而并非每次创建对象时都会执行。代码清单 6.41 中，静态块对静态变量 a 进行赋值，运行时会先在静态块中输出 "a=10"，然后才在主方法中输出 "a=20"。

代码清单 6.41　静态块
```
1.   public class StaticTest3 {
2.       public static int a = 10;
3.       static {
4.           System.out.println("a=" + a);
5.           a = 20;
6.       }
7.
8.       public static void main(String[] args) {
9.           System.out.println("a=" + a);
10.      }
11. }
```

考考你
- static 一般有哪几种用法？
- 实例方法和静态方法在调用上有什么不同？
- 实例变量和静态变量各自的使用场景是什么？
- "静态变量是指所有对象都共享一个变量，而实例变量则是指每个对象对应一个变量备份"。这句话正确吗？
- 静态块有什么作用？

动手做一做
定义一个计数类 Counter，它能统计一共创建了多少个 Counter 对象。

6.11　Java 中的 null 关键字

我们在 Java 开发过程中经常会看到 null 关键字，它是一个比较复杂的关键字，经常会导致程序出问题。如果用一句话来描述 null，那就是："null 表示某个变量没有引用任何东西（对象）。"通常我们说 null 为 "空"。

6.11.1　为什么需要 null

我们已经学习了 Java 的数据类型可以分为基本数据类型和引用数据类型，也就是说在 Java 中定义的变量都属于这两种类型，它们都有各自的默认值。如果变量是基本数据类型，其默认值为各自对应的类型，比如 int 类型的默认值为 0，而 boolean 类型的默认值为 false。对于引用数据类型来说也有默认值，Java 统一规定所有引用数据类型变量的默认值都为 null，比如 String 类型的变量默认为 null，数组变量的默认值也为 null。此外，当一个引用数据类型的变量不再被使用时可以设置为 null，表示该变量不可用，此时它不引用任何对象。

因此，null 关键字的主要作用有两点，一是作为引用数据类型的默认值，二是变量不再使用时可设为不可用，如图 6.21 所示。

Java 中定义的所有对象都属于引用数据类型，它们的默认值都为 null。如代码清单 6.42 所示，对于变量 str 和变量 nt，如果我们没有对它们进行显式赋值，则它们的默认值都为 null，程序将输出两行"default value:null"。

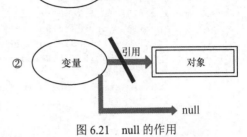

图 6.21 null 的作用

代码清单 6.42　变量默认为 null
```
1.   public class NullTest {
2.       private static String str;
3.       private static NullTest nt;
4.
5.       public static void main(String[] args) {
6.           System.out.println("default value:" + str);
7.           System.out.println("default value:" + nt);
8.       }
9.   }
```

当不再使用某个对象变量时可以将其设置为 null，使得变量不可用，同时也有利于垃圾回收器更好地回收对象。代码清单 6.43 中，我们定义了一个字符串对象变量 str 并赋值为"test"，此时我们可以使用它。然而当我们将 str 赋值为 null 后则该变量不可用，如果再使用它则会报错"NullPointerException"。

代码清单 6.43　空指针例子
```
1.   public class NullTest2 {
2.       private static String str = "test";
3.
4.       public static void main(String[] args) {
5.           System.out.println(str.length());
6.           str = null;
7.           System.out.println(str.length());
8.       }
9.   }
```

报错：
```
1.   Exception in thread "main" 4
2.   java.lang.NullPointerException
3.     at com.java.keyword.NullTest2.main(NullTest2.java:10)
```

6.11.2　判断是否为 null

null 是一种特殊的值，编程过程中可以用==运算符来判断变量是否为 null。代码清单 6.44 展示了几种情况，可以通过 if (str1 == null) 来判断 str1 是否为空。而 if (str1 == str2) 则判断两者是否相等，由于两者都为 null，因此结果为 true。注意被注释的两行代码，因为 str1 和 nt 不属于同种数据类型，所以不能直接进行比较，编译时会报错。

代码清单 6.44　null 的比较

```
1.  public class NullTest3 {
2.      public static String str1 = null;
3.      public static String str2 = null;
4.      public static NullTest3 nt = null;
5.
6.      public static void main(String[] args) {
7.          if (str1 == null)
8.              System.out.println("str1 is null");
9.          if (str1 == str2)
10.             System.out.println("str1==str2 is true");
11.         System.out.println(null == null);
12. //       if (str1 == nt)
13. //           System.out.println("str1==str2 is true");
14.     }
15. }
```

输出结果：

```
1. str1 is true
2. str1==str2 is true
3. true
```

6.11.3　NullPointerException 异常

Java 程序员经常会与 NullPointerException 这个异常打交道，看到名字就知道这个异常与 null 相关，出现这个异常的原因主要有以下 4 种。

- 当一个对象变量为 null 时调用该对象的方法。
- 运行时访问一个值为 null 的对象。
- 数组为 null 时根据索引访问数组的元素。
- 数组为 null 时获取数组的长度。

代码清单 6.45 展示了以上 4 种导致 NullPointerException 异常的情况，大家可以根据代码去理解每种情况（总结起来都是由 null 导致的）。

代码清单 6.45　NullPointerException 异常例子

```
1. public class NullTest4 {
2.     int a;
3.     int[] b;
4.
5.     void test() {
6.         System.out.println("test");
7.     }
```

```
 8.
 9.     public static void main(String[] args) {
10.         NullTest4 nt = null;
11.         nt.test();    // NullPointerException 异常
12.         System.out.println(nt.a);    // NullPointerException 异常
13.         nt = new NullTest4();
14.         int value = nt.b[0];    // NullPointerException 异常
15.         int length = nt.b.length;    // NullPointerException 异常
16.     }
17. }
```

> **考考你**
> - 解释一下自己对 null 关键字的理解。
> - Java 引入 null 关键字的两个作用是什么？
> - 不同数据类型的两个变量值为 null 时可以用 == 运算符比较吗？
> - 产生 NullPointerException 异常的原因主要有哪些？

> **动手做一做**
> 用 JShell 检测基本数据类型能否赋值为 null，并自己制造一个 NullPointerException 异常。

6.12 无名称对象

回顾一下前面介绍过的对象创建，我们通过"new 类名()"调用不同的构造方法来创建对象，创建出的对象都对应一个对象名。比如"Person person = new Person();"将创建一个名为 person 的对象，然后就可以通过对象名来使用对象。

对于某个对象，如果只需使用一次，则可以使用无名称对象，这样能简化程序的编写。所谓无名称对象就是省略对象名，创建对象的时候同时调用方法。代码清单 6.46 就是无名称对象的示例，"new Person("小明", 6).introduceMyself();"没有对象名，我们只使用一次 introduceMyself()方法。

代码清单 6.46　无名称对象示例
```
 1. public class NamelessObjectTest {
 2.     public static void main(String[] args) {
 3.         new Person("小明", 6).introduceMyself();
 4.     }
 5. }
 6.
 7. class Person {
 8.     String name;
 9.     int age;
10.
11.     Person(String name, int age) {
12.         this.name = name;
```

```
13.         this.age = age;
14.     }
15.
16.     void introduceMyself() {
17.         System.out.println("my name is " + name + ", " + age + " years old.");
18.     }
19. }
```

如图 6.22 所示，有名称的对象就像是给它定义了一个引用，通过这个引用名称就能找到这个对象。而无名称的对象则不存在引用，我们只能在创建它的同时去使用它，后面再也无法找到这个对象了，而且因为没有引用会使它被 JVM 回收。

图 6.22　有名称与无名称的对象

考考你
- 什么是无名称对象？
- 什么情况下使用无名称对象？

动手做一做
尝试编写一个无名称对象的使用案例。

6.13　对象的克隆

所谓克隆实际上就是复制操作。科幻片中经常可以看到克隆人，这些克隆人都是由某个个体通过克隆技术生成的。Java 中我们可以通过类来创建对象，而如果想复制一个一模一样的对象就需要通过克隆来实现，克隆出的对象的内部属性和方法都与原来的对象完全相同。

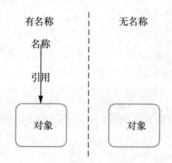

最原始最朴素的克隆方式就是创建一个与已知对象一模一样的对象。比如在代码清单 6.47 中，对于对象 p1 来说，如果想克隆一个 p1 的副本，就可以通过 "new Person("小明", 16);" 直接创建一个 p1Copy 对象，此时该对象内部的 name 属性和 age 属性都与 p1 对象的相同。也可以先通过 "new Person();" 创建一个对象后再通过 setName() 和 setAge() 方法设置对应属性的值。

代码清单 6.47　原始克隆方式
```
1.  public class ObjectCloneTest {
2.        public static void main(String[] args) {
3.            Person p1 = new Person("小明", 16);
4.            Person p1Copy = new Person("小明", 16);
5.            Person p1Copy2 = new Person();
6.            p1Copy2.setName("小明");
7.            p1Copy2.setAge(16);
8.        }
9.  }
10.
11. class Person {
12.     String name;
13.     int age;
14.
15.     Person() {
16.     }
17.
18.     Person(String name, int age) {
19.         this.name = name;
20.         this.age = age;
21.     }
22.
23.     public void setName(String name) {
24.         this.name = name;
25.     }
26.
27.     public void setAge(int age) {
28.         this.age = age;
29.     }
30. }
```

　　虽然原始克隆方式理解起来很简单，但它比较烦琐，每次克隆时都需要创建新对象，并且手动去设置对象的属性。为了更好地解决对象克隆的问题，Java 提供了一个 clone()方法，该方法属于 Object 类，由于所有 Java 类都会默认继承该类，因此所有 Java 对象都能调用 clone()方法。

　　通过 clone()方法实现克隆需要完成以下两步。以代码清单 6.48 中的 Person 类为例，第一步必须实现 Cloneable 接口，第二步添加一个 clone()方法，注意它只是调用了父类（Object 类）的 clone()方法并处理异常。这样定义后就可以通过 "Person p1C = (Person) p1.clone();" 来实现对象的克隆。

代码清单 6.48　clone 方法
```
1.  class Person implements Cloneable {
2.
3.      ...
4.
5.      public Object clone() {
6.          try {
7.              return super.clone();
8.          } catch (Exception e) {
9.              return null;
10.         }
11.     }
12. }
```

最后我们来看代码清单 6.49 并思考这是不是克隆，先创建一个 Person 对象 p1，然后声明另一个 Person 对象 p1Copy 并将 p1 赋值给它。实际上这并不是克隆，而是将 p1 变量和 p1Copy 变量都指向同一个 Person 对象，如图 6.23 所示。

代码清单 6.49　克隆与指向同一个对象

```
1.  public class ObjectCloneTest2 {
2.      public static void main(String[] args) {
3.          Person p1 = new Person("小明", 16);
4.          Person p1Copy = p1;
5.      }
6.  }
```

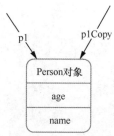

图 6.23　指向同一对象

考考你
- 你能用几种方式实现对象克隆？
- 用 clone() 方法来实现克隆时需要完成哪两步？
- 用 clone() 方法实现克隆有什么优势？

动手做一做
定义一个支持克隆的 Dog 类。

6.14　对象的序列化与反序列化

为了在 Java 程序中能直接把 Java 对象保存起来，然后重新得到该 Java 对象，需要用到 Java 的序列化和反序列化能力。序列化可以看成一种机制，即按照一定的格式将 Java 对象转换成介质可接受的形式，以方便存储或传输，反过来则称为反序列化。在 Java 中进行序列化与反序列化操作时需要实现 Serializable 接口。

Java 对象经过序列化后转换为字节流，然后以一定的形式存储起来，常见的存储形式有文件、内存、网络和数据库。反序列化时则通过这些存储介质读取字节流，然后还原为 Java 对象。如图 6.24 所示，两个过程都可能涉及对其他对象的引用，所以所引用的对象的相关信息也要参与序列化和反序列化。总结起来，序列化是将 Java 对象相关的类信息、属性及属性值等以一定的格式转换为字节流，而反序列化则是根据字节流所表示的信息来构建出 Java 对象。

6.14 对象的序列化与反序列化

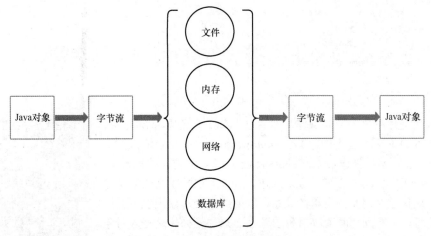

图 6.24 序列化与反序列化过程

序列化与反序列化的主要作用包括下面 4 点。
- 提供一种简单且可扩展的对象保存与恢复机制。
- 对于远程调用来说，它能方便地对对象进行编码和解码，看起来就像是直接传输对象。
- 可以将对象持久化到存储介质中，看起来就像是直接存储对象。
- 允许对象自定义外部存储的格式。

常见的使用方式是直接将对象写入流中，比如在代码清单 6.50 中，首先创建了 FileOutputStream 对象，指定将对象信息输出并保存到"D:/tmp.o"文件中，然后创建 ObjectOutputStream 对象封装前面的输出流，最后调用 writeObject()方法即能实现序列化操作。

对于 writeObject()方法需要特别说明一下，当对某个对象进行写入时，其实不仅是序列化该对象，还会遍历寻找相关引用的其他对象，由该对象和其他引用对象组成的完整的对象图关系都会被序列化。参与序列化的类必须实现 Serializable 或 Externalizable 接口才能被序列化。

代码清单 6.50　序列化例子

```
1.  public class SerializationTest {
2.    public static void main(String[] args) throws IOException {
3.        FileOutputStream fos = null;
4.        ObjectOutputStream oos = null;
5.        try {
6.            A a = new A();
7.            a.name = "seaboat";
8.            a.age = 20;
9.            fos = new FileOutputStream("D:/tmp.o");
10.           oos = new ObjectOutputStream(fos);
11.           oos.writeObject("test");
12.           oos.writeObject(a);
13.           oos.flush();
14.       } catch (Exception e) {
15.           e.printStackTrace();
16.       } finally {
17.           oos.close();
18.           fos.close();
```

```
19.     }
20.   }
21. }
22.
23. class A implements Serializable {
24.   String name;
25.   int age;
26. }
```

反序列化是序列化的反向操作，即通过字节流来还原 Java 对象。如代码清单 6.51 所示，首先创建 FileInputStream 对象，指定输入的文件为 "D:/tmp.o"。然后创建 ObjectInputStream 对象封装前面的输入流，接着调用 readObject()方法读取对象。readObject()方法除了会恢复对象自身，还会遍历整个完整的对象图关系，以创建整个对象图包含的所有对象。注意，反序列化时读取对象的顺序必须与序列化时写入对象的顺序保持一致。

代码清单 6.51　反序列化示例

```
1.  public class SerializationTest2 {
2.    public static void main(String[] args) throws IOException {
3.      FileInputStream ins = null;
4.      ObjectInputStream ois = null;
5.      try {
6.        ins = new FileInputStream("D:/tmp.o");
7.        ois = new ObjectInputStream(ins);
8.        String str = (String) ois.readObject();
9.        A a = (A) ois.readObject();
10.       System.out.println(str);
11.       System.out.println(a.name + " " + a.age);
12.     } catch (Exception e) {
13.       e.printStackTrace();
14.     } finally {
15.       ins.close();
16.       ois.close();
17.     }
18.   }
19. }
```

输出结果：

```
1. test
2. seaboat 20
```

考考你

- 什么是序列化和反序列化？详细解释这两个过程。
- 为什么需要序列化和反序列化？
- 序列化后的数据可以保存到哪些存储介质上？

动手做一做

定义一个 Student 类并将其序列化和反序列化。

第 7 章
类与对象（下）

7.1 Java 类的继承

继承是面向对象编程中最重要的概念之一，从字面上来理解就是从前者那里得到前者所拥有的能力，也就是说某个类能通过继承来得到另一个类的属性和方法。

举一个例子，如图 7.1 所示，人具有年龄属性和行走能力，女人和男人都继承了人，那么他们也都具有年龄属性和行走能力。此时，女人可以添加生孩子的能力，而男人则可以添加干重体力活的能力。继续往下继承，女厨师、女学生和女教师可以继续继承女人，从而拥有女人的属性和能力。而男厨师、男学生和男教师则可以继承男人，从而拥有男人的属性和能力。

面向对象编程是根据客观世界规律所提出的一种编程思想，某些对象之间具有某种关系，而继承的性质刚好符合这种关系，所以需要用继承机制来描述。总的来说继承能给我们带来下面两个好处。

- 继承能很好地描述某些对象之间的关系，有助于编程人员进行程序设计。
- 继承能提高代码的复用性，某个类只需继承另一个类便可得到该类的属性和能力，这样就可以避免编写相同的代码，从而提升代码的复用性。

为了更好地理解继承，我们需要先了解相关的概念及关键字。

- **类**：继承描述的是类与类之间的关系，前面我们已经了解了类是所有同类对象的集合，它就像一个模板。
- **子类/派生类**：如果类 A 继承了类 B，则称类 A 是类 B 的子类或派生类。比如"女人"类是"人"类的子类或派生类。
- **父类/超类**：父类与子类刚好相反，如果类 A 继承了类 B，则称类 B 是类 A 的父类或超类。
- **extends 关键字**：Java 中使用该关键字来声明一个类继承另一个类。
- **super 关键字**：该关键字用于引用父类对象，后面会详细介绍它的用法。

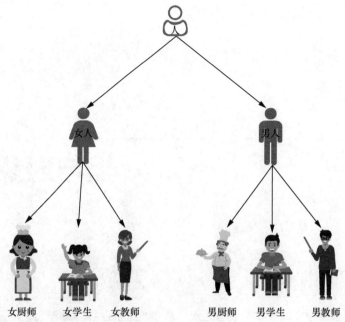

图 7.1　人的继承

7.1.1　如何实现继承

下面我们来看看 Java 如何实现类的继承。整体语法如下，前半部分是我们熟悉的常规类定义语法，重点是后半部分，可以看到是通过 extends 关键字来指定父类的。

```
1. 访问修饰符 class 类名 extends 父类名{
2.     ......
3. }
```

为了让大家能更好地理解什么是继承，下面通过代码清单 7.1 来进行说明。首先我们定义了 Person 类，该类包含了 name 和 age 两个属性，同时具有吃东西的能力。

代码清单 7.1　定义父类

```
1.  public class Person {
2.      String name;
3.      int age;
4.
5.      Person(String name, int age) {
6.       this.name = name;
7.       this.age = age;
8.      }
9.
10.     void eat() {
11.      System.out.println("吃东西");
12.     }
13. }
```

接着我们定义一个 Woman 类，由于它具有 Person 类的属性和能力，所以可以通过继承的方式来描述该类。此时的 Woman 类便具有了 name 和 age 两个属性以及 eat()方法，这样我们就可以避免编写重复的代码了。假如 Woman 类还要增加是否生过小孩的属性和生小孩的方法，那么可以直接在 Woman 类中添加 isDelivered 属性和 deliver()方法，如代码清单 7.2 所示。

代码清单 7.2　定义子类

```
1.  public class Woman extends Person {
2.      boolean isDelivered;
3.
4.      Woman(String name, int age, boolean isDelivered) {
5.       super(name, age);
6.       this.isDelivered = isDelivered;
7.      }
8.
9.      public void deliver() {
10.      System.out.println("生小孩");
11.       this.isDelivered = true;
12.     }
13. }
```

定义好 Woman 类后我们来测试一下效果。如代码清单 7.3 所示，创建一个 Woman 对象"小莉"，然后分别调用它的 eat()方法和 deliver()方法，并且将它的属性都打印出来。从中我们可以清晰地看到继承的效果，Woman 类具有了 Person 类的所有属性和方法，并且还能根据自己的需要添加属性和方法。

代码清单 7.3　测试类的继承效果

```
1.  public class Woman extends Person {
2.
3.      ......
4.
5.      public static void main(String[] args) {
6.       Woman w = new Woman("小莉", 25, false);
7.       w.eat();
8.       w.deliver();
9.       System.out.println(w.name + " " + w.age + " " + w.isDelivered);
10.     }
11. }
```

1. 吃东西
2. 生小孩
3. 小莉 25 true

Java 语言只支持单继承的方式，它不像 C++语言可以进行多继承。所谓的单继承是指某个子类只可以继承一个父类，而多继承则指某个子类可以继承多个父类。如图 7.2 所示，类 B 继承类 A 是可以的，但是类 C 同时继承类 A 和类 B 则是不允许的。

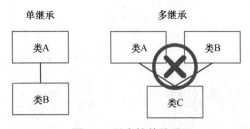

图 7.2　只支持单继承

7.1.2 父子类的转换

当两个类互为父类和子类时,将子类对象转换为父类对象的过程称为向上转换。向上转换在 Java 中是允许的,因为子类肯定具有父类的所有属性和方法,所以能够安全地将子类对象转换为父类对象。我们仍然以 Person 类和 Woman 类为例,将 Woman 对象转换为 Person 对象是允许的,它可以调用 Person 类拥有的 eat()方法,但是它无法调用 Woman 类拥有的 deliver()方法,如代码清单 7.4 所示。

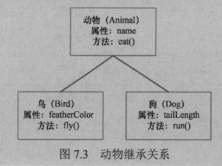

代码清单 7.4　向上转换
```
1.   public class InheritanceTest2 {
2.      public static void main(String[] args) {
3.       Person p = new Woman("小莉", 25, false);
4.       p.eat();
5.      }
6.   }
```

与向上转换相反的是向下转换,向下转换是将父类对象转换为子类对象,这种情况是不允许的,因为子类具有比父类更多的属性和方法,所以不能安全地进行转换。代码清单 7.5 的代码运行时将报转换异常"java.lang.ClassCastException"。

代码清单 7.5　向下转换
```
1.   public class InheritanceTest3 {
2.      public static void main(String[] args) {
3.       Woman w = (Woman) new Person("小莉", 25);
4.       w.eat();
5.      }
6.   }
```

考考你
- "继承能让子类拥有父类的属性和方法"。这句话正确吗?
- 继承有什么好处?
- Java 继承的语法是什么?
- "一个类可以继承多个父类"。这句话正确吗?
- 子类对象与父类对象是如何转换的?

动手做一做
根据图 7.3 的继承关系分别编写动物类、鸟类和狗类,其中动物类包括名称属性和进食方法,鸟包括羽毛颜色属性和飞翔方法,狗包括尾巴长度属性和奔跑方法。

```
         动物 (Animal)
         属性: name
         方法: eat()
         /              \
   鸟 (Bird)          狗 (Dog)
   属性: featherColor  属性: tailLength
   方法: fly()         方法: run()
```

图 7.3　动物继承关系

7.2 类的 super 关键字

本节将给大家讲解另一个很重要的关键字——super。super 的意思是超级的，所以该关键字用于引用父类对象，通过它可以访问父类的属性和方法。super 关键字的作用主要有以下三种，我们将对每种作用进行讲解。

- 调用父类的构造方法。
- 访问父类实例的变量。
- 调用父类的方法。

7.2.1 调用父类的构造方法

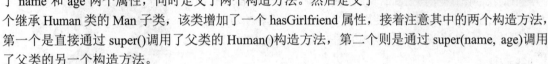

在代码清单 7.6 中，我们定义了一个 Human 类作为父类，它包含了 name 和 age 两个属性，同时定义了两个构造方法。然后定义了一个继承 Human 类的 Man 子类，该类增加了一个 hasGirlfriend 属性，接着注意其中的两个构造方法，第一个是直接通过 super()调用了父类的 Human()构造方法，第二个则是通过 super(name, age)调用了父类的另一个构造方法。

代码清单 7.6　通过 super()调用父类构造方法

```
1.   class Human {
2.       String name;
3.       int age;
4.
5.       Human() {
6.        System.out.println("Human() 被调用");
7.       }
8.
9.       Human(String name, int age) {
10.       this.name = name;
11.       this.age = age;
12.       System.out.println("Human(String name,int age) 被调用");
13.      }
14.  }
15.
16.  class Man extends Human {
17.      boolean hasGirlfriend;
18.
19.      Man() {
20.       super();
21.      }
22.
23.      Man(String name, int age, boolean hasGirlfriend) {
24.       super(name, age);
25.       this.hasGirlfriend = hasGirlfriend;
26.      }
27.
28.      public static void main(String[] args) {
29.       Man man = new Man();
30.       Man xiaoming = new Man("小明", 18, true);
31.      }
32.  }
```

输出结果：

```
1.  Human() 被调用
2.  Human(String name,int age) 被调用
```

需要注意的是，在子类构造方法中通过 super 调用父类构造方法时必须将其作为首条语句，比如代码清单 7.7 的 super(name, age)不是首条语句，将会导致编译时报错。

代码清单 7.7　错误调用父类构造方法
```
1.  Man(String name, int age, boolean hasGirlfriend) {
2.      this.hasGirlfriend = hasGirlfriend;
3.      super(name, age);
4.  }
```

7.2.2　访问父类实例的变量

下面我们在代码清单 7.8 的 Man 类中添加一个 introduceMyself()方法，注意在这个方法中我们使用了"super.name"和"super.age"，其实就是通过 super 来访问父类实例的变量，因为父类才有 name 和 age 属性。

代码清单 7.8　访问父类实例的变量
```
1.  class Man extends Human {
2.      ......
3.
4.      void introduceMyself() {
5.       System.out.println("my name is " + super.name + ", " + super.age + " years old.");
6.      }
7.
8.      public static void main(String[] args) {
9.       Man xiaoming = new Man("小明", 18, true);
10.      xiaoming.introduceMyself();
11.     }
12. }
```

输出结果：
```
1.  Human(String name,int age) 被调用
2.  my name is 小明, 18 years old.
```

7.2.3　调用父类的方法

接下来我们继续对程序进行改造，在 Human 类中添加 eat()方法，然后在 Man 类中添加 date()方法，约会时会吃东西，所以就可以通过"super.eat()"来调用父类的 eat()方法，如代码清单 7.9 所示。

代码清单 7.9　调用父类方法
```
1.  class Human {
2.      ......
3.
4.      void eat() {
5.       System.out.println("吃东西");
```

```
6.         }
7.    }
8.
9.    class Man extends Human {
10.       ......
11.
12.       void date() {
13.          System.out.println("约会");
14.          super.eat();
15.       }
16.
17.       public static void main(String[] args) {
18.          Man xiaoming = new Man("小明", 18, true);
19.          xiaoming.date();
20.       }
21.   }
```

输出结果：

```
1. Human(String name,int age) 被调用
2. 约会
3. 吃东西
```

7.2.4 自动添加 super()

最后我们来看一个比较神奇的现象，执行代码清单 7.10 的代码会发现"A 类构造方法""B 类构造方法"和"C 类构造方法"都输出了。造成这种现象的原因是编译器会在编译时自动在子类的构造方法中添加"super();"，如图 7.4 所示，从而导致一级级往上调用，也就有了如上的输出结果。

代码清单 7.10　自动添加 super()

```
1.  class A {
2.      A() {
3.         System.out.println("A 类构造方法");
4.      }
5.
6.      public static void main(String[] args) {
7.         C c = new C();
8.      }
9.  }
10.
11. class B extends A {
12.     B() {
13.        System.out.println("B 类构造方法");
14.     }
15. }
16.
17. class C extends B {
18.     C() {
19.        System.out.println("C 类构造方法");
20.     }
21. }
```

```
class A{
  A(){
    System.out.println("A类构造方法");
  }
}
class B extends A{
  B(){
    System.out.println("B类构造方法");
  }
}
class C extends B{
  C(){
    System.out.println("C类构造方法");
  }
}
```

编译

```
class A{
  A(){
    System.out.println("A类构造方法");
  }
}
class B extends A{
  B(){
    super();
    System.out.println("B类构造方法");
  }
}
class C extends B{
  C(){
    super();
    System.out.println("C类构造方法");
  }
}
```

图 7.4 编译时自动添加 super()

考考你
- super 的作用是什么？
- super()可以放在子类构造方法中的任意位置吗？
- 编译器何时会自动添加 super()？
- this 与 super 关键字的区别是什么？

动手做一做
验证 Java 中能不能连续使用多个 super 关键字，比如"super. super.xxx"。

7.3 final 关键字

final，顾名思义就是"最终的""不可变更的"，所以用它来声明某个元素时表示的就是这个意思。final 可以对变量、方法和类进行声明，当它用于声明变量时表示该变量的值不可改变，当它用于声明方法时表示该方法不可被重写，当它用于声明类时表示该类不能被继承。

7.3.1 final 声明变量

final 可以用来声明非静态变量和静态变量，以此表示对应的变量不可被修改。一般在声明时我们都会对变量直接进行赋值来进行初始化，否则就需要在指定的区域内进行初始化，比如非静态变量需要在构造方法中初始化，而静态变量则需要在 static 代码块中初始化。

通过代码清单 7.11 来看 final 声明变量的情况。首先看变量 a，由于没有在声明时对其进行初始化，因此需要在构造方法中对其进行赋值初始化。其次看变量 c，它是静态变量且没有在声明时对其初始化，所以要在 static 代码块中对其进行赋值。最后是变量 b 和变量 d，它们都在声明时直接被赋值进行了初始化。此外要注意，被 final 声明的变量在赋值初始化后就不能被再次修改了，所以在 main()方法中对变量 a 再次赋值是不允许的，程序将报 "The final field FinalTest1.a cannot be assigned" 的错误。

代码清单 7.11 final 声明变量
```
1.   public class FinalTest1 {
2.          final int a;
3.          final int b = 20;
4.          static final int c;
5.          static final int d = 40;
6.
7.          static {
8.            c = 30;
9.          }
10.
11.         FinalTest1() {
12.          this.a = 10;
13.         }
14.
15.         public static void main(String[] args) {
16.          FinalTest1 ft = new FinalTest1();
17.          ft.a = 20;
18.         }
19.  }
```

7.3.2 final 声明方法

final 用来声明方法时表示该方法不能被重写。代码清单 7.12 中，FinalMethod 类作为父类，它声明了一个 final 的 print()方法，表示该方法不能在子类中被重写，所以在 FinalTest2 类中重写 print()方法将导致 "Cannot override the final method from FinalMethod" 的编译错误。

代码清单 7.12 final 声明方法
```
20.  public class FinalTest2 extends FinalMethod {
21.         void print() {
22.          System.out.println("重写 print 方法");
23.         }
24.  }
25.
26.  class FinalMethod {
27.         final void print() {
28.          System.out.println("该方法不能被重写");
29.         }
30.  }
```

7.3.3 final 声明类

final 用来声明类时表示该类不能被继承。如代码清单 7.13 所示，我们声明了一个 final 的

FinalClass 类，表示该类不能被继承，而由于 FinalTest3 类尝试继承 FinalClass 类，于是导致 "The type FinalTest3 cannot subclass the final class FinalClass" 的编译错误。

代码清单 7.13　final 声明类
```
31. public class FinalTest3 extends FinalClass {
32.
33. }
34.
35. final class FinalClass {
36.     void print() {
37.         System.out.println("FinalClass 类不能被继承");
38.     }
39. }
```

考考你
- final 可以用来声明哪些元素？分别有什么作用？
- 对于 final 声明的变量，可以如何进行初始化？
- 什么情况下我们应该将方法声明为 final？
- 什么情况下我们应该将类声明为 final？

动手做一做
验证 final 对引用类型变量的作用，能重新对其进行赋值吗？能修改变量内部的属性值吗？

7.4　Java 中重写方法

重写方法就是对一个方法进行重新定义，也就是在父子类中，子类定义了一个与父类方法相同名称、相同参数列表、相同返回值类型的方法，唯一的区别是两者的具体实现不同。方法重写（override）也称为方法覆盖，其实覆盖能更好地表达其中的含义，即子类的方法覆盖父类的方法。

我们通过代码清单 7.14 来理解方法重写。首先定义一个 Shape 类作为父类，该类内部定义了一个名为 calcArea() 的计算面积的方法。然后定义一个 Circle 类，该类继承了 Shape 类，由于圆的面积有自己的计算公式，因此在 Circle 类中重写 calcArea() 方法。再定义一个 Triangle 类，它同样继承了 Shape 类，三角形的面积公式为底乘以高除以二，所以 Triangle 类也需要重写 calcArea() 方法。最后定义一个继承了 Shape 类的 Rectangle 类，并且根据矩形的面积计算公式重写 calcArea() 方法。

代码清单 7.14　方法重写示例
```
1. class Shape {
2.     float calcArea() {
3.         return 0f;
4.     }
5. }
```

```
6.
7.    class Circle extends Shape {
8.        float radius;
9.
10.       Circle(float radius) {
11.        this.radius = radius;
12.       }
13.
14.       float calcArea() {
15.        return (float) (3.14 * Math.pow(radius, 2));
16.       }
17.   }
18.
19.   class Triangle extends Shape {
20.       float height;
21.       float width;
22.
23.       Triangle(float height, float width) {
24.        this.height = height;
25.        this.width = width;
26.       }
27.
28.       float calcArea() {
29.        return height * width / 2;
30.       }
31.   }
32.
33.       class Rectangle extends Shape {
34.       float height;
35.       float width;
36.
37.       Square(float height, float width) {
38.        this.height = height;
39.        this.width = width;
40.       }
41.
42.       float calcArea() {
43.        return height * width;
44.       }
45.   }
```

下面我们可以编写一个主方法来测试方法重写的效果。代码清单 7.15 中将分别根据不同形状的公式来计算面积，分别输出"50.24""6.0"和"12.0"。假如这三个类都不重写 calcArea()方法，那么它们会调用 Shape 父类的 calcArea()方法，即输出都为"0.0"。

代码清单 7.15　测试方法重写效果

```
1.    public static void main(String[] args) {
2.        Circle c = new Circle(4);
3.        Triangle t = new Triangle(3, 4);
4.        Rectangle r = new Rectangle(3, 4);
5.        System.out.println(c.calcArea());
6.        System.out.println(t.calcArea());
7.        System.out.println(r.calcArea());
8.    }
```

根据上面的学习我们明白了如何进行方法重写,总结起来重写需要满足的条件如下。
- 必须满足父子类的继承关系。
- 子类的方法名必须与父类的相同。
- 子类的方法参数列表必须与父类的相同。
- 子类的方法返回值参数类型必须与父类的相同。

接着我们来分析静态方法能不能被重写,直接用代码说明。代码清单 7.16 分别定义父类 Parent 和子类 SubClass,它们都定义了一个静态的 test()方法,乍一看好像能对静态方法进行重写,但实际运行时就会发现这并不是方法重写。程序输出的结果为"parent"和"subClass",也就是说并不具备重写后的特性,因为如果重写成功的话输出应该都为"subClass"。所以可以得出结论,无法重写静态方法。

static关键字使方法重写失效

代码清单 7.16　不能重写静态方法
```
1.  public class OverrideTest2 {
2.      public static void main(String[] args) {
3.          Parent p = new SubClass();
4.          SubClass s = new SubClass();
5.          p.test();
6.          s.test();
7.      }
8.  }
9.
10. class Parent {
11.     public static void test() {
12.       System.out.println("parent");
13.     }
14. }
15.
16. class SubClass extends Parent {
17.     public static void test() {
18.       System.out.println("subClass");
19.     }
20. }
```

考考你
- 什么是方法重写?
- 重写方法需要满足哪些条件?
- 方法重写主要是为了解决什么问题?
- 我们能对一个静态方法进行重写吗?
- 方法重写后向上转换并调用方法,执行的是父类的方法吗?

动手做一做
完成在子类重写父类的方法,并且在重写的方法里调用父类被重写的方法。

7.5 Java 中重载方法

7.4 节的重写方法是在父子类之间进行的,而重载方法则是在同一个类里进行的。如果在一个类中存在多个名称相同而参数不同的方法,那么这种情况就是方法重载(overload),其中注意返回值类型不作为重载的判断依据。

代码清单 7.17 是方法重载的例子,可以看到我们定义了三个名称都为 add() 的方法,这些方法的参数列表必须不同,否则会导致编译错误。它们都用来执行加法操作,不同的地方在于传入的参数类型或数量不同。在主方法中,我们传入不同的参数时就会调用对应参数匹配的 add() 方法,最终输出分别为 "20" "30" "20.0" 和 "30.0"。

代码清单 7.17　方法重载例子

```
1.  public class Adder {
2.      static int add(int a, int b) {
3.          return a + b;
4.      }
5.
6.      static int add(int a, int b, int c) {
7.          return a + b + c;
8.      }
9.
10.     static double add(double a, double b) {
11.         return a + b;
12.     }
13.
14.     static float add(float a, float b, float c) {
15.         return a + b + c;
16.     }
17.
18.     public static void main(String[] args) {
19.         System.out.println(Adder.add(10, 10));
20.         System.out.println(Adder.add(10, 10, 10));
21.         System.out.println(Adder.add(10.0, 10.0));
22.         System.out.println(Adder.add(10f, 10f, 10f));
23.     }
24. }
```

根据上面的学习我们明白了如何进行方法重载,总结起来重载需要满足的条件如下。
- 多个方法名称必须都相同。
- 所有方法都必须在同一个类中。
- 重载的方法两两之间必须是参数类型不同或者参数数量不同。
- 重载的方法的返回值类型可以相同也可以不同。

Java 为什么需要重载呢?方法重载的最大作用就是可以根据参数来区分若干同名的方法,这些同名的方法都是功能相同或者类似的,如果给它们分别取名则会非常繁杂且耗费精力,同时也降低了程序的可读性。比如前面的 Adder 类,如果不使用方法重载则需要为每个方法都分别取一个名字,例如"addByTowInt""addByThreeInt"以及"addByTowDouble"之类的。

> **考考你**
> - 什么是方法重载？
> - 方法重载需要满足哪些条件？

> **动手做一做**
> 在一个类中检验下面的两个方法重载是否合法，并且尝试各种方法重载的情况。
> ```
> 1.  static int add(int a, int b, int c) {
> 2.      return a + b + c;
> 3.  }
> 4.
> 5.  static double add(int num1, int num2, int num3) {
> 6.      return num1 + num2 + num3;
> 7.  }
> ```

7.6 Java 的多态

多态（polymorphism）是面向对象编程的又一个核心概念。所谓多态就是指同一个行为具有多种不同的表现形态。如图 7.5 所示，同样是播放行为，音乐播放器播放音乐，图片播放器播放图片，而视频播放器则播放视频。

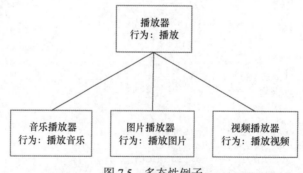

图 7.5 多态性例子

根据阶段的不同多态可以分为编译时多态和运行时多态。编译时多态主要是指如果某个类存在方法重载，那么程序就会根据参数列表来调用对应的方法，也就是说在编译阶段就能够确认具体调用哪个方法。而运行时多态则发生在程序运行阶段，具体的行为动作在运行阶段才能确定，它主要通过方法重写来实现，通常也称之为动态方法调用。

编译时多态很简单，而且我们常常不自觉地使用了它。比如在代码清单 7.18 中分别调用了两个 add() 方法，那么编译器编译时就能根据参数列表确定分别调用哪个方法。

代码清单 7.18 编译时多态
```
1.  public class Adder {
2.      static int add(int a, int b) {
3.          return a + b;
4.      }
```

```
5.
6.       static int add(int a, int b, int c) {
7.        return a + b + c;
8.       }
9.
10.      public static void main(String[] args) {
11.       Adder.add(10, 10);
12.       Adder.add(10, 10, 10);
13.      }
14. }
```

对于 Java，一般多态都是指运行时多态，因为编译时多态并不能给我们提供动态机制，而运行时多态才能实现真正的动态方法调用。

我们来了解一下运行时多态，同样以播放器为例，MusicPlayer 是音乐播放器，PicturePlayer 是图片播放器，VideoPlayer 是视频播放器。重点看代码清单 7.19 的主方法，定义了一个 Player 类型的变量 player，三种播放器对象都可以赋值给 player 变量，会执行对应的 play() 方法。也就是说同样执行 player.play() 语句，真正执行的操作却不一样，这就是运行时多态。

代码清单 7.19 运行时多态

```
1.  public class PolymorphismTest {
2.       public static void main(String[] args) {
3.        Player player = new MusicPlayer();
4.        player.play();
5.        player = new PicturePlayer();
6.        player.play();
7.        player = new VideoPlayer();
8.        player.play();
9.       }
10. }
11.
12. class Player {
13.      void play() {
14.      }
15. }
16.
17. class MusicPlayer extends Player {
18.      void play() {
19.       System.out.println("播放音乐");
20.      }
21. }
22.
23. class PicturePlayer extends Player {
24.      void play() {
25.       System.out.println("播放图片");
26.      }
27. }
28.
29. class VideoPlayer extends Player {
30.      void play() {
31.       System.out.println("播放视频");
32.      }
33. }
```

如果上面的示例不太好理解，那么再稍微改造一下，定义一个 polymorphismPlay() 方法，这个方法表示具备多态能力，它的参数是 Player 类型。该方法的代码是相同的，但是执行的结果不同，如代码清单 7.20 所示。

代码清单 7.20　运行时多态

```
1.   public class PolymorphismTest {
2.       public static void main(String[] args) {
3.           polymorphismPlay(new MusicPlayer());
4.           polymorphismPlay(new PicturePlayer());
5.           polymorphismPlay(new VideoPlayer());
6.       }
7.
8.       static void polymorphismPlay(Player player) {
9.           player.play();
10.      }
11.  }
```

根据上面的示例我们来总结一下运行时多态需要具备哪些条件，首先是必须存在继承关系，没有子类和父类就谈不上多态；其次是必须进行方法重写，在子类中通过方法重写来实现不同操作；最后是必须向上转换，这样才能保证用同一套代码执行子类不同的操作。所以，只有同时满足了以上三个条件才能实现多态，才能在同一套代码中执行不同的行为。

考考你
- 解释一下自己对多态的理解。
- 有几种类型的多态，它们分别是什么？
- 运行时多态要满足哪 3 个条件？

动手做一做
自己想一个多态的例子并用代码实现出来。

7.7　instanceof 关键字

instanceof 在 Java 中是一种比较特殊的关键字，用于检测某个对象是否是指定类、接口或子类的对象。该关键字从字面上理解为"某对象是某类或某接口的实例吗？"，比如"A instanceof B"表示"对象 A 是类或接口 B 的实例吗？"。经过 instanceof 运算后会返回一个 boolean 类型的结果，表示是或否。

instanceof 的语法如下，左边是对象而右边是类或接口，返回 boolean 类型的结果。

```
1.   boolean result = 对象 instanceof 类
2.   boolean result = 对象 instanceof 接口
```

首先看检测类的情况。如代码清单 7.21 所示，假设我们定义了 Person 类和 Animal 类，那么可以分别用 instanceof 运算符来检测各自的对象是否属于该类，输出结果都为 true。

代码清单 7.21　使用 instanceof 检测类对象
```
1.  public class InstanceofTest2 {
2.      public static void main(String[] args) {
3.          Person p = new Person();
4.          Animal a = new Animal();
5.          System.out.println(p instanceof Person);
6.          System.out.println(a instanceof Animal);
7.      }
8.  }
9.
10. class Person {
11. }
12.
13. class Animal {
14. }
```

然后看检测子类的情况，继续定义一个 Woman 类继承 Person 类，然后分别创建 Person 类和 Woman 类的对象，如代码清单 7.22 所示。"p instanceof Woman" 运算的结果为 false，因为 Person 并非 Woman 的子类。"w instanceof Person" 运算的结果为 true，因为 Woman 是 Person 的子类。

代码清单 7.22　检测是否为子类对象
```
1.  public class InstanceofTest3 {
2.      public static void main(String[] args) {
3.          Person p = new Person();
4.          Woman w = new Woman();
5.          System.out.println(p instanceof Woman);
6.          System.out.println(w instanceof Person);
7.      }
8.  }
9.
10. class Woman extends Person {
11. }
```

最后看检测接口的情况，先定义一个 Vehicle 接口，接着定义实现了 Vehicle 接口的 Bike 类，然后创建一个 Bike 类对象 b，如代码清单 7.23 所示。"b instanceof Vehicle" 结果为 true，因为对象 b 所属的类实现了 Vehicle 接口。

代码清单 7.23　检测对象是否实现了某个接口
```
1.  public class InstanceofTest5 {
2.      public static void main(String[] args) {
3.          Bike b = new Bike();
4.          System.out.println(b instanceof Vehicle);
5.      }
6.  }
7.
8.  interface Vehicle {
9.  }
10.
11. class Bike implements Vehicle {
12. }
```

> **考考你**
> - instanceof 是用来做什么的？
> - instanceof 仅可以检测类吗？
> - 某类与其子类的子类的对象通过 instanceof 运算的结果是什么？

> **动手做一做**
> 设计一个实验以检测基本类型能否进行 instanceof 运算。

7.8 Java 的抽象类

抽象（abstract）是指将众多具体事物中共同的、本质的特征属性抽取出来，屏蔽繁杂不同的内部实现，从而形成非具体的概念。目前为止，我们用到的所有 Java 类都属于具体的类，也就是说必须把 Java 类的所有方法的具体实现都描述清楚。然而，除了具体类还有一种 Java 类称为抽象类。如果对于某个类的某些方法的实现没有具体描述，那么这个类就是抽象类。Java 中的抽象指的是对方法的抽象。

要将一个类声明为抽象类很简单，语法如下所示，正常定义一个类并在关键字 class 前面加上 abstract 关键字，然后在类里面将需要抽象的方法的前面也添加 abstract 关键字。

```
1.   访问修饰符 abstract class 类名 {
2.        访问修饰符 abstract 返回类型 方法名(参数列表);
3.   }
```

抽象类具有如下特点。
- Java 中只能将类或方法声明为抽象，变量是不能声明为抽象的。
- 类和方法都通过 abstract 关键字来声明为抽象。
- 声明方法为抽象时必须同时将其所属类声明为抽象，否则会导致编译报错。
- 抽象方法没有方法体。
- 抽象类中声明的所有抽象方法在子类中都必须全部重写。
- 我们无法创建抽象类的对象，通过 new 来实例化抽象类时会导致编译报错。

要理解抽象类出现的原因就要先看没有抽象类时会遇到什么问题。前面我们学习了 Java 具有多态性，它是由方法重写来实现的。如代码清单 7.24 所示，Triangle 类和 Rectangle 类都继承了 Shape 父类，我们会发现真正有用的是 Triangle 类和 Rectangle 类的两个 calcArea()方法，而 Shape 类的 calcArea()方法是不起作用的，那么能不能把它去掉呢？答案是不能，因为我们要实现多态机制，所以这个方法必须存在，至于方法体则可以随便写或不写。

代码清单 7.24　没有抽象类的情况
```
1.   class Shape {
2.        float calcArea(float height, float width) {
3.         return 0f;
4.        }
5.   }
```

```
6.
7.  class Triangle extends Shape {
8.      float calcArea(float height, float width) {
9.        return height * width / 2;
10.     }
11. }
12.
13. class Rectangle extends Shape {
14.     float calcArea(float height, float width) {
15.       return height * width;
16.     }
17. }
```

为了解决上述问题，Java 引入了抽象类，在代码清单 7.25 中我们将 Shape 类声明为 abstract 且其中的 calcArea()方法也声明为 abstract。此时就可以不用编写 Shape 类的 calcArea()方法体，仅声明该方法即可。

代码清单 7.25　使用抽象类的情况

```
1.  abstract class Shape {
2.      abstract float calcArea(float height, float width);
3.  }
4.
5.  class Triangle extends Shape {
6.      float calcArea(float height, float width) {
7.        return height * width / 2;
8.      }
9.  }
10.
11. class Rectangle extends Shape {
12.     float calcArea(float height, float width) {
13.       return height * width;
14.     }
15. }
```

考考你
- Java 中的具体类和抽象类有什么不同？
- Java 为什么要提出抽象类？
- 可以对抽象类进行实例化吗？
- "因为抽象类不能实例化，所以不能有构造方法"。这句话对吗？

动手做一做
验证抽象方法是否能用 static 或 final 来声明？

7.9　Java 的接口

7.8 节介绍了抽象类，以及 Java 为什么需要提出抽象类这个概念，本节将继续讲解另一个与抽象类相似的概念——接口（interface）。接口是 Java 实现抽象机制的另一种方式，一般地，我们只能在接口中声明抽象方法和静态变量。

接口与抽象类的本质其实是一样的，所以接口的作用与抽象类的相同，都是对同类事物进行规范约束，保证所有实现了接口的类和它的子类都具有相同的接口，从而实现多态机制。

接口的定义与类相似，不同的地方在于类通过 class 关键字来定义，而接口则通过 interface 关键字来定义。具体的语法如下，对于其中的所有元素我们都在前面的类定义中介绍过了，注意接口中定义的变量都必须是静态变量。

```
1.   访问修饰符 interface 接口名 {
2.       访问修饰符 非访问修饰符 变量类型 变量名 = 变量值;
3.       访问修饰符 返回类型 方法名(参数列表);
4.   }
```

7.9.1 定义一个完整的接口

在 Java 程序中，只有完整的接口才能运行起来，所谓完整的接口是指包含了抽象方法和具体实现，即接口的定义和接口的实现。下面我们看代码清单 7.26 如何实现一个完整的接口，第一步是定义一个接口，该接口的名称为 Shape，接口里面定义了一个 calcArea() 抽象方法。

代码清单 7.26　接口的定义
```
1.   public interface Shape {
2.       public float calcArea(float height, float width);
3.   }
```

第二步是实现接口，这一步需要用到 implements 关键字，可以看到代码清单 7.27 中 Triangle 和 Rectangle 两个类都实现了 Shape 接口，然后各自实现各自的 calcArea() 方法。对比前面的抽象类的实现，接口是通过 implements 关键字来实现的，而抽象类则通过 extends 关键字来实现。

代码清单 7.27　接口的实现
```
1.   class Triangle implements Shape {
2.       public float calcArea(float height, float width) {
3.           return height * width / 2;
4.       }
5.   }
6.
7.   class Rectangle implements Shape {
8.       public float calcArea(float height, float width) {
9.           return height * width;
10.      }
11.  }
```

最后我们来看代码清单 7.28 中接口的使用，其实它与抽象类的用法一样，通过 Shape 接口类型变量来实现多态，也就是说 Triangle 对象和 Rectangle 对象都可以转换成 Shape 类型变量。

代码清单 7.28　接口的使用
```
1.   public class InterfaceTest {
2.       public static void main(String[] args) {
3.           Shape s1 = new Triangle();
4.           System.out.println(s1.calcArea(10, 10));
5.           s1 = new Rectangle();
```

```
6.         System.out.println(s1.calcArea(10, 10));
7.     }
8. }
```

7.9.2 接口的继承

接口是可以继承的，与类一样也是通过 extends 关键字来实现继承。子接口继承了父接口就相当于继承了父接口的变量和方法，同时也可以对父接口的变量和方法进行重写。代码清单 7.29 中 Shape 作为父接口，而 RectangleShape 接口则继承了 Shape 接口。

代码清单 7.29　接口间的继承
```
1. public interface Shape {
2.         public float calcArea(float height, float width);
3. }
4.
5. public interface RectangleShape extends Shape{
6.         public int getSideNum();
7. }
```

继承后的效果如下，当某个类实现了 RectangleShape 接口时，它就必须同时实现 calcArea() 和 getSideNum() 两个方法，如代码清单 7.30 所示。

代码清单 7.30　实现继承接口
```
1. public class InterfaceTest2 implements RectangleShape {
2.         public float calcArea(float height, float width) {
3.           return height * width;
4.         }
5.
6.         public int getSideNum() {
7.           return 4;
8.         }
9. }
```

7.9.3 实现多个接口

Java 规定一个类不能同时继承两个父类，自然也就不能同时继承两个抽象类。然而接口却可以弥补这方面的不足，一个类虽然不能同时继承多个抽象类，但可以同时实现多个接口，从而增强多态机制的灵活性。代码清单 7.31 定义了 Shape 和 Color 两个接口，它们分别包含了一个方法。

代码清单 7.31　定义多个接口
```
1. public interface Shape {
2.         public float calcArea(float height, float width);
3. }
4.
5. public interface Color {
6.         public String getColor();
7. }
```

在代码清单 7.32 中，BlackRectangle 类通过 implements 同时实现了 Shape 接口和 Color 接口，

多个接口之间通过逗号进行分隔。一旦一个类实现了多个接口就必须重写所有接口包含的方法，这里必须编写 getColor()和 calcArea()两个方法。

代码清单 7.32　实现多个接口

```
1.   public class BlackRectangle implements Shape, Color {
2.       public String getColor() {
3.         return "black";
4.       }
5.
6.       public float calcArea(float height, float width) {
7.         return height * width;
8.       }
9.   }
```

7.9.4　编译器的隐性作用

前面提到过接口中只能定义静态变量和抽象方法，但是我们经常看到接口中定义的变量并不是静态的，而且定义的方法也没有使用 abstract 关键字进行修饰。这是为什么呢？实际上编译器会隐性地帮我们将变量定义为静态，且将方法定义为抽象。

如图 7.6 中的例子，我们编写的代码中定义了一个 Vehicle 接口，其中声明的变量为非静态的，而且方法也是非抽象的。那么通过编译器的编译后，会自动添加 final 和 static 来修饰变量，也会自动添加 abstract 来修饰方法。所以我们在接口中看到的变量都属于静态变量，方法都属于抽象方法。

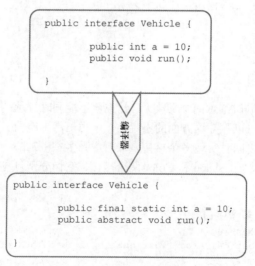

图 7.6　接口中的变量

7.9.5　default 关键字

default 意为默认，就是说接口可以定义一个默认的方法实现，如果实现类中没有重写该方法，则直接使用该默认的方法实现。我们对 Shape 接口做些改动，添加一个 default 的 print()方法，如代码清单 7.33 所示。

代码清单 7.33　定义接口的 default 方法

```
1.  public interface Shape {
2.        public float calcArea(float h, float w);
3.
4.        public default void print() {
5.         System.out.println("this is a default method");
6.        }
7.  }
```

然后 Triangle 类重写 print()方法，而 Rectangle 类不重写 print()方法。分别创建 Triangle 类对象和 Rectangle 类对象，再分别调用它们的 print()方法，如代码清单 7.34 所示。输出结果如下，说明 Triangle 类对象调用了自己实现的 print()方法，而 Rectangle 类对象则调用了 Shape 接口提供的默认 print()方法。

代码清单 7.34　调用接口的 default 方法

```
1.  public class InterfaceTest3 {
2.        public static void main(String[] args) {
3.         Shape s1 = new Triangle();
4.         s1.print();
5.         s1 = new Rectangle();
6.         s1.print();
7.        }
8.  }
9.
10. class Triangle implements Shape {
11.       ...
12.
13.       public void print() {
14.        System.out.println("triangle method");
15.       }
16. }
17.
18. class Rectangle implements Shape {
19.       ...
20. }
```

输出结果：

```
1.  triangle method
2.  this is a default method
```

> **考考你**
> - 接口有什么作用？
> - 接口能继承吗？如果能的话应如何继承？
> - 编译器会对接口产生什么作用？
> - default 关键字有什么作用？
> - 抽象类与接口的不同点是什么？

> **动手做一做**
> 定义一个抽象类，并定义两个接口，然后编写一个类继承该抽象类且同时实现这两个接口。

7.10 枚举类型 enum

枚举是一种特殊的类，它用来表示一个常量集合。日常生活中我们经常会遇到枚举类型，比如性别分为男女、方向分为东南西北、季节分为春夏秋冬、一个星期分为 7 天等，这些都可以用一个固定的常量集合来表示，也就是用枚举类型来表示。

虽然枚举是一种特殊的类，但它不使用 class 关键字来定义，而是通过 enum 关键字来定义。语法如下，访问修饰符后接 enum 关键字再接枚举名，大括号里是枚举的所有常量成员，成员之间通过逗号分隔。

```
1.  访问修饰符 enum 枚举名 {
2.      枚举成员;
3.  }
```

代码清单 7.35 给一年四季定义一个枚举，这个枚举的名称为 Season，它包含的枚举成员为春夏秋冬（SPRING, SUMMER, AUTUMN, WINTER）。

代码清单 7.35　枚举的定义
```
1.  public enum Season {
2.      SPRING, SUMMER, AUTUMN, WINTER;
3.  }
```

定义枚举后可以通过"枚举名.成员"的方式对枚举进行访问，比如 Season.SPRING。

枚举很多时候都是与 switch 语句一起使用的，将枚举的成员作为判断条件以进行不同的处理，代码清单 7.36 中使用 switch 语句实现对 Season 枚举的条件分支判断。

代码清单 7.36　在 switch 中使用枚举
```
1.  public class EnumTest4 {
2.      public static void main(String[] args) {
3.          printSeason(Season.SPRING);
4.          printSeason(Season.SUMMER);
5.          printSeason(Season.AUTUMN);
6.          printSeason(Season.WINTER);
7.      }
8.  
9.      static void printSeason(Season s) {
10.         switch (s) {
11.         case SPRING:
12.             System.out.println("春天");
13.             break;
14.         case SUMMER:
15.             System.out.println("夏天");
16.             break;
17.         case AUTUMN:
18.             System.out.println("秋天");
19.             break;
```

```
20.        case WINTER:
21.            System.out.println("冬天");
22.            break;
23.    }
24. }
25. }
```

输出结果：

```
1. 春天
2. 夏天
3. 秋天
4. 冬天
```

在了解枚举后是不是觉得枚举与普通的常量很相似，比如代码清单 7.37 中的 Season 枚举可以按照代码清单 7.38 中的 SeasonConstant 类定义四个常量，效果和使用是不是很相似呢？确实，两种方式的效果差不多，只不过枚举具备更强的约束，从而保证使用更加安全。比较枚举成员时能限制只与同类枚举成员进行比较，而常量没有这种限制。

代码清单 7.37　枚举

```
1. public enum Season {
2.     SPRING, SUMMER, AUTUMN, WINTER;
3. }
```

代码清单 7.38　普通常量

```
1. public class SeasonConstant {
2.     public static final int SPRING = 0;
3.     public static final int SUMMER = 1;
4.     public static final int AUTUMN = 2;
5.     public static final int WINTER = 3;
6. }
```

考考你
- 你能想到现实生活中还有哪些枚举吗？
- 定义枚举和定义类有什么不同？
- 常量与枚举有什么不同？

动手做一做
定义一个枚举表示衣服尺寸。

7.11　Java 内部类

所谓的内部类是指在某个 Java 类中再定义一个 Java 类，其中的类称为内部类，有时也称为内嵌类。

在涉及多个类时，我们可以按常规的方式分别定义多个类，那么为什么还需要内部类这种内嵌的方式呢？其实最主要的原因就在"内嵌"两个字，有时某个类仅在一个类里面使用，为了更好地组织它们之间的逻辑关系就可以使用内部类。

7.11.1 成员内部类

所谓成员内部类,其重点在"成员"两字,即将内部类作为类成员之一,此时它们与类的其他元素属于同一级别。

成员内部类的语法如下,先定义一个类,然后在这个类中定义另一个类。

```
1.    访问修饰符 class 类名{
2.        访问修饰符 class 内部类名{
3.        }
4.    }
```

代码清单 7.39 展示了如何使用成员内部类,可以看到在 MemberInnerClassTest 类中定义了一个 InnerClass 内部类。重点来看如何创建一个成员内部类对象,我们必须先创建一个 MemberInnerClassTest 对象 mict,再通过 "mict.new InnerClass()" 来创建成员内部类对象,该对象的类型为 MemberInnerClassTest.InnerClass。同时可以看到,成员内部类的方法能直接访问 MemberInnerClassTest 类的属性,程序运行后输出 "hello from inner class."。

代码清单 7.39 成员内部类
```java
1.    public class MemberInnerClassTest {
2.        public String str = "hello";
3.
4.        class InnerClass {
5.            public void print() {
6.                System.out.println(str + " from inner class.");
7.            }
8.        }
9.
10.       public static void main(String[] args) {
11.           MemberInnerClassTest mict = new MemberInnerClassTest();
12.           MemberInnerClassTest.InnerClass inner = mict.new InnerClass();
13.           inner.print();
14.       }
15.   }
```

如果一个类包含了一个成员内部类则一共有两个类,这两个类都被我们写到同一个.java 文件中。然而编译出来的.class 文件却并非只有一个,而是两个。比如 MemberInnerClassTest.java 编译后有两个.class 文件,对应的文件名如图 7.7 所示。InnerClass 内部类编译后对应的文件名为 "MemberInnerClassTest$InnerClass.class",其中使用了 "$" 符号拼接。

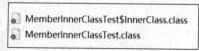

图 7.7 编译成员内部类

7.11.2 静态内部类

所谓静态内部类是指将内部类声明为 static,这样能使内部类更方便地被访问。我们知道被 static 修饰的属性和方法都可以通过类来

直接访问，而不必先创建该类的对象，静态内部类也通过类直接进行访问。

通过代码清单 7.40 来理解静态内部类的使用，我们定义一个内部类并使用 static 来修饰该内部类。如果静态内部类里面需要使用外部变量，则需要将外部变量也声明为 static，比如这里的 str 变量必须修饰为 static。最后可以通过"new StaticInnerClassTest.InnerClass()"的方式来创建静态内部类的对象。

代码清单 7.40　静态内部类
```
1.  public class StaticInnerClassTest {
2.      public static String str = "hello";
3.
4.      static class InnerClass {
5.          public void print() {
6.              System.out.println(str + " from static inner class.");
7.          }
8.      }
9.
10.     public static void main(String[] args) {
11.         StaticInnerClassTest.InnerClass inner = new StaticInnerClassTest.InnerClass();
12.         inner.print();
13.     }
14. }
```

当我们想要访问静态内部类的静态属性和静态方法时，可以通过"StaticInnerClassTest2.InnerClass.info"的方式，通过"."符号从最外层类到内部类就能访问到内部类的静态属性和静态方法，如代码清单 7.41 所示。

代码清单 7.41　访问静态内部类
```
1.  public class StaticInnerClassTest2 {
2.      static class InnerClass {
3.
4.          public static String info = "hello";
5.
6.          public static void hello() {
7.              System.out.println("hello");
8.          }
9.      }
10.
11.     public static void main(String[] args) {
12.         System.out.println(StaticInnerClassTest2.InnerClass.info);
13.         StaticInnerClassTest2.InnerClass.hello();
14.     }
15. }
```

7.11.3　匿名内部类

所谓匿名是指没有名称，匿名内部类就是没有名称的内部类，定义类时不需要取类名。匿名内部类用于在类中继承某个类或者实现某个接口并重写某个方法，它能让我们在定义新类的同时创建对象，大大简化了实现代码。

如果在某个类中要定义一个匿名内部类,可以按照下面的语法,当要继承某个类时通过"父类名 变量 = new 父类名(){...};"的方式来定义一个继承父类的匿名子类并创建该子类的对象,在大括号中可以重写父类的方法,这个子类没有名称。当要实现某个接口时通过"接口名 变量 = new 接口名(){...};"的方式来定义一个实现了某接口的匿名类并创建一个该类对象,在大括号中实现接口的方法。注意,两种方式都必须以";"符号结尾。

```
1.  父类名 变量 = new 父类名() {
2.      //重写父类的方法
3.  };
```

或

```
1.  接口名 变量 = new 接口名() {
2.      //实现接口的方法
3.  };
```

我们来看继承父类的匿名内部类如何实现。在代码清单 7.42 中,定义一个 Task 抽象类作为父类,该类定义了一个 run()抽象方法,子类都必须重写该方法。然后在 AnonymousInnerClassTest 类的主方法中定义一个继承 Task 类的匿名子类并创建对象,对照前面的语法不难理解,我们定义了一个匿名子类,该子类重写了父类的 run()方法,最终输出 "running task."。

代码清单 7.42 继承父类的匿名内部类
```
1.  public class AnonymousInnerClassTest {
2.      public static void main(String[] args) {
3.          Task task = new Task() {
4.              public void run() {
5.                  System.out.println("running task.");
6.              }
7.          };
8.          task.run();
9.      }
10. }
11.
12. abstract class Task {
13.     abstract void run();
14. }
```

再看看实现接口的匿名内部类如何实现。如代码清单 7.43 所示,先定义一个 ITask 接口,该接口定义了一个 run()方法。现在在 AnonymousInnerClassTest2 类的主方法中定义一个实现 ITask 接口的匿名内部类,并实现对应的方法,最终输出 "running task."。

代码清单 7.43 实现接口的匿名内部类
```
1.  public class AnonymousInnerClassTest2 {
2.      public static void main(String[] args) {
3.          ITask task = new ITask() {
4.              public void run() {
5.                  System.out.println("running task.");
6.              }
7.          };
8.          task.run();
9.      }
10. }
```

```
11.
12. interface ITask {
13.     public void run();
14. }
```

以上两个示例编译后产生的.class 文件如图 7.8 所示，两个匿名内部类对应的文件分别为"AnonymousInnerClassTest$1.class"和"AnonymousInnerClassTest2$1.class"。

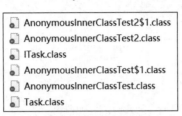

图 7.8　.class 文件

考考你

- 成员内部类为什么称为成员？
- 一个.java 文件包含多少个类编译后就会有多少个.class 文件吗？
- 静态内部类与非静态内部类的区别是什么？
- 匿名内部类主要针对什么场景？
- 匿名内部类必须继承某个类或实现某个接口吗？
- 匿名内部类编译后的类名是怎样的？

动手做一做

- 检验能否实现一个内部类的内部类。
- 尝试编写一个静态内部类。
- 写出与代码清单 7.44 等价的代码实现。

代码清单 7.44

```
1. ITask task = new ITask() {
2.     public void run() {
3.         System.out.println("running task.");
4.     }
5. };
```

第 8 章

数组与集合

8.1　Java 的数组结构

设想这样一个场景，如果我们需要用变量来存储全公司 100 个人的姓名，那么我们是不是必须手动定义 100 个 String 类型的变量呢？如果真这样处理将是灾难性的，实际上我们可以使用数组来解决这类问题。Java 中最常见的主方法 "public static void main(String[] args)" 的参数就是一个字符串数组，它可以存储多个字符串。

在编程中，数组是最基础的一种数据结构，它由有限个相同数据类型的元素按顺序排列组合而成。数组的数据是连续的，有上界和下界，每个元素都有属于自己的索引（也称为下标），通过这些下标就能定位该元素。

根据维度的不同可以将数组分为一维数组、二维数组、三维数组等，以此类推。数组具有以下特点。

- 数组中的所有元素都必须是相同的数据类型。
- 数组中的元素具有顺序性。
- 数组的索引从 0 开始，最大索引是 $n-1$，n 是数组长度。
- 数组的元素都具有默认值，不同类型有不同的默认值。
- 数组的长度一旦指定就不可改变。

8.2　一维数组

一维数组是最简单的数组结构，通常它也称为线性数组。一个长度为 10 的数组可以存放 10 个指定类型的元素，数组中的每个元素都可以通过索引来访问，索引从 0 开始，即范围 0~9。

8.2.1 声明与创建

由于数组是一种引用数据类型,因此它与类一样在使用前必须要先声明一个数组变量名。声明语法如下,有两种声明方式,一种是在数据类型后面加中括号,另一种是在数组变量名后面加中括号,两种方式效果一样,可以根据个人偏好选择其一。

1. 数据类型[] 数组变量名;
2. 数据类型 数组变量名[];

代码清单 8.1 是一维数组声明的例子。

代码清单 8.1 声明一维数组

```
1.  int[] arr;
2.  int arr2[];
3.  float[] arr3;
4.  char arr4[];
5.  String[] arr5;
```

我们声明的数组变量实际上是一个引用,声明后计算机内存空间中并未真正分配数组空间,所以如果我们想要用数组存放数据则还需要分配内存空间,即创建数组。与创建对象类似,创建数组也通过 new 关键字来实现,具体语法如下。

1. 数组变量名 = new 数据类型[数组长度];

我们分别对前面声明的数组变量创建指定长度的数组,创建后就相当于给数组分配了指定大小的内存空间,而原来的数组变量则指向这块内存空间,如代码清单 8.2 所示。

代码清单 8.2 分配数组空间

```
1.  arr = new int[20];
2.  arr2 = new int[30];
3.  arr3 = new float[15];
4.  arr4 = new char[40];
5.  arr5 = new String[10];
```

当然我们也可以像代码清单 8.3 一样将声明数组与创建数组合并,这样更加方便。

代码清单 8.3 声明创建数组

```
1.  int[] arr = new int[20];
2.  int[] arr2 = new int[30];
3.  float[] arr3 = new float[15];
4.  char[] arr4 = new char[40];
5.  String[] arr5 = new String[10];
```

8.2.2 初始化与访问

实际上数组一旦被创建就已经被赋值初始化了,如果我们没有指定这些数组元素的值,则数组空间的每个元素都会有一个默认值,不同的数据类型有对应的默认值,如表 8.1 所示。

表 8.1 数据类型的默认值

数据类型	byte	short	int	long	float	double	char	boolean	引用类型
默认值	0	0	0	0	0	0	\000	false	null

创建数组后我们一般会对数组中的元素进行赋值，总体来说有三种数组赋值方式。前两种方式的语法分别如下，主要通过一对大括号来按顺序指定数组中每个元素的值，大括号中的值用逗号进行分隔。

1. 数据类型[] 数组变量名 = new 数据类型[]{值1,值2,...,值n};
2.
3. 数据类型[] 数组变量名 = {值1,值2,...,值n};

第三种方式则是创建数组后再手动访问每一个元素进行赋值，语法如下，通过索引定位到元素然后再进行赋值。

1. 数组变量名[索引] = 值;

代码清单 8.4 展示了数组的三种赋值方式，它们的效果一样，都创建了一个长度为 6 的字符串数组，数组中的元素依次都为 java、c++、python、nodejs、js 和 rust。

代码清单 8.4　数组的三种赋值方式
```
1.  //第一种方式
2.  String[] arr = new String[] { "java", "c++", "python", "nodejs", "js", "rust" };
3.  //第二种方式
4.  String[] arr2 = { "java", "c++", "python", "nodejs", "js", "rust" };
5.  //第三种方式
6.  String[] arr3 = new String[6];
7.  arr3[0] = "java";
8.  arr3[1] = "c++";
9.  arr3[2] = "python";
10. arr3[3] = "nodejs";
11. arr3[4] = "js";
12. arr3[5] = "rust";
```

一维数组里的元素都是按照索引顺序进行存储的，如果想获取其中的某个元素，则可以通过数组变量名加索引的形式来获取，具体为"数组变量名[索引]"。代码清单 8.5 中的输出结果为 java、python 和 rust。

代码清单 8.5　访问数组元素
```
1.  public class OneDimentionArrayTest3 {
2.      public static void main(String[] args) {
3.          String[] arr = new String[] { "java", "c++", "python", "nodejs", "js", "rust" };
4.          System.out.println(arr[0]);
5.          System.out.println(arr[2]);
6.          System.out.println(arr[5]);
7.      }
8.  }
```

8.2.3　数组的长度

每个数组都有长度（length）属性，如果要获取数组的长度则可以直接通过"数组变量名.length"来获得。代码清单 8.6 输出为 10，表示该数组的长度为 10。

代码清单 8.6　获取数组长度
```
1.  public class OneDimentionArrayTest4 {
2.      public static void main(String[] args) {
3.          int[] arr = { 2, 4, 5, 1, 4, 6, 9, 3, 4, 8 };
4.          System.out.println(arr.length);
5.      }
6.  }
```

我们经常会在获取数组元素时遇到程序抛出的"java.lang.ArrayIndexOutOfBoundsException"异常，这是因为在访问数组时索引超出了数组索引的范围，即从 0 到 $n\sim1$，n 为数组长度。比如下面数组的长度为 6，则其索引范围为 0~5，如果我们执行"arr[6]"则会抛出数组越界的异常。

```
1. jshell> String[] arr = new String[] { "java", "c++", "python", "nodejs", "js", "rust" };
2. arr ==> String[6] { "java", "c++", "python", "nodejs", "js", "rust" }
3.
4. jshell> arr[6]
5. |  异常错误 java.lang.ArrayIndexOutOfBoundsException: Index 6 out of bounds for length 6
6. |        at (#13:1)
```

8.2.4　遍历数组

所谓遍历数组就是逐一获取数组的每个元素，执行遍历操作必须使用循环语句，一般我们会用 for 循环语句，for 语句有两种遍历数组的写法，通过代码清单 8.7 我们来看看这两种写法的不同。第一种很好理解，就是通过数组的长度来确定循环的范围，然后进行遍历操作。第二种则不需要知道数组的长度，而通过"for(数据类型 变量名:数组变量名)"就能获取数组的每个元素。两种写法最终都依次输出 java、c++、python、nodejs、js 和 rust 六个字符串。

代码清单 8.7　遍历数组
```
1.  public class OneDimentionArrayTest5 {
2.      public static void main(String[] args) {
3.          String[] arr = new String[] { "java", "c++", "python", "nodejs", "js", "rust" };
4.          //第一种写法
5.          for (int i = 0; i < arr.length; i++)
6.              System.out.println(arr[i]);
7.
8.          //第二种写法
9.          for (String s : arr)
10.             System.out.println(s);
11.     }
12. }
```

考考你
- 对于长度为 10 的数组 arr，通过 arr[10] 能访问最后一个元素吗？
- 对于同一个数组，既可以存放 int 类型数据又可以存放 float 类型数据吗？
- 声明一个数组时内存空间就已经分配了吗？
- 如何创建一个数组？

- 创建一个 boolean 类型的数组后元素的默认值是什么？
- 对数组进行赋值有哪几种方式？
- 对于数组 arr，执行 arr[-1]会出现什么结果？
- 如何对一维数组进行遍历？

动手做一做
- 创建一个数组存放 1～100，然后对该数组的所有元素进行累加。
- 尝试使用 while 循环语句来实现对数组的遍历。

8.3 二维数组

现实生活中有很多数据都是以表格的形式展示的，此时如果用一维数组来存储则会很麻烦，于是有了二维数组。二维数组分为行和列两个维度，一个行数为 3、列数为 6 的二维数组可以存放 18 个元素，数组中的每个元素都需要通过行和列两个索引来访问，行的索引范围是 0～2，列的索引范围是 0～5，如图 8.1 所示。二维数组可以看成一维数组的延伸，它的每一行都可以看成一个一维数组。

	0	1	2	3	4	5
0	Java	编程	C++	编程	Python	语言
1	C#	IT	技术	计算机	屏幕	鼠标
2	软件	硬件	服务器	浏览器	编译	虚拟机

图 8.1 二维数组

8.3.1 声明与创建

二维数组的声明语法如下，有两种声明方式，一种是在数据类型后面加两个中括号，另一种则是在数组变量名后面加两个中括号。与一维数组相比，二维数组多了一个中括号。

```
1. 数据类型[][] 数组变量名；
2. 数据类型 数组变量名[][]；
```

代码清单 8.8 是声明二维数组的示例。

代码清单 8.8 声明二维数组
```
1. int[][] arr;
2. int arr2[][];
3. float[][] arr3;
```

```
4.    char arr4[][];
5.    String[][] arr5;
```

二维数组的创建与一维数组的类似，通过 new 关键字来创建，具体语法如下。

```
1.    数组变量名 = new 数据类型[行数][列数];
```

创建二维数组后就相当于分配了一个指定行数和列数的内存空间，而所声明的数组变量名则指向这块内存空间。

代码清单 8.9 是创建二维数组的例子。

代码清单 8.9　分配二维数组空间

```
1.    arr = new int[20][20];
2.    arr5 = new String[10][30];
```

如果将声明与创建合并则如代码清单 8.10 所示。

代码清单 8.10　声明与创建二维数组

```
1.    int[][] arr = new int[20][20];
2.    String[][] arr5 = new String[10][30];
```

8.3.2　初始化与访问

与一维数组一样，二维数组的初始化也有三种方式，前两种是以大括号的方式，第三种是二维数组被创建后再进一步对每个元素进行赋值操作，注意数组被创建后就有了默认值。

前两种方式的语法如下，主要通过嵌套大括号来指定数组内的每个元素值，外层的大括号包含若干内嵌的大括号，它们以逗号进行分隔，每个内嵌的大括号就是一个一维数组。其实很好理解，将多个一维数组组合起来就是二维数组。

```
1.    数据类型[][] 数组变量名 = new 数据类型[][]{{},{}...{}};
2.
3.    数据类型[][] 数组变量名 = {{},{}...{}};
```

代码清单 8.11 展示了如何用大括号来初始化二维数组。

代码清单 8.11　用大括号初始化二维数组

```
1.    int[][] arr = new int[][] { { 1, 3, 5, 7 }, { 9, 11, 2, 4 }, { 6, 8, 10, 12 } };
2.    int[][] arr2 = { { 1, 3, 5, 7 }, { 9, 11, 2, 4 }, { 6, 8, 10, 12 } };
```

第三种方式的例子如代码清单 8.12 所示：

代码清单 8.12　通过元素初始化二维数组

```
1.    int[][] arr3 = new int[3][4];
2.    arr3[0][0] = 1;
3.    arr3[0][1] = 3;
4.    arr3[0][2] = 5;
5.    arr3[0][3] = 7;
6.    arr3[1][0] = 9;
7.    arr3[1][1] = 11;
```

二维数组好比一张表格，要定位一张表的某个位置需要行和列两个索引，所以我们可以通过"数组变量名[行索引][列索引]"来访问二维数组元素。代码清单 8.13 输出结果为 java 技术和虚拟机。

代码清单 8.13　访问数组元素
```
1.  public class TwoDimentionArrayTest3 {
2.      public static void main(String[] args) {
3.          String[][] arr = { { "java", "编程", "c++", "编程", "python", "语言" },
4.                             { "c#", "it", "技术", "计算机", "屏幕", "鼠标" },
5.                             { "软件", "硬件", "服务器", "浏览器", "编译", "虚拟机" } };
6.          System.out.println(arr[0][0]);
7.          System.out.println(arr[1][2]);
8.          System.out.println(arr[2][5]);
9.      }
10. }
```

8.3.3　遍历数组

对二维数组的遍历有两种方式，两种方式都使用了两个 for 循环嵌套语句来实现。其中第一种方式使用数组的 length 属性作为条件，先通过 length 属性获取二维数组的行数，然后通过行数组的 length 属性获取对应行的列数，两个 for 循环嵌套起来就可以实现对二维数组的遍历。第二种方式则是先通过 "for(数据类型[] 变量名:数组变量名)" 获取二维数组的每一行（一维数组），再通过 "for(数据类型 变量名:行数组变量名)" 分别访问每一行的元素。

一个个地找

代码清单 8.14 展示了二维数组的两种遍历方式。

代码清单 8.14　二维数组的两种遍历方式
```
1.  public class TwoDimentionArrayTest4 {
2.      public static void main(String[] args) {
3.          String[][] arr = { { "java", "编程", "c++", "编程", "python", "语言" },
4.                             { "c#", "it", "技术", "计算机", "屏幕", "鼠标" },
5.                             { "软件", "硬件", "服务器", "浏览器", "编译", "虚拟机" } };
6.          //第一种方式
7.          for (int i = 0; i < arr.length; i++)
8.              for (int j = 0; j < arr[i].length; j++)
9.                  System.out.println(arr[i][j]);
10.         //第二种方式
11.         for (String[] oneArr : arr)
12.             for (String s : oneArr)
13.                 System.out.println(s);
14.     }
15. }
```

考考你
- 二维数组与一维数组的差异是什么？
- 二维数组的第一个中括号对应的是行还是列？
- 如何对二维数组进行遍历？

动手做一做
定义一个三行四列的二维数组，并将其赋值为 1～12，最后输出每一行中第二列的元素。

8.4 三维及更高维数组

数组的维度数可以看成获取一个元素所需的索引数，比如一维数组需要一个索引，二维数组则需要两个索引。三维数组是由三个维度组成的数组，需要三个索引来描述数组中的元素。类似地，四维、五维以及更高维度的数组都对应指定数量的索引。

在 Java 中，用于描述数组维度数的是中括号，一对中括号对应一维。比如一二三四维数组分别用代码清单 8.15 中的不同形式表示，通过"[]"我们就能声明对应维度数的数组了。

代码清单 8.15　数组不同维数

```
1.   int[] arr;
2.   int[][] arr2;
3.   int[][][] arr3;
4.   int[][][][] arr4;
```

三维数组是最常见的多维数组，也就是说获取数组中的一个元素需要三个索引。下面我们一起来看看如何使用三维数组。四维和更高维也类似，这里不再赘述。代码清单 8.16 中声明了一个三维数组并对其进行初始化，然后通过三个 for 循环嵌套来实现遍历。

代码清单 8.16　三维数组

```
1.   public class ThreeDimentionArrayTest {
2.       public static void main(String[] args) {
3.           int[][][] arr = new int[][][] { { { 1, 2, 3 }, { 4, 5, 6 } },
4.                   { { 7, 8, 9 }, { 10, 11, 12 } }, { { 13, 14, 15 }, { 16, 17, 18 } } };
5.           for (int i = 0; i < arr.length; i++)
6.               for (int j = 0; j < arr[i].length; j++)
7.                   for (int m = 0; m < arr[i][j].length; m++)
8.                       System.out.println(arr[i][j][m]);
9.       }
10.  }
```

考考你

- n 维数组有 n 层索引吗？
- 什么情况下会使用三维数组？
- Java 如何声明高维数组？如何对其初始化？

动手做一做

创建一个四维数组。

8.5 数组类（Arrays）

Java 提供了 Arrays 类用于操作数组，其中包含了大量操作数组的静态方法，比如对数组进行排序和查找等。由于该类的所有方法都是静态的，因此使用时直接通过"Arrays.xxx"的方式进行调用即可。

8.5.1 打印数组内容

有时为了查看数组内容需要将其打印出来,此时可以使用 Arrays 类提供的 toString()和 deepToString()两个方法,它们用于将数组转换为字符串,转换成字符串后便可以直接将其打印出来了。其中 toString()方法只能对一维数组进行转换,而 deepToString()方法则是 toString()方法的升级版,除支持一维外还支持二维及以上的数组转换。

代码清单 8.17 是打印数组内容的例子,可以看到,如果我们直接打印数组对象是无法看到数组的内容的,输出的只是对象编号。而转换成字符串后最终输出数组结构的字符串。

代码清单 8.17 打印数组内容

```
1.  public class ArraysTest {
2.      public static void main(String[] args) {
3.          String[] arr1 = { "Java", "数组", "字符串" };
4.          String[][] arr2 = { { "Java", "数组" }, { "二维", "字符串" }, { "Arrays", "类" } };
5.          System.out.println(arr1);
6.          System.out.println(arr2);
7.          System.out.println(Arrays.toString(arr1));
8.          System.out.println(Arrays.deepToString(arr2));
9.      }
10. }
```

输出结果:

```
1.  [Ljava.lang.String;@512ddf17
2.  [[Ljava.lang.String;@2c13da15
3.  [Java, 数组, 字符串]
4.  [[Java, 数组], [二维, 字符串], [Arrays, 类]]
```

8.5.2 数组排序

要想对某个数组进行排序可以使用 Arrays 类的 sort()方法,该方法能将数组中的元素按照升序进行排序。代码清单 8.18 展示了整数和字符串的排序情况,可以看到经过 sort()方法排序后的数组是升序的。

按身高全部重新排好序

代码清单 8.18 数组排序

```
1.  public class ArraysTest2 {
2.      public static void main(String[] args) {
3.          int[] arr1 = { 3, 4, 2, 7, 1, 4, 9 };
4.          String[] arr2 = { "C", "T", "A", "D" };
5.          String[] arr3 = { "Java", "Array", "array", "two", "Three" };
6.          System.out.println(Arrays.toString(arr1));
7.          System.out.println(Arrays.toString(arr2));
8.          System.out.println(Arrays.toString(arr3));
9.          Arrays.sort(arr1);
10.         Arrays.sort(arr2);
11.         Arrays.sort(arr3);
12.         System.out.println("========排序后=======");
13.         System.out.println(Arrays.toString(arr1));
14.         System.out.println(Arrays.toString(arr2));
```

```
15.        System.out.println(Arrays.toString(arr3));
16.    }
17. }
```

输出结果：

```
1. [3, 4, 2, 7, 1, 4, 9]
2. [C, T, A, D]
3. [Java, Array, array, two, Three]
4. ========排序后=======
5. [1, 2, 3, 4, 4, 7, 9]
6. [A, C, D, T]
7. [Array, Java, Three, array, two]
```

8.5.3 判断两个数组是否相等

Arrays 类提供了 equals() 方法用于判断两个数组是否相等，所谓相等是指两个数组中的每个元素都一样，而且必须是按顺序从头到尾进行比较。

代码清单 8.19 展示了 equals() 方法的使用，输出结果分别为 false、true 和 true。

代码清单 8.19 检测两个数组是否相等

```
1.  public class ArraysTest6 {
2.      public static void main(String[] args) {
3.          int[] arr1 = { 10, 24, 46, 78 };
4.          int[] arr2 = { 10, 24, 46 };
5.          int[] arr3 = { 10, 24, 46, 78 };
6.          String[] arr4 = { "Java", "数组", "大小" };
7.          String[] arr5 = { "Java", "数组", "大小" };
8.          System.out.println(Arrays.equals(arr1, arr2));
9.          System.out.println(Arrays.equals(arr1, arr3));
10.         System.out.println(Arrays.equals(arr4, arr5));
11.     }
12. }
```

8.5.4 填充数组

有时如果想对数组中的多个元素赋为同一个值，那么可以使用 Arrays 类的 fill() 方法，它可以将指定的值赋给整个数组或指定范围内的元素。如代码清单 8.20 所示，创建的两个数组中所有元素的初始值都为 0，通过 Arrays.fill(arr1, 10) 将 arr1 中的所有元素都赋值为 10，通过 Arrays.fill(arr2, 3, 7, 10) 将 arr2 中 3~6（不包含 7）索引范围内的元素都赋值为 10。

代码清单 8.20 填充数组

```
1.  public class ArraysTest7 {
2.      public static void main(String[] args) {
3.          int[] arr1 = new int[10];
4.          int[] arr2 = new int[10];
5.          Arrays.fill(arr1, 10);
6.          Arrays.fill(arr2, 3, 7, 10);
7.          System.out.println(Arrays.toString(arr1));
8.          System.out.println(Arrays.toString(arr2));
9.      }
10. }
```

输出结果：

```
1. [10, 10, 10, 10, 10, 10, 10, 10, 10, 10]
2. [0, 0, 0, 10, 10, 10, 10, 0, 0, 0]
```

考考你
- Arrays 类有哪些方法给你的印象比较深？
- 如果想要将一个三维数组打印出来该怎么做？
- sort()方法的结果是升序还是降序？
- 什么情况下两个数组是相等的？

动手做一做
- 将一个数组进行降序输出。
- 假设有一个整型数组，如何对其所有元素计算平方值？

8.6 复制数组

当我们要将一个数组中的元素复制到另一个数组中时就涉及数组复制。由于数组属于引用类型，因此并不能直接通过赋值运算符进行复制。比如代码清单 8.21 中存在一个数组 a，将其直接赋值给数组 b 后，实际上并没有复制数组，而只是将变量 b 指向变量 a 所指向的内存空间。

代码清单 8.21　不是真正的复制
```
1. int[] a = {1,2,3,4};
2. int[] b = a;
```

8.6.1 System.arraycopy()方法

System 类提供了 arraycopy()方法用于数组复制，该方法的性能更高而且更加方便，它可以将源数组中指定范围的元素复制到目标数组的指定位置。arraycopy()方法一共有 5 个参数，第一个表示源数组，第二个表示源数组的起始位置，第三个表示目标数组，第四个表示目标数组的起始位置，第五个表示要复制的长度。

代码清单 8.22 将数组 arr1 复制到 arr2 和 arr3 中，重点关注源数组的起始位置、目标数组的起始位置以及复制长度这三个参数值，根据输出结果基本就能了解 arraycopy()方法的用法了。

代码清单 8.22　arraycopy 方法复制数组
```
1. public class ArrayCopyTest2 {
2.     public static void main(String[] args) {
3.         String[] arr1 = { "Java", "数组", "字符串", "复制" };
4.         String[] arr2 = new String[8];
5.         String[] arr3 = new String[8];
6.         System.arraycopy(arr1, 0, arr2, 2, 4);
7.         System.arraycopy(arr1, 2, arr3, 5, 2);
8.         System.out.println(Arrays.toString(arr1));
```

```
 9.          System.out.println(Arrays.toString(arr2));
10.          System.out.println(Arrays.toString(arr3));
11.      }
12. }
```

输出结果：

```
1. [Java, 数组, 字符串, 复制]
2. [null, null, Java, 数组, 字符串, 复制, null, null]
3. [null, null, null, null, null, 字符串, 复制, null]
```

8.6.2　Arrays.copyOf()方法

Arrays 类也提供了 copyOf()方法用于对数组进行复制，它可以复制源数组中指定长度的元素并返回复制后的新数组。代码清单 8.23 使用 Arrays.copyOf()方法进行数组复制，可以指定要复制的长度，如果其超过源数组的长度则会使用数组类型的默认值（即 null）填充多余的元素。

代码清单 8.23　copyOf 方法复制数组

```
 1. public class ArrayCopyTest3 {
 2.     public static void main(String[] args) {
 3.         String[] arr1 = { "Java", "数组", "字符串", "复制" };
 4.         String[] arr2 = Arrays.copyOf(arr1, arr1.length);
 5.         String[] arr3 = Arrays.copyOf(arr1, 3);
 6.         String[] arr4 = Arrays.copyOf(arr1, 6);
 7.         System.out.println(Arrays.toString(arr1));
 8.         System.out.println(Arrays.toString(arr2));
 9.         System.out.println(Arrays.toString(arr3));
10.         System.out.println(Arrays.toString(arr4));
11.     }
12. }
```

输出结果：

```
1. [Java, 数组, 字符串, 复制]
2. [Java, 数组, 字符串, 复制]
3. [Java, 数组, 字符串]
4. [Java, 数组, 字符串, 复制, null, null]
```

8.6.3　Arrays.copyOfRange()方法

Arrays 类还提供了另一个复制方法 copyOfRange()，从名字可以看出它与 copyOf()方法的差别在于它可以指定复制范围。该方法指定了三个参数，第一个参数表示源数组，第二个参数表示起始位置，第三个参数表示结束位置。根据代码清单 8.24 及其输出结果可以清楚了解该方法的用法，需要注意的是，结束位置对应的元素不参与复制。另外，如果结束位置超过源数组长度，则会以 null 进行填充。

代码清单 8.24　copyOfRange 方法复制数组指定范围

```
1. public class ArrayCopyTest4 {
2.     public static void main(String[] args) {
3.         String[] arr1 = { "Java", "数组", "字符串", "复制" };
4.         String[] arr2 = Arrays.copyOfRange(arr1, 0, 4);
```

```
5.          String[] arr3 = Arrays.copyOfRange(arr1, 1, 3);
6.          String[] arr4 = Arrays.copyOfRange(arr1, 2, 6);
7.          System.out.println(Arrays.toString(arr1));
8.          System.out.println(Arrays.toString(arr2));
9.          System.out.println(Arrays.toString(arr3));
10.         System.out.println(Arrays.toString(arr4));
11.     }
12. }
```

输出结果：

1. [Java, 数组, 字符串, 复制]
2. [Java, 数组, 字符串, 复制]
3. [数组, 字符串]
4. [字符串, 复制, null, null]

考考你

- 有哪些方法可以实现数组复制？你喜欢用哪种方法？
- 直接通过赋值符号能实现数组复制吗？
- System.arraycopy()与 Arrays.copyOf()在用法上有什么差别？

动手做一做

在 JShell 中使用 System.arraycopy()方法复制一个数组。

8.7 Java 的集合

集合其实是数学上的一个概念，是指由一个或多个确定的元素所构成的整体，与其相关的数学分支是集合论。集合里面的所有元素都具有某种特定性质，比如"中国人"集合中的元素是每个中国人，"大写字母"集合包含了如图 8.2 所示的 A、B、C 一直到 Z 的这 26 个字母。

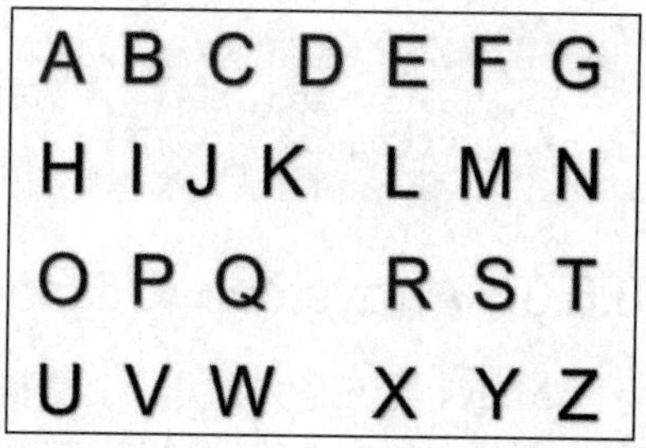

Java 中的集合是指某一批同类的对象，比如若干 String 对象或若干 int 数值。为了能够方便地存储和操作集合，Java 提供了集合类供我们使用。这些集合类包括列表类（List）、集合类（Set）、映射类（Map）、队列类（Queue）以及堆栈类（Stack）等。Java 的集合框架为我们解决了对象集合的存储及操作问题，同时也解决了复杂的数据结构与算法的问题，极大地提升了编程效率。

图 8.2 大写字母

数组其实就是一种集合，因为数组中包含了若干同类的对象，比如 String 数组里都是 String 对象。既然 Java 从语言层面为我们提供了数组，它就可以当作集合使用，那么为什么还要额外提供集合框架呢？主要有以下几点原因。

- 数组的大小在数组创建后不可变，无法自动伸缩。
- 数组无法保证其中的元素不重复。
- 数组无法以队列或堆栈结构组织元素。
- 数组无法以键值对的方式存储和查询元素。
- 数组无法提供队列的形式存储和查询元素。

8.8 列表类

在 Java 中,列表类是最常用的一种集合,通常我们会使用 ArrayList 和 LinkedList 两种列表类。其中 ArrayList 是使用数组结构来实现的一种列表,数组列表中包含了一个动态数组,它用来保存元素。动态数组的结构看起来与数组很相似,但它的最大优势在于不必关心数组的长度,可以将 ArrayList 看成无限长度的数组。而 LinkedList 不再使用数组作为存储数据的结构,而使用双向链表。

由于这两个类的核心方法相同,唯一不同的地方是存储元素的结构,因此我们以 ArrayList 类为例来讲解列表类的相关操作。

我们可以通过下面三种方式构建 ArrayList 对象,第一种方式创建一个初始容量为 10 的数组列表对象,第二种方式创建一个指定容量大小的数组列表对象,第三种方式创建一个数组列表对象并将指定集合 c 中的元素添加进去。

```
1.  public ArrayList()
2.  public ArrayList(int initialCapacity)
3.  public ArrayList(Collection<? extends E> c)
```

代码清单 8.25 中展示了创建 ArrayList 对象的三种方式,由于 ArrayList 定义了泛型类型,因此我们在创建对象时可以指定一个类型来表示存储在列表中的元素的数据类型,比如 String 或 Integer 类型。当然也可以不指定泛型类型,那么列表中指定的就是默认的 Object 类。此外,还可以自行指定初始容量的大小,比如指定为 20,但实际上多数情况下没有必要指定,因为 ArrayList 会根据实际情况自动扩展容量。

代码清单 8.25 创建 ArrayList 对象的三种方式
```
1.  public class ArrayListTest {
2.      public static void main(String[] args) {
3.          ArrayList list1 = new ArrayList();
4.          ArrayList<Integer> list2 = new ArrayList<Integer>(20);
5.          ArrayList<String> list3 = new ArrayList<String>();
6.          list3.add("hello");
7.          list3.add("java");
8.          ArrayList<String> list4 = new ArrayList<String>(list3);
9.          System.out.println(list4);
10.     }
11. }
```

8.8.1 添加元素

我们可以通过 add()方法向 ArrayList 对象中添加元素,操作非常简单。如代码清单 8.26 所示,往 list 对象中添加了"中国""美国""德国""英国"和"日本"5 个字符串对象。

代码清单 8.26 通过 add()方法添加元素
```
1.  public class ArrayListTest2 {
2.      public static void main(String[] args) {
```

```
3.      List<String> list = new ArrayList<String>();
4.      list.add("中国");
5.      list.add("美国");
6.      list.add("德国");
7.      list.add("英国");
8.      list.add("日本");
9.      System.out.println(list);
10.   }
11. }
```

输出结果：

```
1. [中国, 美国, 德国, 英国, 日本]
```

8.8.2 访问元素

通过 get() 方法可以获取列表中指定位置的元素，如代码清单 8.27 所示。最终我们获取了 list 对象的第一个和第四个元素，它们分别为 "中国" 和 "英国"。

代码清单 8.27　通过 get() 方法访问元素

```
1.  public class ArrayListTest3 {
2.      public static void main(String[] args) {
3.          List<String> list = new ArrayList<String>();
4.          list.add("中国");
5.          list.add("美国");
6.          list.add("德国");
7.          list.add("英国");
8.          list.add("日本");
9.          System.out.println(list.get(0));
10.         System.out.println(list.get(3));
11.     }
12. }
```

8.8.3 修改元素

当我们想修改元素值时可以使用 set() 方法，它可以修改指定位置的元素，如代码清单 8.28 所示。可以看到输出结果中索引为 2 的元素值已经被改为 "法国"。

代码清单 8.28　通过 set() 方法修改元素

```
1.  public class ArrayListTest4 {
2.      public static void main(String[] args) {
3.          List<String> list = new ArrayList<String>();
4.          list.add("中国");
5.          list.add("美国");
6.          list.add("德国");
7.          System.out.println(list);
8.          list.set(2, "法国");
9.          System.out.println(list);
10.     }
11. }
```

输出结果：

```
1. [中国, 美国, 德国]
2. [中国, 美国, 法国]
```

8.8.4 删除元素

如果想删除列表中的元素，则可以通过 remove()方法，代码清单 8.29 的输出结果为删除前后的列表，可以看到原来索引为 2 的元素已经被删除了。

代码清单 8.29　通过 remove()方法删除元素

```
1.  public class ArrayListTest5 {
2.      public static void main(String[] args) {
3.          List<String> list = new ArrayList<String>();
4.          list.add("中国");
5.          list.add("美国");
6.          list.add("德国");
7.          list.add("英国");
8.          System.out.println(list);
9.          list.remove(2);
10.         System.out.println(list);
11.     }
12. }
```

输出结果：

```
1.  [中国，美国，德国，英国]
2.  [中国，美国，英国]
```

8.8.5 获取列表元素个数

通过 size()方法可以获取列表中包含的所有元素的个数，代码清单 8.30 中的列表一共有五个元素，所以输出为 5。

代码清单 8.30　通过 size()方法获取元素个数

```
1.  public class ArrayListTest6 {
2.      public static void main(String[] args) {
3.          List<String> list = new ArrayList<String>();
4.          list.add("中国");
5.          list.add("美国");
6.          list.add("德国");
7.          list.add("英国");
8.          list.add("日本");
9.          System.out.println(list.size());
10.     }
11. }
```

8.8.6 遍历数组列表

我们可以通过多种方式来遍历列表，代码清单 8.31 中展示了三种遍历方式。对于前两种我们都很熟悉了，其实都是用 for 语句实现遍历的基本用法，第三种则是通过迭代器+while 语句来实现遍历，Iterator 表示迭代器。

代码清单 8.31　遍历列表的三种方式

```
1.  public class ArrayListTest7 {
2.      public static void main(String[] args) {
```

```
3.          List<String> list = new ArrayList<String>();
4.          list.add("中国");
5.          list.add("美国");
6.          list.add("德国");
7.          //第一种遍历方式
8.          for (int i = 0; i < list.size(); i++)
9.              System.out.println(list.get(i));
10.         //第二种遍历方式
11.         for (String s : list)
12.             System.out.println(s);
13.         //第三种遍历方式
14.         Iterator<String> iterator = list.iterator();
15.         while (iterator.hasNext()) {
16.             System.out.println(iterator.next());
17.         }
18.     }
19. }
```

8.8.7 ArrayList 与 LinkedList

虽然 ArrayList 与 LinkedList 在使用上对于我们来说没什么区别,但两者的性质存在差异,体现在如下几点。两者各有各的优缺点,在实际应用中可以根据场景选择其一。

- ArrayList 访问速度快于 LinkedList。
- LinkedList 插入和删除的速度快于 ArrayList。
- ArrayList 占用的存储空间比 LinkedList 小。

考考你
- 列表类是什么?
- 如何创建列表对象?
- 列表的添加、修改、删除和查询等操作所对应的方法各是什么?
- 你会选择如何遍历列表类对象?
- LinkedList 与 ArrayList 相比有什么优缺点?

动手做一做
自定义一个 Book 类表示书籍,然后将 5 本图书放进数组列表中,并进行添加、查询、修改、删除等操作。

8.9 集合类

集合类(Set)表示不能包含重复元素的集合,它能保证集合中的元素都是唯一的。如果某个元素在集合中已存在则不会再被添加到集合中。常用到的集合类包括哈希集合和树集合,前者不保证集合按元素值大小顺序排列,而后者则能保证集合按元素值大小顺序排列。

8.9.1 哈希集合

哈希集合（HashSet）是用哈希表为存储结构的集合。可以通过下面三种方式分别构建 HashSet 对象，第一种不传入初始容量参数，第二种传入初始容量参数，第三种将指定集合 c 中的元素添加到创建的 HashSet 对象中。

```
1.  public HashSet()
2.  public HashSet(int initialCapacity)
3.  public HashSet(Collection<? extends E> c)
```

代码清单 8.32 展示了创建 HashSet 对象的三种方式：set1 对象不传入初始容量参数，所以它采用了默认值 16；set2 对象指定了初始容量大小为 100；set3 对象通过指定集合进行创建，它会自动将 list 包含的元素复制到 set3 集合中。

代码清单 8.32　创建 HashSet 对象的三种方式
```
1.  public class HashSetTest {
2.    public static void main(String[] args) {
3.      Set<String> set1 = new HashSet<String>();
4.      Set<String> set2 = new HashSet<String>(100);
5.      ArrayList<String> list = new ArrayList<String>();
6.      list.add("hello");
7.      list.add("java");
8.      Set<String> set3 = new HashSet<String>(list);
9.      System.out.println(set3);
10.   }
11. }
```

下面我们看看代码清单 8.33 中如何使用 HashSet，主要涉及 add()和 remove()两个核心方法。我们先创建一个 HashSet 对象，然后调用 4 次 add()方法添加元素，再通过 remove()方法删除两个元素。

代码清单 8.33　HashSet 使用
```
1.  public class HashSetTest2 {
2.    public static void main(String[] args) {
3.      Set<String> set = new HashSet<String>();
4.      set.add("小明");
5.      set.add("小东");
6.      set.add("小花");
7.      set.add("小林");
8.      System.out.println(set);
9.      set.remove("小东");
10.       set.remove("小林");
11.       System.out.println(set);
12.   }
13. }
```

输出结果：
```
1.  [小林, 小明, 小东, 小花]
2.  [小明, 小花]
```

对于重复的元素，不管往 HashSet 中添加几次，HashSet 中都只会存在一个元素，这就是 HashSet 元素的唯一性，如代码清单 8.34 所示。

代码清单 8.34　元素唯一性
```
1.  public class HashSetTest3 {
2.    public static void main(String[] args) {
3.      Set<String> set = new HashSet<String>();
4.      set.add("小明");
5.      set.add("小明");
6.      set.add("小明");
7.      set.add("小明");
8.      System.out.println(set);
9.    }
10. }
```

输出结果：
```
1.  [小明]
```

8.9.2　树集合

我们知道 HashSet 中的元素是无序的，那么如果想按照元素值从小到大排序该怎么办呢？此时可以使用树集合。树集合（TreeSet）是由树结构实现的一种集合，它能保证集合中的元素是有序的。

可以通过下面三种方式构建 TreeSet 对象；第一种不传入任何参数；第二种将指定集合 c 中的元素添加到创建的 TreeSet 对象中；第三种传入 Comparator 比较器对象。比较器可以让我们自己定义比较规则，后面的示例会讲解如何定义一个比较器。

```
1.  public TreeSet()
2.  public TreeSet(Collection<? extends E> c)
3.  public TreeSet(Comparator<? super E> comparator)
```

代码清单 8.35 展示了 TreeSet 的基本用法，我们创建一个 TreeSet 对象后向其中添加 6 个整数，最后输出所有元素，可以看到它们都是按照从小到大的顺序排列。此外，如果想要逆序排列可以通过 descendingIterator() 方法获取降序迭代器进行遍历。

代码清单 8.35　TreeSet 的基本用法
```
1.  public class TreeSetTest {
2.    public static void main(String[] args) {
3.      TreeSet<Integer> set = new TreeSet<Integer>();
4.      set.add(46);
5.      set.add(23);
6.      set.add(69);
7.      set.add(10);
8.      set.add(20);
9.      set.add(50);
10.     System.out.println(set);
11.     System.out.println(set.descendingSet());
12.     Iterator<Integer> itr = set.iterator();
13.     while (itr.hasNext()) {
```

```
14.            System.out.print(itr.next() + " ");
15.        }
16.        System.out.println();
17.        Iterator<Integer> itr2 = set.descendingIterator();
18.        while (itr2.hasNext()) {
19.            System.out.print(itr2.next() + " ");
20.        }
21.    }
22. }
```

输出结果：

```
1.  [10, 20, 23, 46, 50, 69]
2.  [69, 50, 46, 23, 20, 10]
3.  10 20 23 46 50 69
4.  69 50 46 23 20 10
```

考考你
- 如何创建 HashSet 对象？
- HashSet 对象初始容量的默认值是多少？
- 添加多个相同的元素到 HashSet 对象中会怎样？
- 删除一个 HashSet 对象中不存在的元素会怎样？
- 如何创建 TreeSet 对象？

动手做一做
　　尝试遍历一个 HashSet 对象；在 TreeSet 对象中添加字符串然后看看排序结果。

8.10 映射类

　　映射类（Map）表示的是以键（key）和值（value）成对映射的集合，集合中的每个元素都包含一个 key 和一个 value。映射类数据结构如图 8.3 所示，集合中的元素都属于键值对，比如"姓名-小明"、"年龄-20"以及"身高-175"等。键值对是一种单向的一对一关系，通常我们会根据 key 来查找 value，所以必须保证 key 是唯一的。常用的映射类是哈希映射类（HashMap），它是使用哈希表作为存储结构的集合。

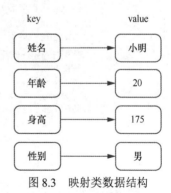

图 8.3　映射类数据结构

　　可以通过下面三种方式构建 HashMap 对象：不传入初始容量参数；传入初始容量参数；将指定集合中的所有键值对添加到创建的 HashMap 对象中。

```
1.  public HashMap()
2.  public HashMap(int initialCapacity)
3.  public HashMap(Map<? extends K, ? extends V> m)
```

　　代码清单 8.36 展示了创建 HashMap 对象的三种方式：map1 对象不传入初始容量参数，所以它采用了默认值 16；map2 对象指定了初始容量大小为 100；map3 对象通过指定 map2 集合进行创建，它会自动将 map2 包含的键值对复制到 map3 集合中。

代码清单 8.36　创建 HashMap 对象的三种方式

```
1.  public class HashMapTest {
2.    public static void main(String[] args) {
3.      Map<String, String> map1 = new HashMap<String, String>();
4.      Map<String, String> map2 = new HashMap<String, String>(100);
5.      map2.put("姓名", "小明");
6.      map2.put("性别", "男");
7.      Map<String, String> map3 = new HashMap<String, String>(map2);
8.      System.out.println(map3);
9.    }
10. }
```

下面我们来看在代码清单 8.37 中如何使用 HashMap。先创建一个 HashMap 对象，通过泛型指定 key 和 value 的数据类型都为 String，然后将四个键值对保存到 HashMap 对象中。如果想根据指定 key 查找 value 则可以通过 get()方法来实现，如果想判断是否存在某个 key 或 value 则可以分别通过 containsKey()和 containsValue()方法来实现，如果想根据指定 key 删除键值对则可以使用 remove()方法。

HashMap 不允许存在相同的 key，所以如果我们通过 put()方法将相同的 key 存放到 HashMap 中，就会覆盖原来已存在的键值对。

代码清单 8.37　HashMap 使用

```
1.  public class HashMapTest2 {
2.    public static void main(String[] args) {
3.      Map<String, String> map = new HashMap<String, String>();
4.      map.put("姓名", "小明");
5.      map.put("年龄", "20");
6.      map.put("身高", "175");
7.      map.put("性别", "男");
8.      System.out.println(map);
9.      System.out.println("获取 key=姓名的值：" + map.get("姓名"));
10.     System.out.println("是否包含年龄 key:" + map.containsKey("年龄"));
11.     System.out.println("是否包含小明 value:" + map.containsValue("小明"));
12.     map.remove("年龄");
13.     map.remove("身高");
14.     System.out.println(map);
15.   }
16. }
```

输出结果如下，运行结果可能会有差异，因为 HashMap 不保证有序性。

```
1.  {姓名=小明, 年龄=20, 身高=175, 性别=男}
2.  获取 key=姓名的值：小明
3.  是否包含年龄 key: true
4.  是否包含小明 value: true
5.  {姓名=小明, 性别=男}
```

想要遍历 HashMap 可以通过 entrySet()方法获取所有键值对的 Set，然后通过 for 循环语句来遍历 Set 对象，如代码清单 8.38 所示。

代码清单 8.38 遍历键值对

```
1.  public class HashMapTest4 {
2.      public static void main(String[] args) {
3.          Map<String, String> map = new HashMap<String, String>();
4.          map.put("姓名", "小明");
5.          map.put("年龄", "20");
6.          map.put("身高", "175");
7.          map.put("性别", "男");
8.          for (Map.Entry<String, String> m : map.entrySet()) {
9.              System.out.println(m.getKey() + " " + m.getValue());
10.         }
11.     }
12. }
```

输出结果：

1. 姓名 小明
2. 年龄 20
3. 身高 175
4. 性别 男

考考你
- 什么是键值对？
- 如何创建 HashMap 对象？
- HashMap 对象的初始容量默认值是多少？
- 添加已存在 key 的键值对到 HashMap 中会怎样？

动手做一做
想想现实生活中有哪些可以以键值对的形式进行保存，自己编写一个示例。

8.11 队列类

队列结构其实很常见，例如生活中我们经常会在银行取号排队办业务，谁先到银行取号谁就先办理，符合"先进先出"的性质。再如消息以串行的方式传输，也遵循先发送的消息先到达。

Java 中将 LinkedList 类作为队列实现类，我们会发现它明明是列表类，为什么会是队列类呢？实际上 LinkedList 也实现了队列的基本功能，主要包括入队和出队两个核心操作。

创建队列对象时直接使用 LinkedList 的构造方法即可，不过要注意将变量声明为 Queue 接口，以便能约束其只能使用 Queue 定义的方法。比如下面是创建队列对象的方式，同样是创建 LinkedList 对象，只不过声明变量为 Queue 接口。

```
1.  Queue<String> queue = new LinkedList<String>();
```

代码清单 8.39 是通过 LinkedList 实现队列的示例，创建队列对象后我们将 4 个字符串进行入队（offer）操作，此时队列大小为 4。接着执行 4 次出队（poll）操作，按先进先出的顺序取出，最终队列大小为 0。此外注意，可以通过 peek()方法获取队列的元素，但并不会将它取出队列。

代码清单 8.39　队列使用

```
1.  public class QueueTest {
2.    public static void main(String[] args) {
3.      Queue<String> queue = new LinkedList<String>();
4.      queue.offer("中国");
5.      queue.offer("美国");
6.      queue.offer("德国");
7.      queue.offer("英国");
8.      System.out.println("队列大小: " + queue.size());
9.      System.out.println("执行一次出队操作: " + queue.poll());
10.     System.out.println("执行二次出队操作: " + queue.poll());
11.     System.out.println("获取元素但不执行出队操作: " + queue.peek());
12.     System.out.println("执行三次出队操作: " + queue.poll());
13.     System.out.println("执行四次出队操作: " + queue.poll());
14.     System.out.println("队列大小: " + queue.size());
15.   }
16. }
```

输出结果：

1. 队列大小：4
2. 执行一次出队操作：中国
3. 执行二次出队操作：美国
4. 获取元素但不执行出队操作：德国
5. 执行三次出队操作：德国
6. 执行四次出队操作：英国
7. 队列大小：0

考考你

- LinkedList 既是列表又是队列吗？
- 如何创建队列对象？
- 队列有哪些核心操作？

动手做一做

用队列模拟银行中排队办业务。

8.12　堆栈类

堆栈（stack）也称为栈，添加元素和移出元素的操作都被限制在栈的一端，该端称为栈顶，而另一端则称为栈底。栈中的数据以后进先出（Last In First Out，LIFO）的方式进出栈，也就是说先进栈的元素后出栈，而后进栈的元素则先出栈。栈提供了两个核心操作：进栈，即将某个元素添加到栈集合内；出栈，即将最近添加的元素移出栈集合。

栈中元素的进出都只能在栈顶，我们先来理解进栈（push）操作的过程。如图 8.4 所示，假如某个时刻栈已经包含了两个元素，此时对"德国"进行 push 操作，"德国"会在最上面。如果再对"英国"进行 push 操作，那么"英国"又会在"德国"上面。

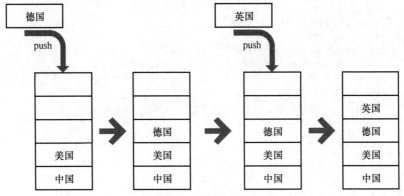

图 8.4 进栈过程

出栈是进栈的反操作,每次出栈都是最上面的元素被取出。通过图 8.5 来理解出栈(pop)操作,栈最开始有 4 个元素,执行一次 pop 操作后就会把最上面的"英国"取出,再执行一次 pop 操作后则又把此时最上面的"德国"取出。我们把进栈过程和出栈过程结合起来看,是不是就实现了后进先出的功能了呢?

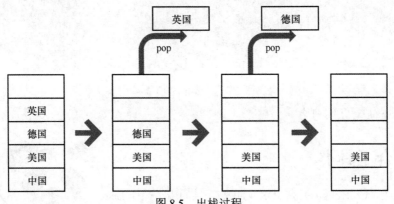

图 8.5 出栈过程

Stack 只有一种构造方法,创建 Stack 对象时不必传入任何参数,当容量不足时它会自动进行扩容。

1. public Stack()

Stack 的用法很简单,主要就是 push()方法和 pop()方法,下面我们来看代码清单 8.40。首先创建一个 Stack 对象,然后执行 4 次 push()方法将四个字符串进栈。可以通过 size()方法获取栈的大小,还可以通过 search()方法来查找指定元素的索引,如果要执行出栈操作则通过 pop()方法实现,另外还可以使用 peek()方法获取栈顶的元素,但是不会将其取出。

代码清单 8.40　Stack 用法
```
1.  public class StackTest {
2.      public static void main(String[] args) {
3.          Stack<String> stack = new Stack<String>();
4.          stack.push("中国");
```

```
5.        stack.push("美国");
6.        stack.push("德国");
7.        stack.push("英国");
8.        System.out.println("堆栈:" + stack);
9.        System.out.println("堆栈大小:" + stack.size());
10.       System.out.println("指定元素索引:" + stack.search("德国"));
11.       stack.pop();
12.       System.out.println("堆栈:" + stack);
13.       System.out.println("获取栈顶元素:" + stack.peek());
14.       stack.pop();
15.       System.out.println("堆栈:" + stack);
16.    }
17. }
```

输出结果:

1. 堆栈:[中国, 美国, 德国, 英国]
2. 堆栈大小:4
3. 指定元素索引:2
4. 堆栈:[中国, 美国, 德国]
5. 获取栈顶元素:德国
6. 堆栈:[中国, 美国]

考考你
- 堆栈是一种什么样的数据结构?
- Stack 应该怎样实现?
- 堆栈的进栈和出栈过程是怎样的?

动手做一做
实现对 Stack 对象的遍历。

8.13 集合工具类

集合工具类(Collections)是 JDK 为我们提供的用于操作 List、Set 和 Map 等集合的工具类,该类位于 java.util 包中,包含了很多用于操作集合的静态方法。

Collections 方便操作集合

8.13.1 排序操作

Collections 提供了方便对 List 进行排序的方法,通过它可以很方便地对 List 进行正向排序、逆向排序或随机排序,如代码清单 8.41 所示。

代码清单 8.41　Collections 排序
```
1. public class CollectionsTest {
2.    public static void main(String[] args) {
3.       List<Integer> list = new ArrayList<Integer>();
4.       list.add(20);
5.       list.add(10);
6.       list.add(50);
7.       list.add(30);
```

```
8.      list.add(5);
9.      System.out.println("排序前:" + list);
10.     Collections.sort(list);
11.     System.out.println("正向排序后:" + list);
12.     Collections.reverse(list);
13.     System.out.println("逆向排序后:" + list);
14.     Collections.shuffle(list);
15.     System.out.println("随机排序:" + list);
16.     Collections.sort(list, new MyComparator());
17.     System.out.println("自定义比较器排序:" + list);
18.   }
19. }
20.
21. class MyComparator implements Comparator<Integer> {
22.   public int compare(Integer s1, Integer s2) {
23.     if (s1 > s2)
24.       return 1;
25.     else if (s1 < s2)
26.       return -1;
27.     else
28.       return 0;
29.   }
30. }
```

输出结果:

```
1. 排序前:[20, 10, 50, 30, 5]
2. 正向排序后:[5, 10, 20, 30, 50]
3. 正向排序后:[50, 30, 20, 10, 5]
4. 随机排序:[5, 30, 50, 20, 10]
5. 自定义比较器排序:[5, 10, 20, 30, 50]
```

8.13.2 最大和最小元素

如果想获取 List 对象或 Set 对象中的最大元素,则可以使用 Collections 类的 max()方法,如代码清单 8.42 所示。

代码清单 8.42 获取集合中的最大元素

```
1. public class CollectionsTest4 {
2.   public static void main(String[] args) {
3.     List<Integer> list = new ArrayList<Integer>();
4.     list.add(20);
5.     list.add(10);
6.     list.add(50);
7.     list.add(30);
8.     list.add(5);
9.     System.out.println("List 中最大的元素:" + Collections.max(list));
10.    Set<Integer> set = new HashSet<Integer>(list);
11.    System.out.println("Set 中最大的元素:" + Collections.max(set));
12.  }
13. }
```

输出结果:

1. List 中最大的元素:50
2. Set 中最大的元素:50

如果想获取 List 对象或 Set 对象中的最小元素,则可以使用 Collections 类的 min()方法,如代码清单 8.43 所示。

找出最大和最小的苹果

代码清单 8.43　获取集合中的最小元素

```
1.  public class CollectionsTest5 {
2.    public static void main(String[] args) {
3.      List<Integer> list = new ArrayList<Integer>();
4.      list.add(20);
5.      list.add(10);
6.      list.add(50);
7.      list.add(30);
8.      list.add(5);
9.      System.out.println("List 中最小的元素:" + Collections.min(list));
10.     Set<Integer> set = new HashSet<Integer>(list);
11.     System.out.println("Set 中最小的元素:" + Collections.min(set));
12.   }
13. }
```

输出结果:

1. List 中最小的元素:5
2. Set 中最小的元素:5

8.13.3　对集合进行填充

如果想对某个 List 对象的所有元素都修改为统一的值,可以使用 Collections 类的 fill()方法,如代码清单 8.44 所示。

代码清单 8.44　填充集合

```
1.  public class CollectionsTest6 {
2.    public static void main(String[] args) {
3.      List<Integer> list = new ArrayList<Integer>();
4.      list.add(20);
5.      list.add(10);
6.      list.add(50);
7.      list.add(30);
8.      list.add(5);
9.      System.out.println("填充前:" + list);
10.     Collections.fill(list, 100);
11.     System.out.println("填充后:" + list);
12.   }
13. }
```

输出结果:

1. 填充前:[20, 10, 50, 30, 5]
2. 填充后:[100, 100, 100, 100, 100]

8.13.4　计算某元素出现次数

如果想要计算某个 List 对象或 Set 对象中某个元素值出现的次数，可以使用 Collections 类的 frequency()方法，如代码清单 8.45 所示。

代码清单 8.45　统计某元素出现次数

```
1.  public class CollectionsTest7 {
2.      public static void main(String[] args) {
3.          List<Integer> list = new ArrayList<Integer>();
4.          list.add(20);
5.          list.add(10);
6.          list.add(20);
7.          list.add(30);
8.          list.add(20);
9.          System.out.println("元素 20 出现的次数：" + Collections.frequency(list, 20));
10.     }
11. }
```

输出结果：

```
1.  元素 20 出现的次数：3
```

8.13.5　替换所有元素

如果想要替换某个 List 对象中的元素，则可以使用 Collections 类的 replaceAll()方法，所有指定值的元素都将会被替换，如代码清单 8.46 所示。

代码清单 8.46　替换所有元素

```
1.  public class CollectionsTest8 {
2.      public static void main(String[] args) {
3.          List<Integer> list = new ArrayList<Integer>();
4.          list.add(20);
5.          list.add(10);
6.          list.add(20);
7.          list.add(30);
8.          list.add(20);
9.          System.out.println("替换前：" + list);
10.         Collections.replaceAll(list, 20, 100);
11.         System.out.println("替换后：" + list);
12.     }
13. }
```

输出结果：

```
1.  替换前：[20, 10, 20, 30, 20]
2.  替换后：[100, 10, 100, 30, 100]
```

8.13.6　复制 List 对象

如果想将某个 List 对象的所有元素复制到另一个 List 对象中，可以使用 Collections 类的 copy()方法。要注意的是两个 List 对象的长度一般要保持一致，如代码清单 8.47 所示。

代码清单 8.47　复制 List 对象

```
1.  public class CollectionsTest9 {
2.      public static void main(String[] args) {
3.          List<Integer> list = new ArrayList<Integer>();
4.          list.add(20);
5.          list.add(10);
6.          list.add(20);
7.          list.add(30);
8.          list.add(20);
9.          List<Integer> list2 = new ArrayList<Integer>();
10.         list2.add(0);
11.         list2.add(0);
12.         list2.add(0);
13.         list2.add(0);
14.         list2.add(0);
15.         System.out.println("复制前 list2: " + list2);
16.         Collections.copy(list2, list);
17.         System.out.println("复制后 list2: " + list2);
18.     }
19. }
```

输出结果：

```
1.  复制前 list2: [0, 0, 0, 0, 0]
2.  复制后 list2: [20, 10, 20, 30, 20]
```

考考你

Collections 工具类中包含了哪些常用的集合方法？

动手做一做

定义一个 Student 类，然后找出年龄最大的学生。

第 9 章

Java 常用工具类

本章将介绍 Java 常用工具类，这些类是 Java 为便于开发而提供的非常有用的类，是我们编程时使用最多的类。熟悉使用这些类不仅能提升我们的编程效率，同时还能降低编程出错的概率。这些类包括字符串类（String）、随机数类（Random）、数学类（Math）、系统类（System）、扫描类（Scanner）和日期类（Date）等。此外，对于字符串，Java 还提供了正则表达式工具，它提供了强大的字符串匹配能力。

9.1 字符串类（String）

Java 编程时使用频率最高的应该就是字符串了。所谓字符串就是若干字符的组合，字符串可以是字母、中文、数字、符号等的任意组合，比如"java""我们是程序员""10086"都是字符串。Java 提供的字符串类为 String，通过该类能很方便地对字符串进行各种操作。该类对应的包类为 java.lang.String，我们编写代码时无须手动导入这个类，因为 Java 会默认导入该类。

如果在编程时要定义一个字符串，我们通常会采用最简单的方式——双引号，将字符串放在双引号（英文符号）内即可，比如"Hello World"。通过双引号可以非常方便地创建字符串对象，相应示例如代码清单 9.1 所示。

代码清单 9.1　使用双引号定义字符串

```
1.  public class StringTest {
2.      public static void main(String[] args) {
3.          String s1 = "Hello World";
4.          String s2;
5.          s2 = "我们是程序员";
6.          System.out.println(s1);
7.          System.out.println(s2);
8.          s2 = "10086";
9.          System.out.println(s2);
10.     }
11. }
```

输出结果：

```
1.    Hello World
2.    我们是程序员
3.    10086
```

除了使用双引号定义字符串，还可以使用 String 类的构造方法来定义字符串。如代码清单 9.2 所示，String 类有多种不同的构造方法，根据要求传入不同的参数就可以定义字符串，比如 new String("Hello World")则创建了值为 Hello World 的字符串对象。也可以传入 char 数组，比如传入 { '1', '0', '0', '8', '6' }则创建了值为 10086 的字符串对象。其中数组是一种数据结构，我们后面会介绍。

代码清单 9.2　通过 String 类创建字符串对象
```
1.    public class StringTest2 {
2.        public static void main(String[] args) {
3.            String s1 = new String("Hello World");
4.            String s2;
5.            s2 = new String("我们是程序员");
6.            System.out.println(s1);
7.            System.out.println(s2);
8.            char[] chars = { '1', '0', '0', '8', '6' };
9.            String s3 = new String(chars);
10.           System.out.println(s3);
11.       }
12.   }
```

输出结果：

```
1.    Hello World
2.    我们是程序员
3.    10086
```

实际上双引号方式是 Java 为了方便开发而设定的，其通过编译后与 String 类的构造方法的效果是相同的，也就是说可以随意用其中一种。比如代码清单 9.3 中的两行代码是等价的，但是为了方便，多数情况下我们会使用双引号的方式。

> 双引号能简化字符串的创建

代码清单 9.3　定义字符串的两种方式
```
1.    String s1 = "Hello World";
2.
3.    String s1 = new String("Hello World");
```

Java 提供 String 类是为了方便我们对字符串进行处理，它将常用的字符串操作进行了封装，以方法的形式提供给我们使用，这些方法包括计算字符串长度、获取字符串指定位置的字符、将字符串进行大小写转换等。表 9.1 列出的是 String 类的常用方法。

表 9.1　String 类的常用方法

方法	作用
char charAt(int index)	获取字符串对象中指定位置的字符
int length()	获取字符串对象的长度
boolean equals(Object anObject)	比较两个字符串对象是否相等

续表

方法	作用
boolean startsWith(String prefix)	判断字符串对象是否以某个字符串开始
boolean endsWith(String suffix)	判断字符串对象是否以某个字符串结尾
int indexOf(String str)	查找某个字符在字符串中第一次出现的位置
String substring(int beginIndex)	截取字符串对象中指定位置之后的子字符串
String replace(char oldChar, char newChar)	替换字符串中指定的字符
String[] split(String regex)	将字符串对象切分成多个子字符串
String toLowerCase()	将字符串对象进行小写转换
String toUpperCase()	将字符串对象进行大写转换

9.1.1　charAt()方法

charAt()方法用于获取字符串对象中指定位置的字符，需要传入位置索引，索引从 0 开始。假设字符串长度为 n，那么第一个字符索引为 0，而最后一个字符的索引为 n-1。如代码清单 9.4 所示，对于字符串"Hello World"，charAt(0)返回的字符为"H"，charAt(10)返回的字符为"d"。

代码清单 9.4　charAt()方法的使用

```
1.  jshell> String s1 = new String("Hello World");
2.  s1 ==> "Hello World"
3.
4.  jshell> s1.charAt(0);
5.  $13 ==> 'H'
6.
7.  jshell> s1.charAt(10);
8.  $14 ==> 'd'
```

如果传入的索引超出了字符串索引范围会怎样呢？我们可以试试传入 11，结果报了"StringIndexOutOfBoundsException"的异常信息，说明这个索引超出了范围。

```
1.  jshell> s1.charAt(11);
2.  |  异常错误 java.lang.StringIndexOutOfBoundsException: String index out of range: 11
3.  |      at StringLatin1.charAt (StringLatin1.java:47)
4.  |      at String.charAt (String.java:693)
5.  |      at (#15:1)
```

9.1.2　length()方法

length()方法用于获取字符串对象的长度，如代码清单 9.5 所示，我们在 JShell 中直接测试这个方法的效果，分别定义了"Hello World"和"我们是程序员"这两个字符串，然后通过 length()方法获取它们的长度分别为 11 和 6。我们可以数一数看看长度是否正确，注意空格也算一个字符。

代码清单 9.5　length()方法的使用

```
1.  jshell> String s1 = new String("Hello World");
2.  s1 ==> "Hello World"
3.
```

```
4.  jshell> String s2 = new String("我们是程序员");
5.  s2 ==> "我们是程序员"
6.
7.  jshell> s1.length();
8.  $9 ==> 11
9.
10. jshell> s2.length();
11. $10 ==> 6
```

获取字符串的长度后可以执行很多其他操作，比如可以遍历字符串。如代码清单 9.6 所示，程序中通过 for 循环和 length() 方法就能遍历字符串中的每个字符了。

代码清单 9.6　获取字符串长度

```
1.  public class StringTest3 {
2.      public static void main(String[] args) {
3.          String s1 = new String("Hello World");
4.          for (int i = 0; i < s1.length(); i++)
5.              System.out.print(s1.charAt(i)+",");
6.      }
7.  }
```

输出结果：

```
1.  H,e,l,l,o, ,W,o,r,l,d,
```

9.1.3　equals()方法

equals()方法用于比较两个字符串对象的值是否相等，如果两个字符串对象包含的所有字符都相同则返回 true，只要有任意一个字符不相同就返回 false。在代码清单 9.7 中，s1 和 s2 相等，s1 和 s3 由于第一个字符大小写不同而不相等，s1 和 s4 则明显不相等。

代码清单 9.7　判断两个字符串是否相等

```
1.  public class StringTest5 {
2.      public static void main(String[] args) {
3.          String s1 = new String("Hello");
4.          String s2 = new String("Hello");
5.          String s3 = new String("hello");
6.          String s4 = new String("haha");
7.          System.out.println(s1.equals(s2));
8.          System.out.println(s1.equals(s3));
9.          System.out.println(s1.equals(s4));
10.     }
11. }
```

输出结果：

```
1.  true
2.  false
3.  false
```

9.1.4　startsWith()方法

startsWith()方法用于判断字符串对象的值是否以某个字符串为前缀。在代码清单 9.8 中，对于

"Hello World"字符串,由于它以"H"和"Hel"开始,因此两个结果都为true。

代码清单 9.8　startsWith()方法的使用
```
1.  jshell> String s1 = new String("Hello World");
2.  s1 ==> "Hello World"
3.
4.  jshell> s1.startsWith("H");
5.  $32 ==> true
6.
7.  jshell> s1.startsWith("Hel");
8.  $33 ==> true
```

9.1.5　endsWith()方法

endsWith()方法用于判断字符串对象的值是否以某个字符串结尾,该方法与startsWith()方法类似,具体的使用如代码清单9.9所示。

代码清单 9.9　endsWith()方法的使用
```
1.  jshell> String s1 = new String("Hello World");
2.  s1 ==> "Hello World"
3.
4.  jshell> s1.endsWith("d");
5.  $35 ==> true
6.
7.  jshell> s1.endsWith("rld");
8.  $36 ==> true
```

9.1.6　indexOf()方法

indexOf()方法用于查找某个字符串在待搜索字符串中第一次出现的位置。在代码清单9.10中,对于"Hello World"字符串,第一次出现"l"的位置为2,第一次出现"o"的位置为4。注意位置索引是从0开始计算的。第一次出现"World"的位置为6,以首字符"W"的位置索引为准。

代码清单 9.10　indexOf()方法的使用
```
1.  jshell> String s1 = new String("Hello World");
2.  s1 ==> "Hello World"
3.
4.  jshell> s1.indexOf("l");
5.  $38 ==> 2
6.
7.  jshell> s1.indexOf("o");
8.  $39 ==> 4
9.
10. jshell> s1.indexOf("World");
11. $40 ==> 6
```

9.1.7　substring()方法

substring()方法用于截取字符串对象中指定位置的子字符串。如果只传入一个值则表示起始索引。在代码清单9.11中,"s1.substring(2)"表示从位置索引2开始截取之后的字符串,结果为"llo World"。

代码清单 9.11 substring()方法的使用

```
1.  jshell> String s1 = new String("Hello World");
2.  s1 ==> "Hello World"
3.
4.  jshell> s1.substring(2);
5.  $46 ==> "llo World"
```

如果传入两个值则分别表示起始索引和结束索引，注意结束索引对应的字符不会被截取。在代码清单 9.12 中，"s1.substring(2,5)"表示从位置索引 2 开始到位置索引 5（不包括 5 对应的字符）之间的字符串，所以最终结果为"llo"。

代码清单 9.12 substring()方法的使用 2

```
1.  jshell> String s1 = new String("Hello World");
2.  s1 ==> "Hello World"
3.
4.  jshell> s1.substring(2,5);
5.  $49 ==> "llo"
```

9.1.8 replace()方法

replace()方法用于替换字符串中指定的字符串，第一个参数表示原来的字符串，第二个参数表示新的字符串。在代码清单 9.13 中，对于"Hello World"字符串，"replace("o","a")"表示用 a 来替换 o，替换后结果为"Hella Warld"。"replace("World","Java")"表示用 Java 来替换 World，替换后结果为"Hello Java"。

代码清单 9.13 replace()方法的使用

```
1.  jshell> String s1 = new String("Hello World");
2.  s1 ==> "Hello World"
3.
4.  jshell> s1.replace("o","a");
5.  $54 ==> "Hella Warld"
6.
7.  jshell> s1.replace("World","Java");
8.  $55 ==> "Hello Java"
```

9.1.9 split()方法

split()方法用于将字符串对象切分成多个子字符串。在代码清单 9.14 中，对于"你们,我们,他们"字符串，"split(",")"表示通过逗号对字符串进行切分，最终得到"你们""我们"和"他们"三个子字符串。

代码清单 9.14 split()方法的使用

```
1.  jshell> String s1 = new String("你们,我们,他们");
2.  s1 ==> "你们,我们,他们"
3.
4.  jshell> s1.split(",");
5.  $65 ==> String[3] { "你们", "我们", "他们" }
```

9.1.10 toLowerCase()方法

toLowerCase()方法用于将字符串对象的值进行小写转换，如代码清单 9.15 所示，"Hello World"

字符串经过 toLowerCase() 方法处理后变为"hello world"。

代码清单 9.15　toLowerCase()方法的使用
```
1.    jshell> String s1 = new String("Hello World");
2.    s1 ==> "Hello World"
3.
4.    jshell> s1.toLowerCase();
5.    $67 ==> "hello world"
```

9.1.11　toUpperCase()方法

toUpperCase()方法用于将字符串对象的值进行大写转换，效果与 toLowerCase()方法相反，如代码清单 9.16 所示。

代码清单 9.16　toUpperCase()方法的使用
```
1.    jshell> String s1 = new String("Hello World");
2.    s1 ==> "Hello World"
3.
4.    jshell> s1.toUpperCase();
5.    $69 ==> "HELLO WORLD"
```

9.1.12　通过+连接

对于字符串对象，我们还经常使用"+"符号，它实际上就是对字符串进行连接操作。如果要连接多个字符串就可以使用"+"，非常方便。使用例子如代码清单 9.17 所示。

代码清单 9.17　通过+连接字符串
```
1.    jshell> String s1 = "Hello " + "Java " + "...";
2.    s1 ==> "Hello Java ..."
```

考考你
- Java 为什么要引入字符串类？
- 有哪两种方式可以定义字符串对象？
- 列举出你记得的 String 类的方法，并解释它们的作用。

动手做一做
- 通过 JShell 验证 String 对象的默认值是什么。
- 定义一个内容为自己姓名的字符串并输出字符串长度。
- 输出"Welcome to java world"字符串中的每个字符。

9.2　运行环境类（Runtime）

Java 提供了 Runtime 类来表示运行环境，每个 Java 程序启动后都有唯一的运行环境，即一个 Runtime 实例，通过该实例可以获取运行时的一些状态信息或者执行一些操作。

Runtime 类提供了获取 JVM 内存信息和处理器数的相关方法，如代码清单 9.18 所示，获取了 4 个变量值，分别对应处理器数、空闲内存、总内存和最大内存。

代码清单 9.18 获取 JVM 内存信息和处理器数

```
1.   public class RuntimeTest {
2.       public static void main(String[] args) {
3.           Runtime runtime = Runtime.getRuntime();
4.           int processors = runtime.availableProcessors();
5.           long freeMemory = runtime.freeMemory();
6.           long maxMemory = runtime.maxMemory();
7.           long totalMemory = runtime.totalMemory();
8.           System.out.println("JVM 处理器数：" + processors);
9.           System.out.println("JVM 空闲内存：" + freeMemory / 1024 / 1024 + "M");
10.          System.out.println("JVM 总内存：" + totalMemory / 1024 / 1024 + "M");
11.          System.out.println("JVM 最大内存：" + maxMemory / 1024 / 1024 + "M");
12.      }
13.  }
```

输出结果：

```
1.   JVM 处理器数：8
2.   JVM 空闲内存：252M
3.   JVM 总内存：254M
4.   JVM 最大内存：4054M
```

Runtime 类能让我们执行操作系统中的命令或者可执行文件。先看代码清单 9.19 上半部分，主要关注"Runtime.getRuntime().exec("dir")"，它表示在命令窗口执行"dir"命令，对于接着的若干行代码我们先不用深入理解，只要知道它们是用来读取执行后的结果。下半部分则演示了如何在 Java 中通过"cmd.exe"可执行文件读取"JAVA_HOME"环境变量的值，主要关注"Runtime.getRuntime().exec("cmd.exe /c echo %JAVA_HOME%")"，它表示用"echo %JAVA_HOME%"作为参数传给"cmd.exe"执行并得到结果。

代码清单 9.19 执行操作系统命令

```
1.   public class RuntimeTest2 {
2.       public static void main(String[] args) throws IOException {
3.           Process process = Runtime.getRuntime().exec("dir");
4.           InputStream fis = process.getInputStream();
5.           InputStreamReader isr = new InputStreamReader(fis);
6.           BufferedReader br = new BufferedReader(isr);
7.           String line;
8.           System.out.println("dir 命令输出：");
9.           while ((line = br.readLine()) != null) {
10.              System.out.println(line);
11.          }
12.
13.          process = Runtime.getRuntime().exec("cmd.exe /c echo %JAVA_HOME%");
14.          fis = process.getInputStream();
15.          isr = new InputStreamReader(fis);
16.          br = new BufferedReader(isr);
17.          System.out.println("cmd 窗口打印%JAVA_HOME%：");
18.          while ((line = br.readLine()) != null) {
```

```
19.                System.out.println(line);
20.            }
21.     }
22. }
```

输出结果：

```
1.  dir 命令输出：
2.  bin   src   test.txt   tmp.o
3.  cmd 窗口打印%JAVA_HOME%:
4.  C:\Program Files\Java\jdk-11.0.2
```

考考你

如果有一个"qq.exe"可执行文件，如何执行它？

动手做一做

创建 10 万个 String 对象，并在创建前后观察 JVM 空闲内存和总内存大小的变化。

9.3 系统类（System）

Java 提供了 System 类用来完成系统层面的一些操作，该类提供了很多有用的系统级的操作方法，比如获取标准输入输出流、获取系统属性、获取操作系统环境变量、获取系统当前时间、纳秒计时器以及复制数组等。我们不能对 System 类进行实例化，它的所有方法都是静态的，要使用它的方法，只需通过该类直接调用。

9.3.1 获取系统当前时间

我们可以通过 System 类提供的 currentTimeMillis()静态方法来获取系统的当前时间，注意它返回的是当前时间点到 1970 年 1 月 1 日之间的时长，单位是毫秒（ms），我们也将该值称为时间戳。代码清单 9.20 是获取当前时间的例子，结果为 1644971258321，将该值转换为日期就是："2022-02-16 08:27:38"。

代码清单 9.20　获取当前时间

```
1.  jshell> System.currentTimeMillis();
2.  $1 ==> 1644971258321
```

System 类还为我们提供了纳秒级的计时器，主要通过 nanoTime()方法类实现，通常我们会将在计时区间使用两个 nanoTime()方法获取的值相减来得到计时结果。

使用示例如代码清单 9.21 所示，先在计时开始时通过 nanoTime()方法获取一个值，然后在计时结束时再通过 nanoTime()方法获取一个值，两个值相减就是计时区间的时长了。程序实现的逻辑是获取三次计算从 1 加到 100 所耗费的时长，每次耗时在一千纳秒左右。

代码清单 9.21　获取纳秒计时器

```
1.  public class SystemTest2 {
2.      public static void main(String args[]) {
3.          for (int i = 0; i < 3; i++) {
```

```
4.            long start = System.nanoTime();
5.            //计时开始
6.            int count = 0;
7.            for (int j = 1; j <= 100; j++)
8.                count += j;
9.            //计时结束
10.           long end = System.nanoTime();
11.           System.out.println("第" + i + "次耗时：" + (end - start));
12.       }
13.   }
14. }
```

输出结果：

1. 第 0 次耗时：1100
2. 第 1 次耗时：900
3. 第 2 次耗时：900

9.3.2 获取系统属性

如果要获取系统相关的属性也可以通过 System 类来获取，这些属性既包括 Java 的版本、厂商、安装路径等属性，也包括操作系统层面的相关属性。具体情况如代码清单 9.22 所示。

代码清单 9.22　获取系统属性

```
1. public class SystemTest3 {
2.     public static void main(String args[]) {
3.         System.out.println("Java 版本：" + System.getProperty("java.version"));
4.         System.out.println("Java 厂商：" + System.getProperty("java.vendor"));
5.         System.out.println("Java 厂商网址：" + System.getProperty("java.vendor.url"));
6.         System.out.println("Java 安装目录：" + System.getProperty("java.home"));
7.         System.out.println("Java 规范版本：" + System.getProperty("java.specification.version"));
8.         System.out.println("Java 规范厂商：" + System.getProperty("java.specification.vendor"));
9.         System.out.println("Java 规范名称：" + System.getProperty("java.specification.name"));
10.        System.out.println("Java 类版本号：" + System.getProperty("java.class.version"));
11.        System.out.println("Java 类路径：" + System.getProperty("java.class.path"));
12.        System.out.println("Java 库路径：" + System.getProperty("java.library.path"));
13.        System.out.println("Java 临时路径：" + System.getProperty("java.io.tmpdir"));
14.        System.out.println("操作系统名称：" + System.getProperty("os.name"));
15.        System.out.println("操作系统的架构：" + System.getProperty("os.arch"));
16.        System.out.println("操作系统版本号：" + System.getProperty("os.version"));
17.        System.out.println("文件分隔符：" + System.getProperty("file.separator"));
18.        System.out.println("操作系统用户名：" + System.getProperty("user.name"));
19.        System.out.println("操作系统用户主目录：" + System.getProperty("user.home"));
20.        System.out.println("当前工作目录：" + System.getProperty("user.dir"));
21.    }
22. }
```

输出结果：

1. Java 版本：11.0.2
2. Java 厂商：Oracle Corporation

3. Java 厂商网址：http://java.oracle.com/
4. Java 安装目录：C:\Program Files\Java\jdk-11.0.2
5. Java 规范版本：11
6. Java 规范厂商：Oracle Corporation
7. Java 规范名称：Java Platform API Specification
8. Java 类版本号：55.0
9. Java 类路径：D:\workspace\java_book_code\bin
10. Java 库路径：C:\Program Files\Java\jdk-11.0.2\bin;
11. Java 临时路径：C:\Users\seaboat\AppData\Local\Temp\
12. 操作系统名称：Windows 10
13. 操作系统的架构：amd64
14. 操作系统版本号：10.0
15. 文件分隔符：\
16. 操作系统用户名：seaboat
17. 操作系统用户主目录：C:\Users\seaboat
18. 当前工作目录：D:\workspace\java_book_code

9.3.3 获取操作系统的环境变量

通过 System 类的 getenv()方法能获取操作系统的环境变量。前面我们安装 Java 时就已经学过了如何配置系统变量，如果我们要添加一个环境变量，可以按照图 9.1 的步骤去添加，这里我们添加了一个 test 变量及其对应的变量值，然后就可以通过 System.getenv("test")来获取对应的变量值，如代码清单 9.23 所示。

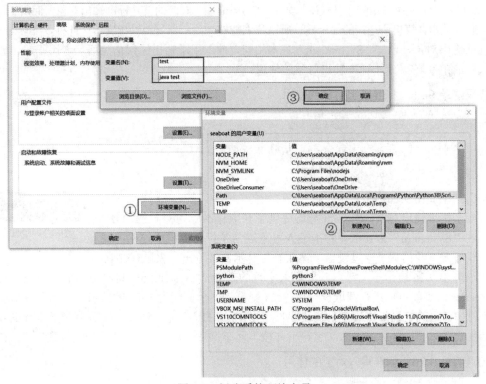

图 9.1 新建系统环境变量

代码清单 9.23　获取环境变量

```
1.    jshell> System.getenv("test");
2.    $1 ==> "java test"
```

9.3.4　退出 Java 虚拟机

System 类还提供了 exit()方法用于退出 Java 虚拟机，这是一个风险较高的方法，因为执行它后将导致程序结束，而不管现在运行状态如何。代码清单 9.24 在输出了"准备停止…"后就退出 Java 虚拟机，后面的"到达不了"不会输出。

代码清单 9.24　退出 Java 虚拟机

```
1.    public class SystemTest4 {
2.        public static void main(String args[]) {
3.            System.out.println("准备停止...");
4.            System.exit(1);
5.            System.out.println("到达不了");
6.        }
7.    }
```

9.3.5　获取标准输出输入对象

在编写 Java 代码时我们经常会将某些结果输出以查看是否正确，这时就会用"System.out.println()"方法，这也是我们最经常用的一行代码。其中"System.out"对应的就是标准输出对象，而所谓标准输出对象通常是指计算机所连接的显示器，所以我们能够向显示器屏幕输出文本。此外，"System.err"也是标准输出对象，它与"System.out"基本相同，前者用于输出错误信息而后者用于输出普通信息。代码清单 9.25 展示了标准输出对象的使用。

代码清单 9.25　标准输出对象的使用

```
1.    public class SystemTest8 {
2.        public static void main(String args[]) {
3.            System.out.println("标准输出-普通信息打印");
4.            System.err.println("标准输出-错误信息打印");
5.        }
6.    }
```

输出结果如图 9.2 所示。

对应于标准输出对象，System 类还提供了获取标准输入对象的途径，具体通过"System.in"来获取。标准输入对象通常是指计算机所连接的键盘，一般情况下我们就是通过键盘（输入）与显示器（输出）来进行交互的。

图 9.2　输出结果

代码清单 9.26 展示了从键盘获取输入字符的功能，"System.in"其实是一个输入流，封装成一个 Reader 对象就可以进行读取操作了。chs 变量是一个长度为 1024 的数组，用于存放从键盘读取的字符串，也就是说每次最多只能读取长度为 1024 的字符串。程序运行后会保持监听键盘的输入，当我们输入"java 标准输入"字符串并按下回车键后，屏幕就会输出这个字符串。

代码清单 9.26　标准输入对象的使用

```
1.    public class SystemTest9 {
2.        public static void main(String args[]) throws IOException {
```

```
3.          InputStream is = System.in;
4.          Reader r = new InputStreamReader(is);
5.          char[] chs = new char[1024];
6.          int len = 0;
7.          while ((len = r.read(chs)) != -1) {
8.              char[] cc = new char[len];
9.              for (int i = 0; i < len; i++)
10.                 cc[i] = chs[i];
11.             String str = new String(cc);
12.             System.out.println("键盘输入的字符串为: " + str);
13.         }
14.         is.close();
15.     }
16. }
```

输入输出如图 9.3 所示。

图 9.3　输入输出

考考你

- System 类主要包含哪些功能？
- currentTimeMillis()方法与 nanoTime()方法有什么区别？
- 如果想知道当前 Java 的版本的话，可以使用什么方法获取？
- 如何用代码实现退出 Java 虚拟机？
- Java 中如何获取操作系统的环境变量？

动手做一做

实现从控制台读取用户输入，当输入为"stop"时退出 Java 虚拟机。

9.4　基本数据类型包装类

说到基本数据类型包装类，我们必须要回顾一下 Java 的数据类型，其中基本数据类型包含了 byte、short、int、long、float、double、char 以及 boolean 共 8 个。包装类就是对这八个基本数据类型进行包装，主要是为了将它们封装成类，从而满足面向对象编程的需要。

包装类的作用包括下面三点。

- 对基本数据类型进行封装，使之成为对象，从而满足面向对象编程的需要，充分利用面向对象的机制，发挥面向对象编程的威力。
- 封装后的包装类提供了很多非常有用的方法，可以满足对基本数据类型的不同操作，比如基本数据类型与字符串的相互转换。
- 使用包装类能使基本数据类型很方便地转换成二进制、八进制或十六进制。

Java 为我们提供了 8 个包装类，分别对应 8 个基本数据类型，详细的对应关系如表 9.2 所示。

在编写代码时我们可以直接使用这些包装类,从而简化对基本数据类型的处理。

表 9.2 基本数据类型与对应的包装类

基本数据类型	包装类
byte	Byte
short	Short
int	Integer
long	Long
float	Float
double	Double
char	Character
boolean	Boolean

包装类对象的创建很简单,直接将对应的基本数据类型的值赋给包装类变量即可,而不必使用 new 关键字,这是因为编译器会帮我们创建包装类对象。代码清单 9.27 展示了 8 个包装类对象的创建。

代码清单 9.27 创建包装类对象

```
1.  public class WrapperTest {
2.      public static void main(String[] args) {
3.          Byte byteB = 127;
4.          Short shortS = 1000;
5.          Integer intI = 10;
6.          Long longL = 2000L;
7.          Float floatF = 6.5f;
8.          Double doubleD = 7.5D;
9.          Character charC = 'c';
10.         Boolean boolB = true;
11.
12.         System.out.println(byteB);
13.         System.out.println(shortS);
14.         System.out.println(intI);
15.         System.out.println(longL);
16.         System.out.println(floatF);
17.         System.out.println(doubleD);
18.         System.out.println(charC);
19.         System.out.println(boolB);
20.     }
21. }
```

对于基本数据类型与包装类的转换问题,Java 为了便于开发而提供了自动装箱和自动拆箱机制。所谓自动装箱就是基本数据类型自动转换成对应的包装类对象,比如 int 类型自动转换为 Integer 类。反之,自动拆箱则是包装类转换成对应的基本数据类型,比如 Character 类自动转换为 char 类型。Java 能实现自动转换是拜编译器所赐。

代码清单 9.28 分别展示了手动转换以及自动装箱和自动拆箱过程。如果是手动转换则需要使用 valueOf()方法和 intValue()方法，而自动转换则直接赋值就行了。简单地说，自动装箱和自动拆箱就是将基本数据类型和包装类当成同样的类型直接使用。

代码清单 9.28　手动转换以及自动装箱与自动拆箱
```
1.  public class WrapperTest2 {
2.      public static void main(String[] args) {
3.          //手动转换
4.          int i = 100;
5.          Integer intI = Integer.valueOf(i);
6.          //自动装箱
7.          Integer intI2 = 100;
8.
9.          //手动转换
10.         int ii = intI.intValue();
11.         //自动拆箱
12.         int iii = intI2;
13.     }
14. }
```

字符串是我们最常遇到的对象，它与包装类的转换非常方便，从字符串转换到包装类只需调用包装类的 parsexxx()方法，而从包装类转换到字符串则统一通过调用 String 类的 valueOf()方法来实现，如代码清单 9.29 所示。

代码清单 9.29　字符串与包装类的转换
```
1.  public class WrapperTest3 {
2.      public static void main(String[] args) {
3.          //字符串转换为包装类
4.          Byte byteB = Byte.parseByte("127");
5.          Short shortS = Short.parseShort("1000");
6.          Integer intI = Integer.parseInt("10");
7.          Long longL = Long.parseLong("2000000000000");
8.          Float floatF = Float.parseFloat("6.5F");
9.          Double doubleD = Double.parseDouble("7.5D");
10.         Boolean boolB = Boolean.parseBoolean("true");
11.
12.         //包装类转换为字符串
13.         String byteStr = String.valueOf(byteB);
14.         String shortStr = String.valueOf(shortS);
15.         String intStr = String.valueOf(intI);
16.         String longStr = String.valueOf(longL);
17.         String floatStr = String.valueOf(floatF);
18.         String doubleStr = String.valueOf(doubleD);
19.         String boolStr = String.valueOf(boolB);
20.     }
21. }
```

考考你
- 为什么需要包装类？
- 自动装箱和自动拆箱有什么作用？
- 字符串如何转换成包装类？反之如何转换？

> **动手做一做**
> 做一个实验,看看字符串转换为数字包装类时如果传入非数字字符串会怎样?

9.5 数学类(Math)

在 Java 中我们要进行加减乘除的话可以直接通过运算符号来执行,符号分别为"+""−""*"和"/"。但是如果想要进行更复杂的数学运算则需要数学类(Math),这些运算包括指数运算、对数运算、平方根运算和三角函数运算等。

我们不能对 Math 类进行实例化,它的所有方法和属性都是静态的,可以通过该类直接访问它们,同时不能继承 Math 类。

数学工具少不了

9.5.1 自然常数与圆周率

可以通过 Math 类的两个静态常量来获取自然常数和圆周率,这两个常量名分别为"E"和"PI",代码清单 9.30 输出了这两个常量的值。

代码清单 9.30 自然常数与圆周率

```
1.   public class MathTest {
2.       public static void main(String[] args) {
3.           System.out.println("自然常数为:" + Math.E);
4.           System.out.println("圆周率:" + Math.PI);
5.       }
6.   }
```

输出结果:

1. 自然常数为:2.718281828459045
2. 圆周率:3.141592653589793

9.5.2 三角函数运算

通过 Math 类可以很方便地执行三角函数运算,计算正弦、余弦和正切等值时需要传入的参数为弧度而非角度,所以如果是角度要先将其转换成弧度,角度与弧度的互相转换可以通过 toRadians() 和 toDegrees() 方法来实现。表 9.3 是 Math 类提供的与三角函数相关的方法。

三角函数不在话下

表 9.3 三角函数相关方法

方法名	描述
sin(double a)	计算正弦值
cos(double a)	计算余弦值
tan(double a)	计算正切值

续表

方法名	描述
asin(double a)	计算反正弦值
acos(double a)	计算反余弦值
atan(double a)	计算反正切值
toRadians(double angdeg)	将角度转换为弧度
toDegrees(double angrad)	将弧度转换为角度

代码清单 9.31 演示了如何通过 Math 类进行三角函数运算，一般需要先通过 toRadians()方法将角度转换成弧度，再传入三角函数运算方法中。大家可以根据下面的程序和输出结果去体会具体的使用方法。

代码清单 9.31 三角函数运算

```
1.  public class MathTest2 {
2.      public static void main(String[] args) {
3.          double degree_90 = 90.0;
4.          double degree_45 = 45.0;
5.          double degree_60 = 60.0;
6.          double degree_0 = 0;
7.          double radian_90 = Math.toRadians(degree_90);
8.          double radian_60 = Math.toRadians(degree_60);
9.          double radian_45 = Math.toRadians(degree_45);
10.         double radian_0 = Math.toRadians(degree_0);
11.         double degree_pi = Math.toDegrees(Math.PI);
12.         double degree_half_pi = Math.toDegrees(Math.PI / 2);
13.         System.out.println("90度的弧度值：" + radian_90);
14.         System.out.println("45度的弧度值：" + radian_45);
15.         System.out.println("0度的弧度值：" + radian_0);
16.         System.out.println("π弧度的角度值：" + degree_pi);
17.         System.out.println("π/2弧度的角度值：" + degree_half_pi);
18.         System.out.println("90度的正弦值：" + Math.sin(radian_90));
19.         System.out.println("45度的正弦值：" + Math.sin(radian_45));
20.         System.out.println("0度的余弦值：" + Math.cos(radian_0));
21.         System.out.println("45度的余弦值：" + Math.cos(radian_45));
22.         System.out.println("60度的正切值：" + Math.tan(radian_60));
23.         System.out.println("45度的正切值：" + Math.tan(radian_45));
24.         System.out.println("45度反正弦值：" + Math.asin(Math.sin(radian_45)));
25.         System.out.println("60度反余弦值：" + Math.acos(Math.cos(radian_60)));
26.         System.out.println("90度反正切值：" + Math.atan(Math.tan(radian_90)));
27.     }
28. }
```

输出结果：

```
1.  90度的弧度值：1.5707963267948966
2.  45度的弧度值：0.7853981633974483
3.  0度的弧度值：0.0
4.  π弧度的角度值：180.0
5.  π/2弧度的角度值：90.0
6.  90度的正弦值：1.0
7.  45度的正弦值：0.7071067811865475
8.  0度的余弦值：1.0
```

9. 45 度的余弦值：0.7071067811865476
10. 60 度的正切值：1.7320508075688767
11. 45 度的正切值：0.9999999999999999
12. 45 度反正弦值：0.7853981633974482
13. 60 度反余弦值：1.0471975511965976
14. 90 度反正切值：90.0

9.5.3 指数对数运算

对于指数对数等相对比较复杂的运算，也可以通过 Math 类来实现。Math 类一共提供了 6 个与之相关的方法，如表 9.4 所示。详细的使用方法如代码清单 9.32 所示。

表 9.4 指数对数方法

方法名	描述
exp(double a)	计算 e 的 a 次幂
pow(double a, double b)	计算 a 为底的 b 次幂
log(double a)	计算以 e 为底 a 的对数（自然对数）
log10(double a)	计算以 10 为底 a 的对数
sqrt(double a)	计算 a 的平方根
cbrt(double a)	计算 a 的立方根

代码清单 9.32 指数对数运算

```
1.  public class MathTest3 {
2.      public static void main(String[] args) {
3.          System.out.println("e 的 a 次幂：" + Math.exp(4));
4.          System.out.println("2 的 5 次幂：" + Math.pow(2, 5));
5.          System.out.println("100 的自然对数：" + Math.log(100));
6.          System.out.println("10 为底 100 的对数：" + Math.log10(100));
7.          System.out.println("64 的平方根：" + Math.sqrt(64));
8.          System.out.println("64 的立方根：" + Math.cbrt(64));
9.      }
10. }
```

输出结果：

1. e 的 a 次幂：54.598150033144236
2. 2 的 5 次幂：32.0
3. 100 的自然对数：4.605170185988092
4. 10 为底 100 的对数：2.0
5. 64 的平方根：8.0
6. 64 的立方根：4.0

9.5.4 取整运算

Math 类提供了对某个数进行取整的运算，取整的不同方式对应不同的方法。相关的取整方法及其说明如表 9.5 所示，相应示例如代码清单 9.33 所示，通过 JShell 能很方便地看到调用不同的方法运算后的结果。

9.5 数学类（Math）

表 9.5 取整方法

方法名	描述
ceil(double a)	取大于或等于 a 的最小整数
floor(double a)	取小于或等于 a 的最大整数
rint(double a)	取最接近 a 的整数，同样接近的情况下取偶数
round(float a)	将 a 四舍五入

代码清单 9.33　不同的取整方法

```
1.   jshell> Math.ceil(2.6)
2.   $16 ==> 3.0
3.
4.   jshell> Math.ceil(3)
5.   $17 ==> 3.0
6.
7.   jshell> Math.ceil(3.01)
8.   $18 ==> 4.0
9.
10.  jshell> Math.floor(2.6)
11.  $19 ==> 2.0
12.
13.  jshell> Math.floor(2.99)
14.  $20 ==> 2.0
15.
16.  jshell> Math.rint(1.6)
17.  $21 ==> 2.0
18.
19.  jshell> Math.rint(2.3)
20.  $22 ==> 2.0
21.
22.  jshell> Math.round(3.51)
23.  $26 ==> 4
24.
25.  jshell> Math.round(3.49)
26.  $27 ==> 3
27.
28.  jshell> Math.round(3.5)
29.  $28 ==> 4
```

9.5.5　取绝对值

取绝对值可以使用 Math 类的 abs()方法，传入不同的参数类型会得到对应类型的绝对值。表 9.6 是对不同数据类型取绝对值的方法，代码清单 9.34 是取绝对值的示例。

表 9.6 取绝对值方法

方法名	描述
abs(int a)	取整型 a 的绝对值
abs(long a)	取长整型 a 的绝对值
abs(float a)	取单精度小数 a 的绝对值
abs(double a)	取双精度小数 a 的绝对值

代码清单 9.34　取绝对值

```
1.  jshell> Math.abs(2.4)
2.  $29 ==> 2.4
3.
4.  jshell> Math.abs(-2.4)
5.  $30 ==> 2.4
```

9.5.6　求最大值与最小值

如果想要获取两个数中最大或最小的那个数则可以通过 Math 类的 max()方法和 min()方法来实现,这两种方法都提供了不同类型的参数,详细说明如表 9.7 所示,用法如代码清单 9.35 所示。

挑个最大的橙子

表 9.7　求最大值与最小值方法

方法名	描述
max(int a, int b)	取整型 a 和 b 中的最大值
max(long a, long b)	取长整型 a 和 b 中的最大值
max(float a, float b)	取单精度小数 a 和 b 中的最大值
max(double a, double b)	取双精度小数 a 和 b 中的最大值
min(int a, int b)	取整型 a 和 b 中的最小值
min(long a, long b)	取长整型 a 和 b 中的最小值
min(float a, float b)	取单精度小数 a 和 b 中的最小值
min(double a, double b)	取双精度小数 a 和 b 中的最小值

代码清单 9.35　求最大值与最小值

```
1.  jshell> Math.max(10,30)
2.  $31 ==> 30
3.
4.  jshell> Math.max(10.0,10.3)
5.  $32 ==> 10.3
6.
7.  jshell> Math.min(10,30)
8.  $33 ==> 10
9.
10. jshell> Math.min(10.0,10.3)
11. $34 ==> 10.0
```

考考你

- Math 类提供了哪些数学运算?
- 能创建一个 Math 对象吗?
- 三角函数运算中传入的参数是角度还是弧度?
- Math 类提供了哪几种取整方法?

动手做一做

计算一个半径为 3 的圆的面积,然后对面积值四舍五入取整。

9.6 随机数类（Random）

有些场景中我们需要生成随机数，这个时候就可以用随机类（Random）来实现。Random 类提供了很多生成随机数的方法，包括生成 boolean、int、float、double 和 long 等类型的随机数。

Random 类的常见方法如表 9.8 所示，每调用一次 nextxxx() 方法就会生成一个对应类型的随机数。

上帝不掷骰子
我来掷

表 9.8 Random 类的常见方法

方法名	描述
nextInt()	生成一个随机 int 值
nextInt(int bound)	生成一个[0,bound)的随机 int 值
nextLong()	生成一个随机 long 值
nextBoolean()	生成一个随机 boolean 值
nextFloat()	生成一个随机 float 值
nextDouble()	生成一个随机 double 值

现在看看如何使用 Random 类生成随机数。Random 类有两个构造方法，当不传入构造参数时它们会使用默认的种子，而如果想要自定义种子则可以传入一个 long 类型的值。代码清单 9.36 中通过 nextxxx() 方法来获取随机数，根据实际需要我们可以获取不同类型的随机数。

代码清单 9.36　生成随机数

```
1.  public class RandomTest {
2.      public static void main(String[] args) {
3.          long seed = 1000;
4.          Random r = new Random();
5.          Random r2 = new Random(seed);
6.          System.out.println("返回 int 型范围的随机整数：" + r.nextInt());
7.          System.out.println("返回[0,100)范围的随机整数" + r.nextInt(100));
8.          System.out.println("返回 long 型范围的随机整数：" + r.nextLong());
9.          System.out.println("随机返回 true 或 false：" + r.nextBoolean());
10.         System.out.println("返回 float 型范围的随机浮点数：" + r.nextFloat());
11.         System.out.println("返回 double 型范围的随机浮点数：" + r.nextDouble());
12.     }
13. }
```

某次运行的输出结果：

```
1.  返回 int 型范围的随机整数：210247544
2.  返回[0,100)范围的随机整数：61
3.  返回 long 型范围的随机整数：1230036205699283312
4.  随机返回 true 或 false：false
5.  返回 float 型范围的随机浮点数：0.5387476
6.  返回 double 型范围的随机浮点数：0.4909616654258937
```

考考你
- 如何生成 0～100 的随机数？
- 调用 100 次 nextBoolean()方法生成 true 和 false 的比例如何？

动手做一做
编写一个彩票开奖器，每次生成一个中奖的 8 位数。

9.7 扫描类（Scanner）

通过 Scanner 类能大大地简化对标准输入的读取操作。我们在讲解 System 类时展示了如何获取标准输入对象并读取键盘输入的字符串，可以说十分繁杂。现在来看 Scanner 类如何实现与键盘交互，如代码清单 9.37 所示，通过 "new Scanner(System.in)" 创建一个 Scanner 对象就可以通过调用其 nextLine()方法获取键盘的输入，如果输入为 "exit" 字符串就退出交互结束程序。

代码清单 9.37　扫描标准输入

```
1.  public class ScannerTest3 {
2.      public static void main(String[] args) {
3.          Scanner s = new Scanner(System.in);
4.          System.out.println("请输入字符串：");
5.          while (true) {
6.              String line = s.nextLine();
7.              if (line.equals("exit"))
8.                  break;
9.              System.out.println(">>>" + line);
10.         }
11.     }
12. }
```

输入输出如图 9.4 所示。

图 9.4　输入与输出

9.8 日期类（Date）

在 Java 中当我们想要获取日期相关的信息时可以使用日期类（Date），该类提供了年月日时分秒的时间信息。通常我们可以使用 new Date()方法来获取运行时的当前时间，时间精度达到毫秒级。

可以通过两种方式来创建 Date 对象，以下是两种构造方法。

- Date()，无参的构造方法，默认用当前日期和时间来初始化 Date 对象。
- Date(long date)，需要传入一个长整型参数，该参数表示从 1970 年 1 月 1 日 0 时 0 分 0 秒开始所经过的毫秒数。

代码清单 9.38 是使用这两种构造方法创建 Date 对象的示例。

代码清单 9.38　用两种构造方法创建 Date 对象

```
1.  public class DateTest {
2.    public static void main(String[] args) {
3.        Date date = new Date();
4.        Date date2 = new Date(1000000);
5.        System.out.println(date);
6.        System.out.println(date2);
7.    }
8.  }
```

输出结果：

```
1.  Mon Sep 12 23:41:47 CST 2022
2.  Thu Jan 01 08:16:40 CST 1970
```

Date 类的常用方法如表 9.9 所示，主要用于时间前后的判断以及获取时间对应的毫秒值。

表 9.9　Date 类的常用方法

方法名	描述
after(Date when)	判断当前 Date 对象是否在指定日期之后
before(Date when)	判断当前 Date 对象是否在指定日期之前
equals(Object obj)	判断两个 Date 对象的时间是否相同
getTime()	返回从 1970 年 1 月 1 日 0 时 0 分 0 秒开始所经过的毫秒数

代码清单 9.39 是一个简单的 Date 类的使用示例，运行程序后先获取当前时间，休眠三秒后继续获取当前时间，然后比较这两个时间的前后关系。

代码清单 9.39　Date 类的使用例子

```
1.  public class DateTest2 {
2.    public static void main(String[] args) throws InterruptedException {
3.        Date date = new Date();
4.        Thread.sleep(3000);
5.        Date date2 = new Date();
6.        System.out.println(date.after(date2));
7.        System.out.println(date.before(date2));
8.        System.out.println(date.getTime());
9.    }
10. }
```

输出结果：

```
1.  false
2.  true
3.  1661177772753
```

构造 Date 对象时需要使用毫秒值，而且很难按照我们自定义的格式输出日期和时间，比如将 Date 对象以 "xxxx 年 xx 月 xx 日 xx 时 xx 分 xx

秒"的格式输出，此时就需要日期格式化类（SimpleDateFormat）了。通过 SimpleDateFormat 类不仅可以实现日期到文本的格式化，还可以实现文本到日期的解析。

代码清单 9.40 展示了如何把 Date 对象转换成指定格式的文本，通常我们需要在创建 SimpleDateFormat 对象时指定日期和时间的格式，然后调用 SimpleDateFormat 对象的 format()方法进行转换。这里运行后输出"现在是 2022 年 08 月 23 日 08 时 25 分 35 秒"。

代码清单 9.40　把 Date 对象转换成指定格式的文本
```
1.  public class DateTest3 {
2.    public static void main(String[] args) {
3.        Date date = new Date();
4.        SimpleDateFormat sdf = new SimpleDateFormat("现在是yyyy年MM月dd日 HH时mm分ss秒");
5.        String str = sdf.format(date);
6.        System.out.println(str);
7.    }
8.  }
```

反过来，如果想要通过指定格式的文本获取 Date 对象也可以通过 SimpleDateFormat 类来实现，如代码清单 9.41 所示。我们先指定格式并创建 SimpleDateFormat 对象，然后就可以调用其 parse()方法将指定格式的文本解析成对应的 Date 对象。

代码清单 9.41　指定格式的文本解析成 Date 对象
```
1.  public class DateTest4 {
2.    public static void main(String[] args) {
3.        SimpleDateFormat sdf = new SimpleDateFormat("yyyy-MM-dd HH:mm:ss");
4.        Date date = null;
5.        try {
6.            date = sdf.parse("2022-08-23 10:30:30");
7.        } catch (ParseException e) {
8.            e.printStackTrace();
9.        }
10.       System.out.println(date);
11.   }
12. }
```

在创建 SimpleDateFormat 对象时需要指定格式，比如"yyyy"之类的，这些其实是 SimpleDateFormat 内置支持的格式编码，都是可以直接使用的，常用的格式编码如表 9.10 所示。

表 9.10　日期格式编码

格式编码	描述
y	表示年份
M	表示月份
d	表示天
H	表示小时
m	表示分
s	表示秒
S	表示毫秒

续表

格式编码	描述
E	表示星期几
D	表示一年中的第几天
w	表示一年中的第几周
W	表示一个月内的第几周
a	表示上午或下午
Z	表示时区

代码清单 9.42 是这些格式编码的使用示例，大家可以根据输出去理解，也可以自己修改程序并查看输出结果。

代码清单 9.42　日期格式化

```
1.  public class DateTest5 {
2.      public static void main(String[] args) {
3.          Date date = new Date();
4.          SimpleDateFormat sdf = new SimpleDateFormat("yyyy 年");
5.          System.out.println(sdf.format(date));
6.          sdf = new SimpleDateFormat("MM 月 dd 日");
7.          System.out.println(sdf.format(date));
8.          sdf = new SimpleDateFormat("HH 小时 mm 分钟 ss 秒 SS 毫秒");
9.          System.out.println(sdf.format(date));
10.         sdf = new SimpleDateFormat("现在是上午还是下午？a");
11.         System.out.println(sdf.format(date));
12.         sdf = new SimpleDateFormat("当前的时区是 Z");
13.         System.out.println(sdf.format(date));
14.         sdf = new SimpleDateFormat("今天是周几？E");
15.         System.out.println(sdf.format(date));
16.         sdf = new SimpleDateFormat("今天是一年中的第 D 天，第 w 周");
17.         System.out.println(sdf.format(date));
18.     }
19. }
```

输出结果：

```
1. 2022 年
2. 08 月 25 日
3. 14 小时 57 分钟 46 秒 804 毫秒
4. 现在是上午还是下午？下午
5. 当前的时区是+0800
6. 今天是周几？周四
7. 今天是一年中的第 237 天，第 35 周
```

考考你

- Date 类有什么作用？
- 默认的 Date 对象代表什么时间？
- 日期格式编码的"M"和"m"有什么不同？

动手做一做

计算"2023-10-13 08:10:10"比"2023-10-10 20:30:30"多多少毫秒。

9.9 正则表达式

正则表达式是由一系列字符组合而成的用于描述某种搜索匹配模式的表达式，它是一种非常强大的字符串处理工具，通常用于对字符串的搜索和提取。正则表达式属于计算机科学领域中的概念，实际上它是一套模式匹配的规则语法，与具体的编程语言无关，常见的 Java、Python、C++以及 JavaScript 等编程语言都支持正则表达式。

那么为什么需要正则表达式呢？有些时候我们需要对一些重要的信息进行匹配，比如邮箱地址、电话号码、密码等，我们经常会在系统注册时见到这些信息，通常系统会对它们的合法性进行验证。那么该如何判断用户输入的手机号和邮箱地址是否合法呢？

以手机号为例，用户可能会随意输入"020-8488674""1373944sd23""123123123123312312"等。我们很快会想到验证合法的手机号的一些判断规则，比如长度为 11、以"1"开头、必须全部为数字。根据这些规则我们可以编写出判断代码，如代码清单 9.43 所示。

代码清单 9.43　数据规则判断
```
1.  public class PhoneNumber {
2.    public static void main(String[] args) {
3.        System.out.println(isValidPhoneNumber("13760708870"));
4.        System.out.println(isValidPhoneNumber("137607080870"));
5.        System.out.println(isValidPhoneNumber("137607sdf70"));
6.        System.out.println(isValidPhoneNumber("33760745670"));
7.    }
8.
9.    public static boolean isValidPhoneNumber(String number) {
10.       if (number.length() != 11)
11.           return false;
12.       if (!number.startsWith("1"))
13.           return false;
14.       for (int i = 0; i < number.length(); i++) {
15.           if (number.charAt(i) < '0' || number.charAt(i) > '9') {
16.               return false;
17.           }
18.       }
19.       return true;
20.   }
21. }
```

但是这些判断规则太烦琐了，有没有简单的解决方法呢？答案是用正则表达式，只需一行代码就能搞定。如代码清单 9.44 所示，其中"1\\d{10}"就是正则表达式，表示"以 1 开头且接着的 10 个字符都是数字"。

代码清单 9.44　正则表达式的使用
```
1. public static boolean isValidPhoneNumber2(String number) {
2.     return number.matches("1\\d{10}");
3. }
```

9.9 正则表达式

为了便于进行字符串处理，String 类提供了对正则表达式的支持，包括表 9.11 中的几个常用方法。

表 9.11　String 类的支持正则表达式的方法

方法名	描述
boolean matches(String regex)	检测当前字符串是否匹配正则表达式
String replaceAll(String regex, String replacement)	把当前字符串中所有能匹配正则表达式的子字符串都替换成指定的字符串
String[] split(String regex)	按照正则表达式将当前字符串分割成若干子字符串

下面我们通过 JShell 快速验证正则匹配结果。在代码清单 9.45 中，对于字符串 "aaaabbbb"，正则表达式 "(a|b)*" 表示匹配 0 个及以上的字符 a 或 b，"\\d+" 表示匹配一个及以上的数字。

代码清单 9.45　正则匹配示例

```
1.  jshell> String s = "aaaabbbb";
2.  s ==> "aaaabbbb"
3.
4.  jshell> s.matches("(a|b)*");
5.  $3 ==> true
6.
7.  jshell> s.matches("\\d+")
8.  $4 ==> false
```

然后看匹配替换的例子。在代码清单 9.46 中，对于字符串 "你好 123 哈哈"，正则表达式 "\\d" 匹配的是数字，所以会将数字替换成 "n" 字符；对于字符串 "我打开了 www.baidu.com 网站"，正则表达式 "www(.*)com" 匹配的是网址，所以会将网址替换成 "xxx" 字符串。

代码清单 9.46　正则匹配示例

```
1.  jshell> String s = "你好 123 哈哈";
2.  s ==> "你好 123 哈哈"
3.
4.  jshell> s.replaceAll("\\d","n");
5.  $8 ==> "你好 nnn 哈哈"
6.
7.  jshell> String s = "我打开了 www.baidu.com 网站";
8.  s ==> "我打开了 www.baidu.com 网站"
9.
10. jshell> s.replaceAll("www(.*)com","xxx");
11. $16 ==> "我打开了 xxx 网站"
```

切割成多个小块

再看字符串分割的操作。在代码清单 9.47 中，对于字符串 "aa12bb43cc66dd88ee"，正则表达式 "\\d+" 匹配的是一个或多个数字，所以会根据数字来分割字符串，最终将原来的字符串分割成 5 个子字符串。

代码清单 9.47　正则匹配示例

```
1.  jshell> String s = "aa12bb43cc66dd88ee";
2.  s ==> "aa12bb43cc66dd88ee"
3.
4.  jshell> s.split("\\d+");
5.  $19 ==> String[5] { "aa", "bb", "cc", "dd", "ee" }
```

通过上面正则表达式的使用我们体会到了使用正则表达式的便利，它的强大之处在于提供了强有力的表达语法，通过短短的语法表达式便能对复杂的规则进行描述。

9.9.1 匹配单个字符

表 9.12 是字符匹配的语法。对于普通字符，直接由字符本身进行匹配，比如 A 匹配 A，B 匹配 B。但对于一些特殊的字符，如果想匹配就需要特别表示，比如 Unicode 字符、回车符、制表符等。

表 9.12 单字符匹配

字符	说明
某个普通字符	匹配指定的普通字符，比如 A 会匹配 A
\u 四个十六进制数值	匹配指定十六进制数所表示的 Unicode 字符
\t	匹配制表符
\n	匹配换行符
\r	匹配回车符
\f	匹配换页符
\e	匹配 Escape 符

代码清单 9.48 是字符匹配的示例，由于换行符、回车符、换页符、Escape 符等不方便描述，因此这里我们不列出这些例子。此外，我们发现在 Java 代码中使用了两个反斜杠（\\），这是因为 Java 语言层面规定了用两个反斜杠来表示反斜杠，也就是反斜杠本身需要转义。

代码清单 9.48　单字符匹配
```
1.  public class RegexTest {
2.      public static void main(String[] args) {
3.          System.out.println("A".matches("A")); //true
4.          System.out.println("A".matches("B")); //false
5.          System.out.println("你".matches("\u4f60")); //true
6.          System.out.println(" ".matches("\\t")); //true
7.      }
8.  }
```

9.9.2 预定义元字符

正则语法为我们提供了一些预定义的元字符，这些元字符规定了不同的匹配规则，它们不仅提供了强大的功能，而且大大简化了正则表达式规则的编写。常见的预定义元字符如表 9.13 所示，相应示例如代码清单 9.49 所示。

表 9.13 预定义的元字符

元字符	说明
.	匹配任意字符
\d	匹配 0～9 的所有数字
\D	匹配非数字

元字符	说明
\s	匹配所有空白字符，包括空格、制表符、回车符、换页符、换行符等
\S	匹配所有非空白字符
\w	匹配字母、数字、下划线
\W	匹配所有非字母、非数字、非下划线

代码清单 9.49　预定义元字符的使用
```
1.  public class RegexTest3 {
2.      public static void main(String[] args) {
3.          System.out.println("ABC".matches("A.C")); //true
4.          System.out.println("ABC".matches("A..")); //true
5.          System.out.println("@@".matches("..")); //true
6.          System.out.println("1-1".matches("\\d-\\d")); //true
7.          System.out.println("110".matches("\\d\\d\\d")); //true
8.          System.out.println("1A".matches("\\d\\D")); //true
9.          System.out.println("Ee".matches("\\D\\D")); //true
10.         System.out.println(" ".matches("\\s")); //true
11.         System.out.println("  ".matches("\\s")); //true
12.         System.out.println("FFF".matches("\\S\\S\\S")); //true
13.         System.out.println("G1 ".matches("\\S\\d\\s")); //true
14.         System.out.println("w_j".matches("\\w\\w\\w")); //true
15.         System.out.println("zzx".matches("zz\\w")); //true
16.         System.out.println("#1#".matches("\\W\\w\\W")); //true
17.         System.out.println("@#%".matches("\\W\\W\\W")); //true
18.     }
19. }
```

9.9.3　次数限定符

正则表达式还提供了次数限定符语法，它们用于描述匹配的次数范围。常用的次数限定符如表 9.14 所示，相应示例如代码清单 9.50 所示。

表 9.14　次数限定符

限定符	说明
*	匹配零次或零次以上
+	匹配一次或一次以上
?	匹配零次或一次
{n}	匹配 n 次
{n,}	匹配 n 次或 n 次以上
{n,m}	匹配 n~m 次

代码清单 9.50　次数限定符的使用
```
1.  public class RegexTest4 {
2.      public static void main(String[] args) {
3.          System.out.println("ABC".matches("ABC\\d*")); //true
```

```
4.      System.out.println("ABC1".matches("ABC\\d*"));    //true
5.      System.out.println("ABC123".matches("ABC\\d*"));  //true
6.      System.out.println("ABC".matches("ABC\\d+"));     //false
7.      System.out.println("ABC1".matches("ABC\\d+"));    //true
8.      System.out.println("ABC123".matches("ABC\\d+"));  //true
9.      System.out.println("ABC".matches("ABC\\d?"));     //true
10.     System.out.println("ABC1".matches("ABC\\d?"));    //true
11.     System.out.println("ABC123".matches("ABC\\d?"));  //false
12.     System.out.println("ABC".matches("ABC\\d{3}"));   //false
13.     System.out.println("ABC1".matches("ABC\\d{3}"));  //false
14.     System.out.println("ABC123".matches("ABC\\d{3}"));//true
15.     System.out.println("ABC".matches("ABC\\d{3}"));   //false
16.     System.out.println("ABC1".matches("ABC\\d{3}"));  //false
17.     System.out.println("ABC123".matches("ABC\\d{3}"));//true
18.     System.out.println("ABC".matches("ABC\\d{2,}"));  //false
19.     System.out.println("ABC12".matches("ABC\\d{2,}"));//true
20.     System.out.println("ABC123".matches("ABC\\d{2,}"));//true
21.     System.out.println("ABC".matches("ABC\\d{2,3}"));  //false
22.     System.out.println("ABC12".matches("ABC\\d{2,3}"));//true
23.     System.out.println("ABC123".matches("ABC\\d{2,3}"));//true
24.    }
25. }
```

9.9.4 方括号表达式

相比于预定义元字符，方括号提供了一种更加灵活且全面的表达方式，方括号表达式用于匹配其中包含的任意字符，还能在方括号中使用"-""^""&&"以及方括号嵌套等实现更复杂的逻辑，详细说明如表9.15所示，可以通过代码清单9.51帮助理解。

表9.15 方括号的作用

方括号表达式	说明
[]	匹配方括号中包含的任意一个字符，比如[ABC]匹配A、B或C
方括号中的-	描述匹配的字符范围，比如[A-E]匹配A~E的任意字符
方括号中的^	表示非，比如[^ABC]匹配非A、B、C的任意字符
方括号中的&&	表示与，比如[A-F&&ABC]匹配A、B或C中的任意字符
方括号嵌套	表示并，比如[ABC[XYZ]]匹配A、B、C、X、Y或Z中的任意字符

代码清单9.51 方括号表达式的使用
```
1. public class RegexTest5 {
2.    public static void main(String[] args) {
3.       System.out.println("CC".matches("[ABC]{2}"));    //true
4.       System.out.println("CEE".matches("[A-E]{2,}"));  //true
5.       System.out.println("XXYZ".matches("[^ABC]+"));   //true
6.       System.out.println("ABA".matches("[A-F&&ABC]{3}"));//true
7.       System.out.println("AACXZ".matches("[ABC[XYZ]]+"));//true
8.    }
9. }
```

9.9.5 开头符与结尾符

有时我们需要匹配开头与结尾的字符，此时就可以使用开头符（^）和结尾符（$）。我们直接通过代码清单 9.52 进行理解，可以发现前三个匹配结果都为 true，即在规则前后分别加^和$与不加的匹配结果都一样。但如果调用 replaceAll()方法进行正则替换时则匹配结果不同，很明显使用了^符号的只会匹配开头的那个字符并将其替换，使用了$符号的只会匹配结尾的那个字符并将其替换，两者都不使用的情况下会替换所有匹配的字符。

代码清单 9.52　开头符与结尾符

```
1.  public class RegexTest6 {
2.    public static void main(String[] args) {
3.      System.out.println("AA123".matches("^AA\\d{3}")); //true
4.      System.out.println("AA123".matches("AA\\d{3}")); //true
5.      System.out.println("AA123".matches("AA\\d{3}$")); //true
6.      System.out.println("AA123".replaceAll("^A", "B")); //BA123
7.      System.out.println("AA123".replaceAll("A", "B")); //BB123
8.      System.out.println("AA123".replaceAll("\\d$", "N")); //AA12N
9.      System.out.println("AA123".replaceAll("\\d", "N")); //AANNN
10.   }
11. }
```

9.9.6 或逻辑符

如果有两个或两个以上的正则表达式需要通过"或"逻辑拼接起来，那么可以使用或（|）逻辑符。比如"AA|BB"能匹配"AA"或"BB"，再如"[0-5]{2}|[a-e]{3}"能匹配两个 0～5 的数字或三个 a～e 的字母。使用示例如代码清单 9.53 所示。

代码清单 9.53　或逻辑符的使用

```
1.  public class RegexTest7 {
2.    public static void main(String[] args) {
3.      System.out.println("AA".matches("AA|BB")); //true
4.      System.out.println("BB".matches("AA|BB")); //true
5.      System.out.println("AB".matches("AA|BB")); //false
6.      System.out.println("02".matches("[0-5]{2}|[a-e]{3}")); //true
7.      System.out.println("020".matches("[0-5]{2}|[a-e]{3}")); //false
8.      System.out.println("abc".matches("[0-5]{2}|[a-e]{3}")); //true
9.      System.out.println("abcde".matches("[0-5]{2}|[a-e]{3}")); //false
10.   }
11. }
```

9.9.7 Pattern 类

前面我们的正则表达式都是通过 String 类提供的 matches()方法和 replaceAll()方法来实现的，但 String 类并不能满足正则匹配的所有需求，此时就需要 JDK 为我们提供的更加强大的正则工具类，包括 Pattern 和 Matcher 两个核心类，它们位于 java.util.regex 包中。

Pattern 类用于创建一个正则表达式对象，所创建的对象表示对应的匹配规则。该类一般需要与另一个核心类 Matcher 一起使用才会发挥出强大的功能，不过 Pattern 类也能单独使用来实现一些简单的匹配操作。Pattern 类的常用方法如表 9.16 所示。

表 9.16　Pattern 类的常用方法

方法	说明
static Pattern compile(String regex)	根据正则表达式创建 Pattern 对象
String pattern()	返回 Pattern 对象所对应的正则表达式
static boolean matches(String regex, CharSequence input)	根据指定的正则表达式来匹配字符串，若匹配成功，返回 true
String[] split(CharSequence input)	根据正则表达式规则对字符串进行分割
Matcher matcher(CharSequence input)	创建一个 Matcher 对象并指定要匹配的字符串

代码清单 9.54 是 Pattern 类的使用示例，仅有 Pattern 类的情况下只能实现简单的功能，比如某个字符串是否匹配某个正则表达式，或对某个字符串按正则表达式进行分割。

代码清单 9.54　Pattern 类的使用

```
1.  public class RegexTest14 {
2.      public static void main(String[] args) {
3.          Pattern p = Pattern.compile("\\s");
4.          System.out.println(p.pattern());
5.          System.out.println(Pattern.matches("\\d*", "1231"));
6.          System.out.println(Pattern.matches("\\d*", "1231d"));
7.          String[] strs = p.split("123 342 243 32");
8.          for (String s : strs)
9.              System.out.println(s);
10.     }
11. }
```

输出结果：

```
1.  \s
2.  true
3.  false
4.  123
5.  342
6.  243
7.  32
```

9.9.8　Matcher 类

Matcher 类表示匹配器，它是一个正则匹配引擎，能通过 Pattern 对象进行更复杂的匹配功能，比如可以获取索引位置和分组匹配等。它的常用方法如表 9.17 所示。

表 9.17　Matcher 类的常用方法

方法名	说明
boolean matches()	判断表达式与字符串是否完整匹配
boolean find()	尝试在未匹配字符串中进行匹配
boolean find(int start)	从指定位置开始进行匹配

方法名	说明
String group()	获取当前匹配的字符串
String group(int group)	获取分组匹配中指定索引的分组
int start()	返回匹配的字符串的起始索引
int start(int group)	返回分组匹配中指定索引的分组起始索引
int end()	返回匹配的字符串的结束位置加 1
int end(int group)	返回分组匹配中指定索引的分组结束位置加 1
boolean lookingAt()	判断表达式是否能从字符串开头匹配

代码清单 9.55 展示了如何使用 Pattern 类和 Matcher 类来实现正则匹配。注意 matches()、find() 和 lookingAt() 这三个方法都能执行匹配操作，其中 matches() 方法必须完整匹配才为 true，lookingAt() 方法需要从开头匹配才为 true，find() 方法可以匹配未匹配过的子串，每调用一次 find() 方法就会接着往下匹配尚未匹配过的子串。

代码清单 9.55　使用 Pattern 类和 Matcher 类来实现正则匹配

```
1.  public class RegexTest15 {
2.    public static void main(String[] args) {
3.      Pattern p = Pattern.compile("\\d+");
4.      Matcher m = p.matcher("22aa33");
5.      System.out.println(m.matches());
6.      Matcher m2 = p.matcher("2233");
7.      System.out.println(m2.matches() + "->[" + m2.start() + ":" + m2.end() + "]");
8.      Matcher m3 = p.matcher("aa2233");
9.      System.out.println(m3.lookingAt());
10.     Matcher m4 = p.matcher("22aa33");
11.     System.out.println(m4.lookingAt() + "->[" + m4.start() + ":" + m4.end() + "]");
12.     Matcher m5 = p.matcher("22bb33");
13.     System.out.println(m5.find() + "->[" + m5.start() + ":" + m5.end() + "]");
14.     System.out.println(m5.find() + "->[" + m5.start() + ":" + m5.end() + "]");
15.     Matcher m6 = p.matcher("aa2233");
16.     System.out.println(m6.find() + "->[" + m6.start() + ":" + m6.end() + "]");
17.     Matcher m7 = p.matcher("aabb");
18.     System.out.println(m7.find());
19.   }
20. }
```

输出结果：

```
1.  false
2.  true->[0:4]
3.  false
4.  true->[0:2]
5.  true->[0:2]
6.  true->[4:6]
7.  true->[2:6]
8.  false
```

我们再通过代码清单 9.56 来看看 find() 方法的常规用法，正则表达式 "\w+" 不匹配空格，所以通过 while 循环能不断匹配到下一个子串，最终将每个单词都匹配出来，而且还能通过 start() 方法和 end()方法获取每次匹配的子串的索引位置。

代码清单 9.56　find()方法的用法

```
1.  public class RegexTest16 {
2.    public static void main(String[] args) {
3.        String str = "welcome to java world";
4.        Matcher m = Pattern.compile("\\w+").matcher(str);
5.        while (m.find()) {
6.            System.out.println(m.group() + "->[" + m.start() + ":" + m.end() + "]");
7.        }
8.    }
9.  }
```

输出结果：

```
1. welcome->[0:7]
2. to->[8:10]
3. java->[11:15]
4. world->[16:21]
```

考考你

- 什么是正则表达式？
- 正则表达式有什么作用？在什么场景下使用？
- String 类提供了哪些支持正则表达式的方法？
- 如果正则表达式要匹配"我"字该如何编写匹配规则？
- 正则表达式的\d、\s、\w 分别表示什么意思？
- 正则语法规定是一个反斜杠，但编程时为什么要写两个反斜杠？
- 如果要对匹配次数进行限定该怎么做？
- 如何指定匹配开头与结尾的字符？
- 正则表达式中的方括号的作用是什么？
- Pattern 类有什么用处？Matcher 类有什么用处？
- String 类已提供了正则功能，为什么还需要 Pattern 类和 Matcher 类？
- Matcher 类的 matches()、find()和 lookingAt()这三个方法有什么不同？

动手做一做

- 提取"你好，13769607605 的用户，13564970805 的用户，13739858687 的用户"这段话中的所有手机号码。
- 使用正则表达式编写一个邮箱地址合法性的检测规则。

第 10 章

异常、注解与泛型

10.1 Java 的异常处理机制

所谓异常就是不正常的情况,任何程序都无法百分之百避免异常的发生,因为有些异常是可预测的,而有些异常则很难预测。异常通常是由程序缺陷或外部输入错误所引起的,有些异常很严重,一旦出现就没有挽回的余地,而有些异常经过处理后程序还可以继续运行,所以编程语言一般提供了对异常的捕获和处理机制。

Java 语言将异常封装成对象,不同类型的异常会被定义成不同的异常类。为了程序运行的健壮性,编程时就必须处理好可能会出现的异常。异常作为一个突发事件会在程序正常流程中突然出现,这个过程称为程序抛出异常,抛出异常后就要捕获它并对它进行处理。常见的 Java 异常包括空指针、数组索引越界、除数为零、内存溢出和内存不足等。

总体来说,Java 提供的异常处理机制能使程序更加健壮地运行。通过图 10.1 可以看到没有异常处理机制与有异常处理机制的差别,在没有提供异常处理机制的情况下,当程序执行到语句 4 时发生了异常,此时程序将直接结束,而如果有异常处理机制的话则可以捕获到发生的异常并对其进行处理,然后继续往下执行其他语句,从而保证了程序在异常出现的情况下还能正常往下执行。

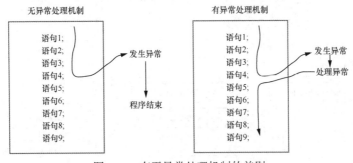

图 10.1 有无异常处理机制的差别

下面通过一个简单的示例来了解 Java 程序的异常，代码清单 10.1 中要进行的计算是"4/2"和"4/0"，其中第一个计算能得到相除后的结果"2"，而第二个计算由于除数为 0 导致了异常，所以它将抛出一个"java.lang.ArithmeticException"异常，然后程序将结束。

代码清单 10.1　程序抛出异常

```
1.  public class ExceptionTest {
2.      public static void main(String[] args) {
3.          int a = 4;
4.          int b = 2;
5.          int c = 0;
6.          System.out.println(a / b);
7.          System.out.println(a / c);
8.      }
9.  }
```

输出结果：

```
1. 2
2. Exception in thread "main" java.lang.ArithmeticException: / by zero
3.   at com.java.exception.ExceptionTest.main(ExceptionTest.java:10)
```

Java 将异常封装成对象，这就要求其将不同类型的异常进行抽象，顶层最基本的类是 Throwable 类，它是所有异常类的基本类，该类派生出 Error 和 Exception 两个类，如图 10.2 所示。

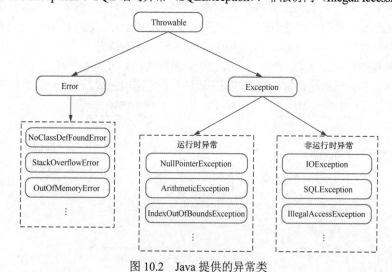

异常-还能补救
错误-无法挽回

- Error 类表示无法挽回的严重错误，比如找不到类定义（NoClassDefFoundError）、堆栈溢出（StackOverflowError）、内存溢出（OutOfMemoryError）等。
- Exception 类主要用来表示用户程序层可能出现的异常，分为运行时异常和非运行时异常。所谓运行时异常是指在运行阶段才会出现的异常，比如空指针（NullPointerException）、算术异常（ArithmeticException）、索引越界（IndexOutOfBoundsException）等。而非运行时异常则是在编译阶段出现的异常，比如输入输出异常（IOException）、SQL 语句异常（SQLException）、非法访问（IllegalAccessException）等。

图 10.2　Java 提供的异常类

考考你
- Java 为什么需要提供异常处理机制？
- Java 提供的异常类中最基本的类是什么？
- Error 类和 Exception 类的区别是什么？

动手做一做
编写一个能产生异常的程序。

10.1.1 try-catch 组合详解

我们编程时经常用 try-catch 组合来捕获异常并处理异常，其中 try 部分用来指定可能抛出异常的代码块，而 catch 部分则用来指定异常类型以及异常发生时的处理逻辑。本节将学习 Java 编程中最基础的异常处理组合。

try-catch 组合的语法如下，将可能发生异常的代码块放在 try 所对应的大括号里面，catch 指定异常类型并将发生异常时要执行的代码块放在对应的大括号里面，其中 e 是异常发生时生成的指定异常类型的对象，该对象包含了所发生异常的相关信息。

```
1.  try{
2.       可能发生异常的代码块
3.  }catch(异常类型 e){
4.       发生异常 e 时执行的代码块
5.  }
```

图 10.3 是 try-catch 组合的执行流程图，首先尝试执行 try 包含的代码块，如果整个过程没有发生

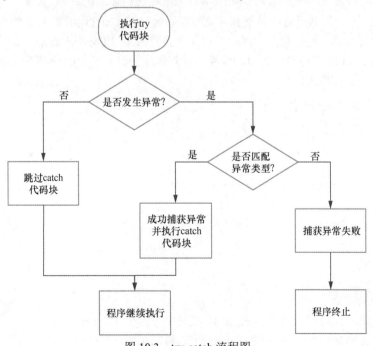

图 10.3 try-catch 流程图

异常则直接跳过 catch 代码块往下继续执行；如果发生异常则会看 catch 指定的异常类型是否与发生的异常相匹配，如果匹配则表示成功捕获到了异常，此时将执行 catch 包含的代码块并往下继续执行；最后，如果异常未匹配则表示捕获异常失败，此时程序终止。

编写程序时如果在可能出现异常的地方不进行异常处理的话会怎样呢？下面看代码清单 10.2，字符串变量 s 为 null，此时调用字符串类的 length()方法会抛出 NullPointerException（空指针异常），因为我们并没有创建字符串对象。最终程序会在抛出异常的地方停止运行，"这里会被执行吗？"并不会被输出，即抛出异常的代码后面的所有代码都不会被执行。

如果我们没有编写捕获异常的代码，当异常发生时，由 JVM 进行处理。JVM 将首先输出异常相关信息（包括哪个线程和哪种异常类型），然后输出堆栈信息（异常发生处往上层层调用的方法），最后使程序终止。

代码清单 10.2　异常导致程序终止

```
1.  public class ExceptionTest3 {
2.      public static void main(String[] args) {
3.          String s = null;
4.          System.out.println(s.length());
5.          System.out.println("这里会被执行吗？");
6.      }
7.  }
```

执行程序后输出如下异常相关信息：

```
1.  Exception in thread "main" java.lang.NullPointerException
2.      at com.java.exception.ExceptionTest3.main(ExceptionTest3.java:7)
```

对于上面的示例，对其进行异常捕获并处理看看会怎样。如代码清单 10.3 所示，使用 try-catch 组合将可能导致异常的代码括起来，然后指定异常类型为 NullPointerException，异常发生时仅通过 "System.out.println(e)" 将异常输出。最终会看到程序在异常发生的情况下也能正常执行，"这里会被执行吗？"会被输出。

代码清单 10.3　捕获异常并处理

```
1.  public class ExceptionTest4 {
2.      public static void main(String[] args) {
3.          String s = null;
4.          try {
5.              System.out.println(s.length());
6.          } catch (NullPointerException e) {
7.              System.out.println(e);
8.          }
9.          System.out.println("这里会被执行吗？");
10.     }
11. }
```

输出结果：

```
1.  java.lang.NullPointerException
2.  这里会被执行吗？
```

当捕获到异常时，可以通过 "catch(xxx)" 括号中的异常对象来获取相关的异常信息。比如对于 "catch(xxx Exception e)"，可以通过以下三个方法

来获取异常信息，这三个方法都属于 Throwable 类的方法，该类是所有异常类的顶层父类，所以所有异常类型的对象都能调用这三个方法，如代码清单 10.4 所示。

- toString()，获取异常相关信息描述。
- getMessage()，获取异常简要信息。
- printStackTrace()，打印异常信息及堆栈信息。

代码清单 10.4　获取异常信息
```
1.  public class ExceptionTest7 {
2.      public static void main(String[] args) {
3.          int[] arr = new int[10];
4.          try {
5.              arr[10] = 100;
6.          } catch (IndexOutOfBoundsException e) {
7.              System.out.println("输出 e.toString(): ");
8.              System.out.println(e.toString());
9.              System.out.println("输出 e.getMessage(): ");
10.             System.out.println(e.getMessage());
11.             System.out.println("直接调用 e.printStackTrace(): ");
12.             e.printStackTrace();
13.         }
14.     }
15. }
```

输出结果：
```
1. 输出 e.toString():
2. java.lang.ArrayIndexOutOfBoundsException: Index 10 out of bounds for length 10
3. 输出 e.getMessage():
4. Index 10 out of bounds for length 10
5. 直接调用 e.printStackTrace():
6. java.lang.ArrayIndexOutOfBoundsException: Index 10 out of bounds for length 10
7.   at com.java.exception.ExceptionTest7.main(ExceptionTest7.java:8)
```

我们重新聚焦"catch(xxx)"括号中的内容，假设我们通过"catch(Exception e)"直接指定捕获的异常类型为 Exception，那么由于它是所有异常的父类，因此能捕获到所有异常。但是如果我们在代码清单 10.5 中将其指定为"catch (IndexOutOfBoundsException e)"，则执行程序时会导致捕获异常失败，这是因为产生的异常类型并非 IndexOutOfBoundsException 类或其子类。

代码清单 10.5　捕获异常失败
```
1.  public class ExceptionTest5 {
2.      public static void main(String[] args) {
3.          String s = null;
4.          try {
5.              System.out.println(s.length());
6.          } catch (IndexOutOfBoundsException e) {
7.              System.out.println(e);
8.          }
9.          System.out.println("这里会被执行吗？");
10.     }
11. }
```

输出结果：

```
1.  Exception in thread "main" java.lang.NullPointerException
2.      at com.java.exception.ExceptionTest5.main(ExceptionTest5.java:8)
```

考考你
- try-catch 组合的语法是什么？
- 不对异常捕获并处理的话 JVM 会如何处理异常？
- 发生异常时异常点后面的代码会被执行吗？
- 应如何设定 catch(xxx)中的异常类型？

动手做一做

编写一个产生 IndexOutOfBoundsException 异常并对其进行捕获并处理的程序。

10.1.2 try-multi-catch 组合详解

前面介绍的 try-catch 组合只能指定捕获一种异常类型，如果想要实现对多种异常类型的捕获则可以通过多个 catch 模块来实现，每个 catch 模块指定一种异常类型和异常处理逻辑，这种方式我们称为 try-multi-catch 组合。

try-multi-catch 组合的语法如下，它是在 try-catch 组合的基础上往后面不断添加 catch 模块来实现对多种异常类型的捕获和处理。注意，异常发生时多个 catch 模块就好比多个条件分支，从第一个 catch 模块开始往下匹配，直到匹配对应的异常类型。

```
1.  try{
2.      可能发生异常的代码块
3.  }catch(异常类型 1 e1){
4.      发生异常 e1 时执行的代码块
5.  }catch(异常类型 2 e2){
6.      发生异常 e2 时执行的代码块
7.  }catch(异常类型 3 e3){
8.      发生异常 e3 时执行的代码块
9.  }...
```

图 10.4 是 try-multi-catch 组合的执行流程图，最开始尝试执行 try 包含的代码块，如果没有发生异常则直接跳过所有 catch 代码块往下继续执行。反之，如果发生了异常则会判断是否是异常类型 1，如果是则进入第一个 catch 代码块。要是异常类型 1 未匹配则尝试匹配异常类型 2，如果匹配则进入第二个 catch 代码块。以此类推，往下匹配每个 catch 指定的异常类型并处理。假如最终没有任何异常类型能匹配，那么表示捕获异常失败，程序将终止。

下面来看看如何使用 try-multi-catch 组合，即在 try-catch 组合的基础上将需要捕获的异常通过多个 catch 连起来。代码清单 10.6 中对 IndexOutOfBoundsException、NullPointerException 和 Exception 三个异常进行捕获，最终匹配了 IndexOutOfBoundsException 异常。

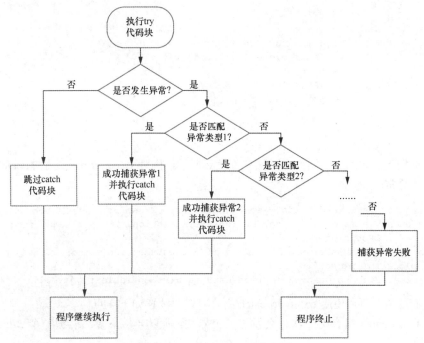

图 10.4　try-multi-catch 流程图

代码清单 10.6　try-multi-catch 组合
```
1.  public class ExceptionTest8 {
2.      public static void main(String[] args) {
3.          int[] arr = new int[10];
4.          try {
5.              arr[10] = 100;
6.          } catch (IndexOutOfBoundsException e) {
7.              e.printStackTrace();
8.          } catch (NullPointerException e) {
9.              e.printStackTrace();
10.         } catch (Exception e) {
11.             e.printStackTrace();
12.         }
13.     }
14. }
```

输出结果：
```
1.  java.lang.ArrayIndexOutOfBoundsException: Index 10 out of bounds for length 10
2.      at com.java.exception.ExceptionTest8.main(ExceptionTest8.java:8)
```

多个 catch 模块要按匹配范围从小到大顺序排列，如果不按这个顺序排列会怎样呢？代码清单 10.7 中，我们把匹配范围最大的 Exception 类放在第一个 catch 模块中，然后放其他异常类，结果发现编译时直接报错了。

代码清单 10.7　异常类型的顺序
```
1.  public class ExceptionTest9 {
2.      public static void main(String[] args) {
3.          int[] arr = new int[10];
4.          try {
```

```
5.                arr[10] = 100;
6.        } catch (Exception e) {
7.            e.printStackTrace();
8.        } catch (NullPointerException e) {
9.            e.printStackTrace();
10.       } catch (IndexOutOfBoundsException e) {
11.           e.printStackTrace();
12.       }
13.    }
14. }
```

报错信息如下，意思是后面的异常捕获都没必要了，因为 Exception 类对应的 catch 模块会优先捕获到这些异常。

```
1. Exception in thread "main" java.lang.Error: Unresolved compilation problems:
2.    Unreachable catch block for NullPointerException. It is already handled by the catch block for Exception
3.    Unreachable catch block for IndexOutOfBoundsException. It is already handled by the catch block for Exception
4.    at com.java.exception.ExceptionTest9.main(ExceptionTest9.java:11)
```

最后我们总结一下，使用 try-multi-catch 组合时需要注意如下 4 点。

- try-multi-catch 组合中一次只会发生一个异常，所以异常最多只能被一个 catch 模块捕获并处理。
- 如果 try 代码块中包含发生多个异常的代码，那么在第一个异常发生后其余代码就不会被执行了，所以 try 代码块中只可能发生最早出现的那个异常。
- 当异常发生时，多个 catch 模块将按顺序依次被匹配，直到匹配第一个 catch 模块。
- 多个 catch 模块要按匹配范围从小到大顺序排列，比如有三个异常类的继承关系 Exception-RuntimeException-NullPointerException，那么范围从小到大依次是 NullPointerException 类、RuntimeException 类和 Exception 类。

> **考考你**
> - try-catch 组合与 try-multi-catch 组合有什么不同？
> - try 包含的代码块可能会同时发生两个异常吗？
> - 一个异常匹配 catch 模块后会继续往下尝试匹配下一个 catch 模块吗？
> - 多个 catch 模块的异常类型应如何排列？

> **动手做一做**
> 尝试编写一个 try-multi-catch 组合示例。

10.1.3　try-catch-finally 组合详解

在使用 try-catch 组合捕获异常时，有些代码不管是放在 try 代码块还是 catch 代码块中都无法保证它一定会被执行，然而有些代码是必须执行的，比如打开网络连接和磁盘文件后必须要对其关闭从而回收资源，这时就需要把资源关闭和回收的代码放到 finally 模块中，这种方式我们称为 try-catch-finally 组合。

try-catch-finally 组合的语法如下，它是在 try-catch 组合（当然也可以是 try-multi-catch 组合）的基础上在后面添加一个 finally 模块来实现。finally 后的大括号里指定必须执行的代码块，这里的代码块不管异常有没有被成功处理都会被执行。

```
1.   try{
2.       可能发生异常的代码块
3.   }catch(异常类型 e){
4.       发生异常 e 时执行的代码块
5.   }finally{
6.       必执行的代码块
7.   }
```

图 10.5 是 try-catch-finally 组合的执行流程图，其中大部分流程与 try-catch 组合一样，唯一不同的地方在于不管有没有发生异常或者有没有成功捕获异常都将执行 finally 代码块。

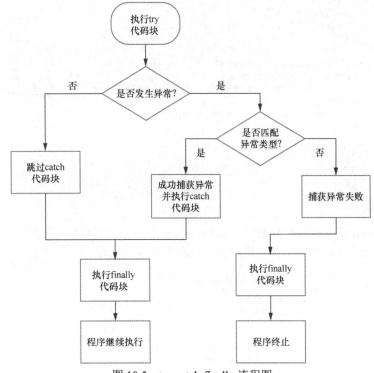

图 10.5　try-catch-finally 流程图

对于 finally 代码块，我们主要关注三种情况。第一种是当 try 代码块没有发生异常时，将在执行完 try 代码块后执行 finally 代码块，如代码清单 10.8 所示。

代码清单 10.8　未发生异常的情况
```
1.   public class ExceptionTest10 {
2.       public static void main(String[] args) {
3.           try {
4.               int a = 20 / 1;
```

```
5.          System.out.println("a = " + a);
6.      } catch (ArithmeticException e) {
7.          System.out.println("捕获到异常并进行处理");
8.      } finally {
9.          System.out.println("必执行代码");
10.     }
11.    }
12. }
```

输出结果：

```
1.  a = 20
2.  必执行代码
```

第二种是当成功捕获到异常时，将在执行完 catch 代码块后执行 finally 代码块，如代码清单 10.9 所示。

代码清单 10.9　成功捕获异常的情况

```
1.  public class ExceptionTest11 {
2.      public static void main(String[] args) {
3.          try {
4.              int a = 20 / 0;
5.              System.out.println("a = " + a);
6.          } catch (ArithmeticException e) {
7.              System.out.println("捕获到异常并进行处理");
8.          } finally {
9.              System.out.println("必执行代码");
10.         }
11.     }
12. }
```

输出结果：

```
1.  捕获到异常并进行处理
2.  必执行代码
```

第三种是当未能成功捕获到异常时，由于 catch 模块未捕获到异常，因此将由 JVM 输出异常信息，在此之前会先执行 finally 代码块，如代码清单 10.10 所示。

代码清单 10.10　发生异常但未能捕获异常的情况

```
1.  public class ExceptionTest12 {
2.      public static void main(String[] args) {
3.          try {
4.              int a = 20 / 0;
5.              System.out.println("a = " + a);
6.          } catch (IndexOutOfBoundsException e) {
7.              System.out.println("捕获到异常并进行处理");
8.          } finally {
9.              System.out.println("必执行代码");
10.         }
11.     }
12. }
```

输出结果：

```
1.  必执行代码
2.  Exception in thread "main" java.lang.ArithmeticException: / by zero
3.      at com.java.exception.ExceptionTest12.main(ExceptionTest12.java:7)
```

> **考考你**
> - 为什么 try-catch 组合中还要加个 finally 模块？
> - finally 快的代码只有在成功捕获到异常时才会被执行吗？
> - 你能想到哪些代码必须放在 finally 模块中？

> **动手做一做**
> 编写一个 try-catch-finally 组合的示例并查看能不能执行。

10.1.4 throw 关键字

简单来说，throw 关键字的作用如其名，即抛出异常。如果某个方法的某处被明确认定需要产生某种异常，那么可以在该处通过 throw 关键字来抛出某个异常对象。

在程序中手动抛出某个异常时的代码如下。

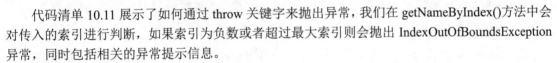

抛抛抛

```
1.   throw new XXXException();
```

或

```
1.   throw new xxxException("异常信息")
```

代码清单 10.11 展示了如何通过 throw 关键字来抛出异常，我们在 getNameByIndex()方法中会对传入的索引进行判断，如果索引为负数或者超过最大索引则会抛出 IndexOutOfBoundsException 异常，同时包括相关的异常提示信息。

代码清单 10.11　抛出异常

```
1.   public class ExceptionTest15 {
2.       public static String[] Names = { "Tom", "Lucy", "Sam", "Lily", "Ryan" };
3.
4.       public static void main(String[] args) {
5.           System.out.println(getNameByIndex(0));
6.           System.out.println(getNameByIndex(-3));
7.           System.out.println(getNameByIndex(5));
8.       }
9.
10.      public static String getNameByIndex(int index) {
11.          if (0 > index)
12.              throw new IndexOutOfBoundsException("index can't be a negative");
13.          if (index > (Names.length - 1))
14.              throw new IndexOutOfBoundsException("out of maximum index.");
15.          return Names[index];
16.      }
17.  }
```

输出如下。注意，当第一个异常抛出后由于程序没有捕获到异常，因此不会继续往下执行，最终终止运行。

```
1.   Tom
2.   Exception in thread "main" java.lang.IndexOutOfBoundsException: index can't be a
negative
3.       at com.java.exception.ExceptionTest15.getNameByIndex(ExceptionTest15.java:14)
4.       at com.java.exception.ExceptionTest15.main(ExceptionTest15.java:8)
```

考考你

- throw 关键字的作用是什么？
- throw 的语法是什么？
- 如果我们要对抛出的异常进行处理应该怎么做？

动手做一做

自己尝试抛出一个异常并对其进行捕获并处理。

10.1.5 throws 关键字

throws 与 throw 只差了一个字母 s，两者容易混淆。throws 关键字用于声明某个方法可能会抛出某种异常，这样就能提示编程人员在使用该方法时要处理对应的异常，如果不处理则无法通过编译。

throws 的语法如下，其实就是在定义方法时在参数列表后面加上 "throws 异常类"，如果有多个异常类则使用逗号分隔，这样便完成了抛出异常的声明。当别人使用该方法时就必须要处理该异常，否则将无法通过编译。

throws用于声明可能会抛出的异常

```
1.    访问修饰符 返回类型 方法名(参数列表) throws 异常类1,异常类2,...{
2.        方法体
3.    }
```

代码清单 10.12 在 test()方法后面声明可能抛出 IOException 异常，test()方法中通过 throw 抛出 IOException 异常，这样在使用 test()方法时就可以使用 try-catch 组合来捕获异常并对其进行处理。

代码清单 10.12　throws 声明可能抛出的异常

```
1.  public class ExceptionTest17 {
2.      public static void main(String[] args) {
3.          try {
4.              test();
5.          } catch (IOException e) {
6.              e.printStackTrace();
7.          }
8.      }
9.
10.     public static void test() throws IOException {
11.         throw new IOException("IO 异常");
12.     }
13. }
```

多个异常的声明也类似，在方法后面使用 throws 声明多个异常类，异常类之间通过逗号进行分隔，如代码清单 10.13 所示。当我们调用对应的方法时就可以使用 try-multi-catch 组合来分别处理不同的异常。

代码清单 10.13　同时声明多个可能抛出的异常

```
1.  public class ExceptionTest18 {
2.      public static void main(String[] args) {
3.          try {
4.              test(false);
```

```
5.         } catch (IOException e) {
6.             e.printStackTrace();
7.         } catch (SQLException e) {
8.             e.printStackTrace();
9.         }
10.    }
11.
12.    public static void test(boolean flag) throws IOException, SQLException {
13.        if (flag == true)
14.            throw new IOException("IO 异常");
15.        else
16.            throw new SQLException("SQL 异常");
17.    }
18. }
```

我们在前面介绍 Java 异常时，说过异常类分为运行时异常和非运行时异常，运行时异常都继承自 RuntimeException 类，而非运行时异常则不继承该类。如果某个方法抛出的是运行时异常，就可以不必使用 throws 来声明异常，编译时也不会报错。而非运行时异常则必须通过 throws 来声明，否则将导致编译时报错。

运行时异常
不用捕获

代码清单 10.14 中，由于 ArithmeticException 是一个运行时异常，因此 divide()方法可以不使用 throws 声明异常，当 main()方法调用 divide()方法时也可以不使用 try-catch 组合来捕获异常，这是因为编译器无法检查运行时异常，无法强制必须处理异常。

代码清单 10.14　抛出运行时异常时方法不用声明异常

```
1.  public class ExceptionTest19 {
2.      public static void main(String[] args) {
3.          divide(3, 1);
4.          divide(3, 0);
5.      }
6.
7.      public static float divide(int a, int b) {
8.          if (b == 0)
9.              throw new ArithmeticException("除数不能为 0!");
10.         return a / b;
11.     }
12. }
```

执行程序后输出如下报错信息并终止运行。

```
1. Exception in thread "main" java.lang.ArithmeticException: 除数不能为 0!
2.     at com.java.exception.ExceptionTest19.divide(ExceptionTest19.java:12)
3.     at com.java.exception.ExceptionTest19.main(ExceptionTest19.java:7)
```

但是如果异常属于非运行时异常，就必须要声明且在调用的地方使用 try-catch 组合捕获异常并处理，否则将无法通过编译。回到前面这个例子，因为 IOException 异常是非运行时异常，所以 test()方法必须通过 throws 来声明异常，而且在 main()方法中调用 test()方法时也必须使用 try-catch 组合来捕获异常并处理，如代码清单 10.15 所示，编译器会强制要求这样做。

代码清单 10.15　抛出非运行时异常时方法需要声明异常

```
1.  public class ExceptionTest17 {
2.      public static void main(String[] args) {
3.          try {
4.              test();
5.          } catch (IOException e) {
6.              e.printStackTrace();
7.          }
8.      }
9.
10.     public static void test() throws IOException {
11.         throw new IOException("IO异常");
12.     }
13. }
```

> **考考你**
> - throws 关键字的作用是什么？
> - throw 和 throws 的区别是什么？
> - 如何声明多个异常？
> - 哪种类型的异常所对应的方法可以不声明？

10.2　Java 的注解

注解（Annotation）是一种特殊的注释信息，它可以对类、接口、方法以及属性进行描述以提供额外的补充信息。我们知道注释信息会被编译器忽略，而注解则会被编译器和 JVM 利用起来从而实现某些功能。注解都是以@开头，比如@Override 注解作用在某个方法上表示重写方法，注解并不会改变程序运行的结果。

注解是特殊的注释它以@符号开头

JDK 为我们提供了一些常用的内置注解，包括@Override、@Deprecated 和@SuppressWarnings 等。当我们在编写程序时经常会用到这些注解，它们分别表示重写、弃用和忽略警告，下面将分别对每个注解进行讲解。

10.2.1　@Override

@Override 表示某个类重写了父类或接口的方法，它只能用于标注在方法上，@Override 主要有以下两个好处。

- 使代码可读性更高，当我们阅读代码时，看到@Override 就知道对应的方法重写了父类或接口的方法。
- 协助检查代码，通过@Override 注解的方法能确保子类与父类或接口之间方法声明的一致性，假如不小心修改导致不一致则编译器会自动检查并报错。

我们来看代码清单 10.16，AnnotationOverrideTest 类的两个方法都使用了@Override 注解，其中 toString()方法重写了 Object 类的 toString()方法，而 test()方法则是 AA 接口定义的方法。这样我们在阅读代码时就知道这两个方法都是重写了父类或接口的方法，而且编译器会保证它们与原方法声明的一致性。

代码清单 10.16　@Override 注解的使用

```
1.  public class AnnotationOverrideTest implements AA {
2.      @Override
3.      public String toString() {
4.          return "Hello";
5.      }
6.
7.      @Override
8.      public void test() {
9.          System.out.println("test");
10.     }
11. }
12.
13. interface AA {
14.     public void test();
15. }
```

10.2.2　@Deprecated

@Deprecated 注解可用于标注类、方法和属性，表示对应的类、方法或属性已经弃用了，不推荐使用，编译器会对调用被@Deprecated 标注的元素给出警告信息。图 10.6 是@Deprecated 的示例，我们将 DeprecatedClass 类、类属性以及方法都标注为@Deprecated，此时如果使用该类则编译器会提示警告，不过还是能正常运行。注意，不一定要在所有地方都标注@Deprecated，哪个元素被标注则在使用该元素时就会被提示警告。

```
public class AnnotationDeprecatedTest {
    public static void main(String[] args) {
        DeprecatedClass d = new DeprecatedClass();
        d.test();
        String s = d.name;
    }
}
@Deprecated
class DeprecatedClass {
    @Deprecated
    public String name;

    @Deprecated
    public void test() {
        System.out.println("test");
    }
}
```

图 10.6　@Deprecated 注解在 IDEA 中的提示

10.2.3　@SuppressWarnings

@SuppressWarnings 注解用于抑制警告信息，也就是告知编译器可以忽略哪些特定警告信息。通常我们在确认编译器的警告没问题的情况下，可以使用@SuppressWarnings 注解来消除这些警告信息。@SuppressWarnings 注解一般作用在类或方法上，对应不同的作用范围。

将警告信息隐藏起来

@SuppressWarnings 注解的方式如下。其中小括号中指定要抑制的警告信息类型，可以是字符串也可以是数组。@SuppressWarnings 包含了一个 value 属性，前两种方式省略了该属性名，而最后一种方式则显式写明了 value 属性。

1. @SuppressWarnings("")
2. @SuppressWarnings({})
3. @SuppressWarnings(value={})

代码清单 10.17 是@SuppressWarnings 注解的示例。List 需要指定泛型类型，这里我们没有指定，所以编译器会产生警告信息，这种情况下我们可以通过@SuppressWarnings("rawtypes")清除警告信息。

代码清单 10.17　@SuppressWarnings 注解的使用

```
1. public class AnnotationSuppressWarningsTest {
2.     @SuppressWarnings("rawtypes")
3.     public static List createList() {
4.         List list = new ArrayList();
5.         return list;
6.     }
7. }
```

当我们想要抑制多种警告类型时可以按代码清单 10.18 中数组的形式实现。当然如果想抑制全部警告信息，可以使用@SuppressWarnings("all")。

代码清单 10.18　通过数组形式抑制多种警告类型

```
1. public class AnnotationSuppressWarningsTest2 {
2.     @SuppressWarnings({ "rawtypes", "unchecked" })
3.     public static List createList(String s) {
4.         List list = new ArrayList();
5.         list.add(s);
6.         return list;
7.     }
8. }
```

> **考考你**
> - Java 提供了哪些内置的注解？
> - @Override 能给我们带来什么好处？
> - 被@Deprecated 标注的方法表示已经弃用了，如果使用会导致程序报错吗？

10.3　Java 的泛型

泛型（Generics）是 Java 语言引入的一个非常重要的机制，它允许程序在编译阶段检查类型是否非法，进而可以避免类型转换失败的风险。泛型一般应用于方法和类，被声明了泛型的方法和类可以不明确指定某个类型，它就好比模板，可以匹配多种类型。

我们先了解一下泛型标记符，这些标记符用于表示不同的类型，它能匹配传入的任意 Java 类型。常见的泛型标记符如下：

- E,即 Element,用于表示集合元素的类型。
- T,即 Type,用于表示常规类型。
- K,即 Key,用于表示键值对中键的类型。
- V,即 Value,用于表示键值对中值的类型。
- N,即 Number,用于表示数值类型。

实际上 Java 并没有限定只能用以上这些符号作为泛型标记符,我们可以使用 A~Z 中的任意一个英文字母作为标记符,编译器也能编译成功。之所以提出以上五个标记符是为了增加代码的可读性,这只是一种开发约定。

10.3.1 泛型方法

泛型方法是指一个方法具备了泛型的机制,它可以接收不同类型的参数,在调用时传入任意类型的参数,编译器能够根据不同类型的参数处理不同类型的方法调用。

下面来看泛型方法的语法,其实就是在普通方法中添加泛型标记符,同时参数列表的类型也要使用泛型标记符。

```
1.   访问修饰符 非访问修饰符 <泛型标记符> 返回类型 方法名(参数列表){
2.       方法体
3.   }
```

下面是泛型方法的 7 个示例,仔细观察它与普通方法之间的差异,其中的 T 和 E 就是泛型标记符,参数列表中的泛型参数不影响其他参数,顺序也可以根据需要确定。此外,方法的返回值类型也可以用泛型标记符表示。

```
1.   public <T> String join(T t)
2.   public <T> T join(T t)
3.   public <T> String join(T t,int num)
4.   public <T> String join(int num,T t)
5.   public <T> void join(T t)
6.   public static <T> String join(T t)
7.   public <E> void printArray(E[] arr)
```

如果需要,我们还可以在一个方法中声明多个泛型标记符。比如下面的两个示例,每个方法都同时声明了 T 和 E 两个泛型参数。

```
1.   public <T,E> String join(T t,E e)
2.   public <T,E> String join(T t,E e,int num)
```

根据上述泛型方法的语法编写代码清单 10.19,定义一个 print()泛型方法,调用时传入两个参数,第一个参数可以是 Double 类型、Integer 类型、String 类型或其他任意引用类型。注意对于基本数据类型,编译器会自动转换成对应的包装类,比如"10.11"会转换为 Double 类型,而"10"则会转换为 Integer 类型。

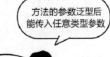

代码清单 10.19 泛型方法示例

```
1.   public class GenericsTest6 {
2.       public static void main(String[] args) {
3.           print(10.11, "Double");
4.           print(10, "Integer");
```

```
5.            print("hello", "String");
6.        }
7.
8.        public static <E> void print(E e, String s) {
9.            if (s.equals("Double"))
10.               System.out.println("E is a Double type : " + e);
11.           if (s.equals("Integer"))
12.               System.out.println("E is a Integer type : " + e);
13.           if (s.equals("String"))
14.               System.out.println("E is a String type : " + e);
15.       }
16.   }
```

输出结果:

```
1.    E is a Double type : 10.11
2.    E is a Integer type : 10
3.    E is a String type : hello
```

10.3.2 泛型类型

泛型类型是指一个类具备了泛型的机制，它可以接收不同类型的参数，在创建对象时传入指定类型的参数。泛型类型的语法如下，其实就是在普通类的类名后面添加泛型标记符。

```
1.   访问修饰符 class 类名<泛型标记符>{
2.
3.   }
```

下面是泛型类型定义的例子，可以在类名后面添加<E>使类具备泛型机制，当然也支持多个类型参数，即用多个泛型标记符来表示，比如<E,T,K,V>。

```
1.   public class GenericsTest<E>
2.   public class GenericsTest<E,T,K,V>
```

根据泛型类型语法我们来看下面的代码清单 10.20，其中 Result<T>是我们定义的泛型类，可以在创建对象时通过指定不同的类型来确定 Result 类中 data 属性的类型，比如指定为 Result<String>时 data 属性的类型为 String，而指定为 Result<Info>时 data 属性的类型为 Info。这样我们就可以创建不同类型的对象来保存在 Result 对象中了。

代码清单 10.20　泛型类型示例

```
1.   public class GenericsTest7 {
2.       public static void main(String[] args) {
3.           String data2 = "hello world";
4.           Info data3 = new Info("200", true);
5.           Result<String> r2 = new Result<String>(data2);
6.           Result<Info> r3 = new Result<Info>(data3);
7.           System.out.println(r2);
8.           System.out.println(r3);
9.       }
10.  }
11.
```

```
12. class Result<T> {
13.     T data;
14.
15.     public Result(T t) {
16.         this.data = t;
17.     }
18.
19.     public String toString() {
20.         return data.toString();
21.     }
22. }
23.
24. class Info {
25.     String code;
26.     boolean isSuccess;
27.
28.     public Info(String s, boolean b) {
29.         this.code = s;
30.         this.isSuccess = b;
31.     }
32.
33.     public String toString() {
34.         return code + "-" + isSuccess;
35.     }
36. }
```

输出结果：

```
1. hello world
2. 200-true
```

10.3.3 泛型接口

类似地，我们也可以定义泛型接口，它能让一个普通接口具有泛型的能力。比如在代码清单 10.21 中定义一个 MyInterface<T>泛型接口，里面包含了一个 test(T t)泛型方法，我们就可以在实现接口时指定类型，比如 MyInterface<String>和 MyInterface<int[]>。

代码清单 10.21　泛型接口示例

```
1. public class GenericsTest9 {
2.     public static void main(String[] args) {
3.         new MyImplement().test("hello");
4.         new MyImplement2().test(new int[] { 1, 2, 3, 4, 5 });
5.     }
6. }
7.
8. interface MyInterface<T> {
9.     public abstract void test(T t);
10. }
11.
12. class MyImplement implements MyInterface<String> {
13.     public void test(String s) {
14.         System.out.println(s);
15.     }
16. }
17.
```

```
18. class MyImplement2 implements MyInterface<int[]> {
19.     public void test(int[] arr) {
20.         System.out.println(Arrays.toString(arr));
21.     }
22. }
```

输出结果：

```
1. hello
2. [1, 2, 3, 4, 5]
```

考考你
- 常用的泛型标记符有哪些？
- 可以使用 A 作为泛型标记符吗？
- 如何定义一个泛型方法？
- 如何定义一个泛型类型？
- 如何定义一个泛型接口？

动手做一做
尝试同时定义泛型类型和泛型方法。

第 11 章

文件与 I/O

11.1 Java 文件类

我们都知道计算机一般会将信息存储在硬盘上，为了方便管理，这些信息会被划分为文件和目录的形式来进行存储，并且以树结构来组织它们，比如下面的文件目录结构。在我们使用的 Windows 系统中打开 C 盘后就会看到很多目录和文件。

```
1.  父目录
2.  ├目录 1
3.  │   ├文件 1.jpg
4.  │   ├文件 2.jpg
5.  │
6.  ├目录 2
7.  ├目录 3
8.  │   ├文件 1.txt
9.  │   ├文件 2.txt
10. │   ├文件 3.txt
11. │
12. └目录 4
13.     ├文件 1.jpg
14.     ├文件 2.jpg
15.     ├文件 3.jpg
16.     ├文件 4.jpg
```

为了能访问操作系统中的文件，Java 提供了 File 类来抽象文件和目录，通过该类就能操作对应路径的文件或目录，该类位于 java.io 包内。如果我们想要创建、删除、重命名某个文件等，都可以通过 File 类提供的方法来实现。需要注意的是，File 类没有直接提供访问文件内容的方法，如果要写入或读取文件内容，则还需要与输入输出流结合才能实现。

11.1.1 创建和删除文件或目录

如果想对文件或目录进行操作则需要创建 File 对象，可以通过下面的 4 种构造方法来创建 File

对象，我们可以根据实际情况选择相应的构造方法。

```
1.  File(String pathname)
2.  File(String parent, String child)
3.  File(File parent, String child)
4.  File(URI uri)
```

下面我们分别对这 4 种构造方法中传入的参数进行解释。

- 第一种构造方法传入文件或目录路径的字符串，比如"C:/Windows/comsetup.log"或"C:/Windows"。
- 第二种构造方法传入两个路径字符串，分别为父串和子串，两者连起来作为完整的文件或目录路径，比如"C:/Windows"和"Web/1.jpg"连起来就是"C:/Windows/Web/1.jpg"。
- 第三种构造方法与第二种类似，只是父串变为 File 类。
- 第四种构造方法传入的是 URI 路径，URI 路径是一种网络地址，比如"http://www.×××.com/welcome.html"。

为了方便分步观察，我们通过 JShell 来执行文件的创建和删除操作。先看如何创建一个文件，如代码清单 11.1 所示，只需指定好路径创建一个 File 对象，然后就可以调用 createNewFile()方法来创建文件。注意，初次调用该方法返回 true，表示创建成功，而再次调用则会返回 false，这是因为该文件已经存在。

代码清单 11.1　创建文件
```
1.  jshell> File f = new File("D:/java/test.txt");
2.  f ==> D:\java\test.txt
3.
4.  jshell> f.createNewFile();
5.  $24 ==> true
6.
7.  jshell> f.createNewFile();
8.  $25 ==> false
```

再看文件删除操作，如代码清单 11.2 所示，同样是先指定一个路径创建 File 对象，然后就可以调用 delete()方法进行文件删除。初次调用该方法返回 true，表示删除成功，再次调用返回 false，因为已经不存在该文件了。

代码清单 11.2　删除文件
```
1.  jshell> File f = new File("D:/java/test.txt");
2.  f ==> D:\java\test.txt
3.
4.  jshell> f.delete();
5.  $32 ==> true
6.
7.  jshell> f.delete();
8.  $33 ==> false
```

目录与文件的操作类似，如代码清单 11.3 所示，我们先指定一个目录路径并创建 File 对象，然后就可以调用 mkdir()方法来创建目录，再次调用返回 false，因为已经存在该目录了。最后我们调用 delete()方法来删除该目录，注意删除的目录必须为空目录，如果目录包含了子目录或文件则无法删除。

代码清单 11.3　创建目录

```
1.  jshell> File f = new File("D:/java/test");
2.  f ==> D:\java\test
3.
4.  jshell> f.mkdir();
5.  $44 ==> true
6.
7.  jshell> f.mkdir();
8.  $45 ==> false
9.
10. jshell> f.delete();
11. $46 ==> true
```

11.1.2　文件目录的路径

创建 File 对象时需要我们指定文件或目录的路径，路径分为绝对路径和相对路径两大类。绝对路径就是完整的路径，比如"C:/Windows/Web/1.jpg"就是一个完整的路径，不管程序所在的当前目录是什么，都能通过完整路径定位到指定文件。而相对路径则如其名，它是一种相对于当前目录而言的路径，比如假设程序当前所在目录为"C:/Windows"，那么相对路径"1.jpg"所对应的完整路径为"C:/Windows/1.jpg"。以下特殊符号能用在相对路径中，比如"./1.jpg"表示"C:/Windows/1.jpg"，再如"../1.jpg"表示"C:/1.jpg"。

- "."表示当前所在目录。
- ".."表示当前目录的上一层目录。
- "../../"表示当前目录的上一层的上一层目录。

接着来看一个问题，"C:/Windows/1.jpg"和"C:\Windows\1.jpg"两个路径是不是一样的呢？它们所表示的文件路径是一样的，只是路径分隔符不同而已。在 Windows 系统中的文件路径是以"\"符号进行分隔的，而 Linux 系统中则是使用"/"符号来分隔。

一般来说我们推荐在 Java 中使用"/"符号作为文件路径的分隔符，因为这个符号在 Windows 和 Linux 下都能正常运行，Java 语言对该符号进行了兼容处理。而如果选择"\"符号作为分隔符的话则在 Java 中需要写成"\\"，即两个"\"，因为 Java 中的"\"必须通过转义字符来表示。

下面 4 种路径分隔符写法中的前三种都能正常编译及运行，并能正确表示路径，而最后一种则会导致编译时报错。

```
1.  File f  = new File("D:/java/test.txt");
2.  File f2 = new File("D://java//test.txt");
3.  File f3 = new File("D:\\java\\test.txt");
4.  File f4 = new File("D:\java\test.txt");
```

11.1.3　File 类的常用方法

File 类包含了很多对文件操作的方法，表 11.1 是常用的方法及其描述。这些操作包括获取文件的相关属性、判断文件或目录是否存在、遍历指定目录下的所有文件以及创建和删除文件或目录等。

表 11.1　File 类的常用方法

方法	描述
boolean canExecute()	检测当前程序是否有对指定文件的执行权限
boolean canRead()	检测当前程序是否有对指定文件的读取权限
boolean canWrite()	检测当前程序是否有对指定文件的写入权限
boolean exists()	检测当前 File 对象对应的文件是否存在
boolean isAbsolute()	检测当前 File 对象对应的文件路径是否为绝对路径
boolean isDirectory()	检测当前 File 对象是否为目录
boolean isFile()	检测当前 File 对象是否为文件
boolean isHidden()	检测当前 File 对象是否为隐藏文件
String getAbsolutePath()	获取当前 File 对象的绝对路径
String getCanonicalPath()	获取当前 File 对象的标准的绝对路径
String getName()	获取文件名或目录名
String getParent()	获取文件或目录的父目录路径
String getPath()	返回构造方法传入的路径
long lastModified()	获取当前 File 对象的最后修改时间，返回值是 long 型，表示从"1970.1.1 00:00:00"开始到当前时间的总毫秒数
long length()	获取当前 File 对象的文件长度
String[] list()	获取当前目录下的所有文件、目录名
File[] listFiles()	获取当前目录下的所有文件、目录对象
boolean createNewFile()	根据指定文件路径来创建新文件，前提是该文件尚不存在，创建成功则返回 true，创建失败则返回 false
boolean delete()	根据指定文件路径来删除文件，如果删除的是目录则要求该目录必须为空，删除成功则返回 true，删除失败则返回 false
boolean mkdir()	创建指定目录
boolean renameTo(File dest)	重命名为指定文件名

11.1.4　文件重命名

下面我们来看看文件重命名操作，如代码清单 11.4 所示。首先创建 f 和 f2 两个 File 对象，然后执行"f.createNewFile()"创建文件，最后执行"f.renameTo(f2)"将文件名改为"testtest.txt"。

代码清单 11.4　文件重命名

```
1.  jshell> File f = new File("D:/java/test.txt");
2.  f ==> D:\java\test.txt
3.
4.  jshell> File f2 = new File("D:/java/testtest.txt");
5.  f2 ==> D:\java\testtest.txt
6.
7.  jshell> f.createNewFile();
8.  $53 ==> true
```

```
 9.
10. jshell> f.renameTo(f2);
11. $54 ==> true
```

11.1.5 判断文件是否存在

要判断文件或目录是否存在可以通过 exists()方法来实现，代码清单 11.5 中先创建 "D:/java/test.txt"
文件，然后调用 exists()方法，返回 true 表示该文件存在。类似地，如果检测的是 "D:/java" 目录，
同样是存在的。

代码清单 11.5　判断文件是否存在

```
 1. jshell> File f = new File ("D:/java/test.txt");
 2. f ==> D:\java\test.txt
 3.
 4. jshell> f.createNewFile();
 5. $56 ==> true
 6.
 7. jshell> f.exists();
 8. $57 ==> true
 9.
10. jshell> File f = new File("D:/java/");
11. f ==> D:\java
12.
13. jshell> f.exists();
14. $59 ==> true
```

11.1.6 获取文件属性

文件的属性包括文件大小、最后修改时间、是否可读可写等，我们可以通过代码清单 11.6
对应的输出结果仔细观察每一项属性。

代码清单 11.6　获取文件属性

```
 1. public class FileTest3 {
 2.     public static void main(String[] args) throws IOException {
 3.         File f = new File("D:/java/test.txt");
 4.         System.out.println("文件是否有可执行权限：" + f.canExecute());
 5.         System.out.println("文件是否可读：" + f.canRead());
 6.         System.out.println("文件是否可写：" + f.canWrite());
 7.         System.out.println("是否为绝对路径：" + f.isAbsolute());
 8.         System.out.println("是否为目录：" + f.isDirectory());
 9.         System.out.println("是否为文件" + f.isFile());
10.         System.out.println("是否为隐藏文件：" + f.isHidden());
11.         System.out.println("文件最后修改时间：" + new Date(f.lastModified()));
12.         System.out.println("文件大小：" + f.length());
13.         System.out.println("文件的绝对路径为：" + f.getAbsolutePath());
14.         System.out.println("文件的标准路径为：" + f.getCanonicalPath());
15.         System.out.println("文件名为：" + f.getName());
16.         System.out.println("父目录路径为：" + f.getParent());
17.         System.out.println("构造方法传入的路径为：" + f.getPath());
18.     }
19. }
```

输出结果:

```
1.   文件是否有可执行权限: true
2.   文件是否可读: true
3.   文件是否可写: true
4.   是否为绝对路径: true
5.   是否为目录: false
6.   是否为文件 true
7.   是否为隐藏文件: false
8.   文件最后修改时间: Sat Apr 30 10:08:46 CST 2022
9.   文件大小: 0
10.  文件的绝对路径为: D:\java\test.txt
11.  文件的标准路径为: D:\java\test.txt
12.  文件名为: test.txt
13.  父目录路径为: D:\java
14.  构造方法传入的路径为: D:\java\test.txt
```

11.1.7 遍历文件和目录

遍历文件和目录可以使用 listFiles()方法,代码清单 11.7 中使用的路径是".",表示程序运行的当前目录。

代码清单 11.7　遍历文件和目录

```
1.  public class FileTest4 {
2.      public static void main(String[] args) throws IOException {
3.          File f = new File(".");
4.          File[] fs = f.listFiles();
5.          for (File file : fs) {
6.              System.out.println(file.getName());
7.          }
8.      }
9.  }
```

输出如下,可以看到成功遍历了所有文件和目录。

```
1.  .classpath
2.  .project
3.  .settings
4.  bin
5.  src
6.  test.txt
```

考考你?

- 文件和目录有什么区别?
- 创建 File 对象只能用绝对路径吗?
- 绝对路径与相对路径有什么不同?
- "."与".."分别表示什么路径?
- 你会选用哪种路径分隔符?
- 文件具有哪些常见属性?

动手做一做

使用 File 类来创建以下结构的文件和目录。

```
1.      D盘
2.      ├─test1
3.      │   ├─文件1.txt
4.      │   └─文件2.txt
5.      │
6.      └─test2
```

11.2 Java 的输入与输出

为了让大家更好地理解数据的流向而提出了形象化的描述：输入输出。输入输出（Input/Output）更常见的写法是 I/O，这两个过程都是相对于内存而言的，数据从外部设备流向内存称为输入，而数据从内存流向外部设备则称为输出，如图 11.1 所示。

输入输出描述的是外部设备与内存之间数据的流转，不同的外部设备分别对应不同的 I/O 类型，那么常见的 I/O 有哪些种类呢？如图 11.2 所示，编程中我们经常会遇到文件 I/O、控制台 I/O 以及网络 I/O。

图 11.1 输入与输出

- **文件 I/O**：我们经常会将数据以文件的形式保存在硬盘中，当要将文件中的数据读取到内存时就是文件输入，反之将数据写入文件则为文件输出。
- **控制台 I/O**：控制台就是我们经常见到的屏幕，当我们要通过控制台输入数据时就是控制台输入，而要将数据打印到控制台时则为控制台输出。
- **网络 I/O**：我们知道不同计算机都是通过网络互相连接起来的，数据通过网络进行传输，当内存读取网络数据时为网络输入，而当向网络写入数据并传输给其他计算机时则为网络输出。

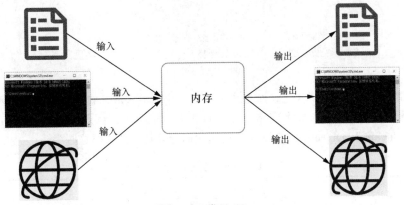

图 11.2 常见 I/O

外部设备与内存之间的数据传输被抽象为流（stream），因为这个过程看起来就像水流一样。如图 11.3 所示，所谓流其实就是一连串由 "0" 和 "1" 构成的二进制数据，这些数据在 Java 中就是一连串字节或字符串。数据从外部设备流动到内存称为输入流，而数据从内存流动到外部设备则称为输出流。

Java 运行时会自动提供标准输入流、标准输出流以及标准错误流这三个标准流，分别对应 "System.in" "System.out" 以及 "System.err"。对于这三个标准流其实我们已经非常熟悉了，在前面章节中经常会看到使用这些标准流来实现控制台信息的输入输出，现在知道为什么我们要将它们称为流了吧！

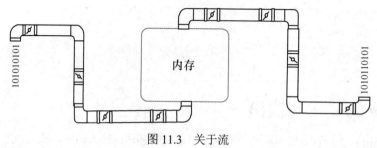

图 11.3　关于流

11.2.1　输入输出类

总体而言，Java 将 I/O 流分为字节流和字符流两个类，如图 11.4 所示。其中字节流是指以字节（byte）为最小单位的流，而字符流则是以字符（char）为最小单位的流。字节流进一步分为字节输入流（InputStream）和字节输出流（OutputStream），字符流则分为读取器（Reader）和写入器（Writer）。Java 将所有与 I/O 流相关的类都放在了 java.io 包内。

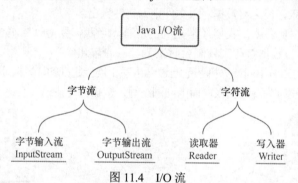

图 11.4　I/O 流

Java 提供的 InputStream 类是一个抽象类，代表字节输入流，它是所有字节输入流的父类。InputStream 类定义了几个字节输入流常见操作的方法，如表 11.2 所示。InputStream 派生出的常用类是 FileInputStream 和 ObjectInputStream，后面我们会分别详细介绍这些类。

表 11.2　InputStream 类的方法

方法	描述
int read()	该方法用于从字节流中读取下一个字节数据，注意这里返回的是一个 0～255 的 int 类型的值，如果字节流到达结束位置则返回-1。调用该方法时如果暂时没有可以读取的数据则会一直阻塞等待，直到有数据到来或者检测到字节流已经结束，又或者产生了 I/O 异常
int read(byte[] b)	该方法用于从字节流中读取若干字节并赋值给 b 数组，返回值表示成功读取的字节数
long skip(long n)	该方法用于跳过字节输入流中的 n 字节，也就是丢弃 n 字节不读取，返回值为实际跳过的字节数
int available()	该方法会返回当前可读取的字节数

续表

方法	描述
void close()	该方法用于关闭字节输入流,与该输入流相关的资源也会被释放
void mark(int readlimit)	在当前流的位置做一个标记,后面调用 reset()方法时将返回到这个位置,其中参数 readlimit 表示标记失效前允许读取的最大字节数
void reset()	返回到 mark()方法标记的流位置

与 InputStream 相对应的是 OutputStream,该类同样是一个抽象类,它是字节输出流,是所有字节输出流的父类。OutputStream 类定义了几个字节输出流常见操作的方法,如表 11.3 所示。OutputStream 派生出的常用类包括 FileOutputStream 和 ObjectOutputStream,它们分别与 InputStream 派生的类相对应。

表 11.3 OutputStream 类的方法

方法	描述
void write(int b)	该方法用于将一个 int 类型的值的低 8 位写入字节输出流,注意 int 类型是 32 位的,而字节是 8 位的,所以只能取 8 位
void write(byte[] b)	该方法用于将一个字节数组写入字节输出流
void flush()	该方法用于执行刷新操作,此操作将会强制输出所有输出流中缓冲的数据
void close()	该方法用于关闭字节输出流,与该输出流相关的资源也会被释放

Java 提供了 Reader 类(读取器)用于表示字符输入流,它是一个抽象类,而且是所有字符输入流的父类。Reader 类定义了几个字符输入流常见操作的方法,如表 11.4 所示。Reader 派生出的常用类是 FileReader,后面我们会详细介绍。

表 11.4 Reader 类的方法

方法	描述
int read(char cbuf[])	该方法用于读取字符输入流中的数据到指定字符数组中,调用该方法时如果暂时没有可以读取的数据则会一直阻塞等待,直到有数据可读或者检测到字符流已经结束,又或者产生了 I/O 异常。返回值表示成功读取的字符数,如果到达字符流结束位置则返回-1
int read()	该方法用于从字符输入流中读取一个字符,读取的值是一个字符类型,所以值范围是 0~65535
long skip(long n)	该方法用于跳过字符输入流中的 n 个字符,也就是丢弃 n 个字符不读取,如果当前字符流中的字符数不够 n 则会阻塞等待,返回值为实际跳过的字符数
boolean ready()	该方法用于检测输入流是否已经准备好
void close()	该方法用于关闭字符输入流,与该输入流相关的资源也会被释放
void mark(int readlimit)	在当前流的位置做一个标记,后面调用 reset()方法时将返回到这个位置,其中参数 readlimit 表示标记失效前允许读取的最大字符数
void reset()	返回到 mark()方法标记的流位置

与 Reader 类相对应，Java 提供了 Writer 类（写入器）用于表示字符输出流，它也是一个抽象类，是所有字符输出流的父类。Writer 类定义了几个字符输出流常见操作的方法，如表 11.5 所示。Writer 派生出的常用类是 FileWriter。

表 11.5　Writer 类的方法

方法	描述
void write(int c)	该方法用于将一个 int 类型的值的低 16 位写入字符输出流，注意 int 类型是 32 位的，而字符是 16 位的，所以只能取 16 位
void write(char cbuf[])	该方法用于将一个字符数组写入字符输出流
void write(String str)	该方法用于将一个字符串对象写入字符输出流
Writer append(char c)	该方法用于将一个字符追加到字符输出流中
void flush()	该方法用于执行刷新操作，此操作将会强制输出所有输出流中缓冲的数据
void close()	该方法用于关闭字符输出流

考考你
- 什么是输入输出？
- 我们经常会用到的 I/O 有哪些？
- 流是什么？输入流和输出流分别又表示什么？
- InputStream 类与 OutputStream 类的常用方法是什么？
- Reader 类与 Writer 类的常用方法是什么？

动手做一做
在 JShell 中使用标准输出流写入数值 100，看看它输出的是什么。

11.2.2　文件输入流

文件输入流（FileInputStream）是很常见的一种字节输入流，如图 11.5 所示。它用于以字节的形式来读取文件，这些文件可以是 Word 文件、文本文件、Excel 文件或图片文件等。FileInputStream 类的父类是 InputStream 类。

图 11.5　文件输入流

11.2 Java 的输入与输出

我们可以通过下面的两种方式来创建 FileInputStream 对象，其不同的地方在于传入的参数类型，一个是 String 类型，另一个是 File 类型。这里的 String 值必须是一个合法的文件路径，它可以是绝对路径也可以是相对路径，比如"new FileInputStream("D:/test.txt")"。

1. FileInputStream(String path)
2. FileInputStream(File file)

下面我们通过一个示例来看看如何使用 FileInputStream 来读取文件内容。我们先在 D 盘创建一个 test.txt 文件，具体文件路径为"D:/test.txt"，在文件中添加如下内容。

1. 12345
2. abc
3. 6789

接着的操作如代码清单 11.8 所示，通过 read()方法来读取文件，每调用一次方法读取 1 字节。我们先读取 1 字节，输出的值分别为"49"和"1"，这是因为文件中的字符"1"是以 ASCII 编码进行存储的，对应的字节值为"49"，所以通过"(char) value"可以转换成真实值。注意这个过程需要尝试捕获异常 FileNotFoundException 和 IOException，这里异常的触发条件包括找不到文件、没有对文件的读写权限等。最终还要用 finally 来确保关闭文件输入流并释放占用的相关资源。

代码清单 11.8　读取文件

```
1.  public class IOtest {
2.      public static void main(String[] args) throws IOException {
3.          FileInputStream fis = null;
4.          try {
5.              fis = new FileInputStream("D:/test.txt");
6.              int value = fis.read();
7.              System.out.println(value);
8.              System.out.println((char) value);
9.          } catch (FileNotFoundException e) {
10.             e.printStackTrace();
11.         } catch (IOException e) {
12.             e.printStackTrace();
13.         } finally {
14.             if (fis != null)
15.                 fis.close();
16.         }
17.     }
18. }
```

将上面的示例稍作改动，通过循环"while ((value = fis.read()) != -1)"来实现对整个文件的读取，如代码清单 11.9 所示，不断通过 read()方法读取下 1 字节，直到值为-1 时停止循环。

代码清单 11.9　FileInputStream 读取文件所有内容

```
1.  public class IOtest2 {
2.      public static void main(String[] args) throws IOException {
3.          FileInputStream fis = null;
4.          try {
5.              fis = new FileInputStream("D:/test.txt");
6.              int value = 0;
7.              while ((value = fis.read()) != -1) {
8.                  System.out.print((char) value);
```

```
9.         }
10.      } catch (FileNotFoundException e) {
11.          e.printStackTrace();
12.      } catch (IOException e) {
13.          e.printStackTrace();
14.      } finally {
15.          if (fis != null)
16.              fis.close();
17.      }
18.  }
19. }
```

输出结果如下，可以看到已经成功读取指定文件的内容。

```
1. 12345
2. abc
3. 6789
```

> **考考你**
> - 文件输入流能读取哪些类型的文件？
> - 如何创建一个 FileInputStream 对象？
> - 如何调用 read() 方法才能读取整个文件？

> **动手做一做**
> 将上述示例中通过 while 循环读取文件的方式改为使用 for 循环实现。

11.2.3　文件输出流

文件输出流（FileOutputStream）用于以字节形式将数据写入文件，如图 11.6 所示。它与 FileInputstream 对应，两者的数据流转方向相反。FileOutputStream 类的父类是 OutputStream 类。

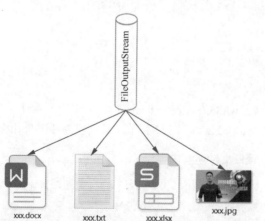

图 11.6　文件输出流

有 4 种构造方法可以创建 FileOutputStream 对象，构造方法可以传入 String 类型或 File 类型的参数，它们对应的路径值必须是一个合法的文件路径，如"new FileOutputStream("D:/test.txt")"。如果输出时指定的文件不存在会自动创建该文件。此外还可以另外传入一个 boolean 类型的值，如果该值为 true，表示写入的内容追加到文件末尾，而如果为 false，则表示清空原来文件的内容从头开始写入。

1. FileOutputStream(String path)
2. FileOutputStream(String path, boolean append)
3. FileOutputStream(File file)
4. FileOutputStream(File file, boolean append)

代码清单 11.10 展示了如何使用 write()方法写入字节数据，首先指定"D:/test.txt"文件路径创建 FileOutputStream 对象，然后调用 6 次 write()方法分别将 a、b、c、1、2、3 写入文件。为了保证文件输出流的关闭，必须要在 finally 块中调用 close()方法。代码执行结果如图 11.7 所示。

图 11.7　文件内容

代码清单 11.10　写入字节数据

```
1.  public class IOtest4 {
2.      public static void main(String[] args) throws IOException {
3.          OutputStream os = null;
4.          try {
5.              os = new FileOutputStream("D:/test.txt");
6.              os.write('a');
7.              os.write('b');
8.              os.write('c');
9.              os.write('1');
10.             os.write('2');
11.             os.write('3');
12.         } catch (FileNotFoundException e) {
13.             e.printStackTrace();
14.         } catch (IOException e) {
15.             e.printStackTrace();
16.         } finally {
17.             os.close();
18.         }
19.     }
20. }
```

我们对上面的示例稍加改动，先清空"test.txt"文件中的内容，然后通过"new FileOutputStream("D:/test.txt", true)"来创建文件输出流对象，它将以追加的方式写入数据，如代码清单 11.11 所示。此时如果我们执行三次程序，将写入三次"abc123"，最终结果如图 11.8 所示。

图 11.8　文件内容

代码清单 11.11　以追加方式写入数据

```
1.  public class IOtest5 {
2.      public static void main(String[] args) throws IOException {
3.          OutputStream os = null;
4.          try {
5.              os = new FileOutputStream("D:/test.txt", true);
6.              os.write('a');
7.              os.write('b');
```

```
8.              os.write('c');
9.              os.write('1');
10.             os.write('2');
11.             os.write('3');
12.         } catch (FileNotFoundException e) {
13.             e.printStackTrace();
14.         } catch (IOException e) {
15.             e.printStackTrace();
16.         } finally {
17.             os.close();
18.         }
19.     }
20. }
```

一个个字节写入比较烦琐,实际编程中可以选择以字节数组的形式进行写入,直接将字节数组传入 write()方法中。字符串"abc123"可以通过 getBytes()方法来转换成字节数组,如代码清单 11.12 所示,这样便可以很方便地将"abc123"写入文件中。

代码清单 11.12 写入字节数组

```
1.  public class IOtest6 {
2.      public static void main(String[] args) throws IOException {
3.          OutputStream os = null;
4.          try {
5.              os = new FileOutputStream("D:/test.txt");
6.              os.write("abc123".getBytes());
7.          } catch (FileNotFoundException e) {
8.              e.printStackTrace();
9.          } catch (IOException e) {
10.             e.printStackTrace();
11.         } finally {
12.             os.close();
13.         }
14.     }
15. }
```

考考你

- 如何创建 FileOutputStream 对象?
- 如果想要对某个文件追加写入该如何做?

动手做一做

先在 D 盘创建一个 test.txt 文件并输入任意内容,然后通过 FileInputStream 读取文件内容,并使用 FileOutputStream 写入新数据"hello"。

11.2.4 对象输出流

对象输出流(ObjectOutputStream)也称为序列化流,实际上它的作用就是将 Java 对象序列化。ObjectOutputStream 类能将对象中的基本数据类型及所有引用对象都自动写入存储介质,比如文件。当然序列化后不仅能存储,也能方便地进行网络传输。

我们通过下面这种构造方法来创建 ObjectOutputStream 对象,将对象

存储介质对应的输出流作为参数传入即可,比如要将对象存储在硬盘上,就可以传入 FileOutputStream 对象。

1. `ObjectOutputStream(OutputStream out)`

ObjectOutputStream 类的常用方法如表 11.6 所示。

表 11.6 ObjectOutputStream 类的方法

方法	描述
void writeObject(Object obj)	最常用的方法,将对象写入输出流中
void writeByte(int val)	写入一字节到输出流中
void writeChar(int val)	写入一个字符到输出流中
void writeShort(int val)	写入一个 short 整型值到输出流中
void writeInt(int val)	写入一个 int 整型值到输出流中
void writeLong(long val)	写入一个 long 整型值到输出流中
void writeFloat(float val)	写入一个 float 值到输出流中
void writeDouble(double val)	写入一个 double 值到输出流中
void writeBoolean(boolean val)	写入一个布尔值到输出流中
void close()	关闭对象输出流
void flush()	将缓冲区的数据推入输出流中

下面通过代码清单 11.13 说明如何使用 ObjectOutputStream 进行序列化,详细步骤如下。
1. 定义一个实现了 Serializable 接口的类,这样才能被序列化。
2. 创建一个 FileOutputStream 对象,指定对象序列化后保存的文件位置。
3. 创建 ObjectOutputStream 对象并传入 FileOutputStream 对象。
4. 调用 writeObject()方法将对象写入输出流中。
5. 调用 flush()方法将缓冲区的数据都写入,而且还要调用 close()方法关闭流。

代码清单 11.13 使用 ObjectOutputStream 进行序列化

```
1.   public class SerializationTest {
2.       public static void main(String[] args) throws IOException {
3.           FileOutputStream fos = null;
4.           ObjectOutputStream oos = null;
5.           try {
6.               A a = new A();
7.               a.name = "seaboat";
8.               a.age = 20;
9.               fos = new FileOutputStream("D:/tmp.o");
10.              oos = new ObjectOutputStream(fos);
11.              oos.writeObject("test");
12.              oos.writeObject(a);
13.              oos.flush();
14.          } catch (Exception e) {
15.              e.printStackTrace();
16.          } finally {
17.              oos.close();
```

```
18.            fos.close();
19.        }
20.    }
21. }
22.
23. class A implements Serializable {
24.     String name;
25.     int age;
26. }
```

> **考考你**
> - ObjectOutputStream 的作用是什么？
> - ObjectOutputStream 有哪些常用方法？
> - ObjectOutputStream 的使用步骤有哪些？

> **动手做一做**
> 定义一个 Student 类并将其序列化。

11.2.5 对象输入流

对象输入流（ObjectInputStream）也称为反序列化流，它的作用就是将序列化后的数据恢复成 Java 对象。ObjectInputStream 能通过存储介质中的数据来恢复所有基本数据类型及相关的引用对象。

我们只能通过下面这种构造方法来创建 ObjectInputStream 对象，将对象存储介质对应的输入流作为参数传入即可，比如要从硬盘上读取对象就可以传入 FileInputStream 对象。

1. `ObjectInputStream(InputStream in)`

ObjectInputStream 类的常用方法如表 11.7 所示。

表 11.7　ObjectInputStream 类的常用方法

方法	描述
Object readObject()	最常用的方法，从输入流读取对象
byte readByte()	从输入流读取一字节
char readChar()	从输入流读取一个字符
short readShort()	从输入流读取一个 short 整型值
int readInt()	从输入流读取一个 int 整型值
long readLong()	从输入流读取一个 long 整型值
float readFloat()	从输入流读取一个 float 值
double readDouble()	从输入流读取一个 double 值
boolean readBoolean()	从输入流读取一个布尔值
void close()	关闭对象输入流

下面通过代码清单 11.14 说明如何使用 ObjectInputStream 进行反序列化，具体步骤如下。

1. 我们仍使用 11.2.4 节定义的实现了 Serializable 接口的 A 类,这样才能反序列化成功。
2. 创建一个 FileInputStream 对象,指定之前序列化后保存的文件位置。
3. 创建 ObjectInputStream 对象并传入 FileInputStream 对象。
4. 调用 readObject()方法来读取对象,注意读取对象的顺序要与之前写入对象的顺序保持一致。
5. 调用 close()方法关闭流。

代码清单 11.14　使用 ObjectInputStream 进行反序列化

```
1.  public class SerializationTest2 {
2.      public static void main(String[] args) throws IOException {
3.          FileInputStream ins = null;
4.          ObjectInputStream ois = null;
5.          try {
6.              ins = new FileInputStream("D:/tmp.o");
7.              ois = new ObjectInputStream(ins);
8.              String str = (String) ois.readObject();
9.              A a = (A) ois.readObject();
10.             System.out.println(str);
11.             System.out.println(a.name + " " + a.age);
12.         } catch (Exception e) {
13.             e.printStackTrace();
14.         } finally {
15.             ins.close();
16.             ois.close();
17.         }
18.     }
19. }
```

输出结果:

```
1.  test
2.  seaboat 20
```

考考你

- ObjectInputStream 的作用是什么?
- ObjectInputStream 有哪些常用方法?
- ObjectInputStream 的使用步骤有哪些?

动手做一做

将 11.2.4 节动手做一做的 Student 类反序列化。

11.2.6　文件读取器

文件读取器(FileReader)用于以字符的形式来读取文件,它与 FileInputStream 的功能非常相似,差别只在于前者以字符、后者以字节为粒度。如图 11.9 所示,FileReader 类更多被用来读取文本类型的文件,比如.txt 文件、.java 文件、.html 文件、.ini 文件等。FileReader 类的父类是 Reader 类。

简单地说,字符与字节的差别就在于每次读取的位数,字节一次读取 8 位(byte 类型),而字符则一次读取 16 位(char 类型)。从信息容量上看差别很大,8 位能表示 256 种数值,而 16 位能表示 65536 种数值。也就是说一字节所能表示的符号集合非常有限,仅包括数字、英文大小写字母、常见标点符号以及其他符号，对应于 ASCII 编码。而一个字符能表示的符号集合则大得多，此时就有可能将常见的中文文字都包括进来。

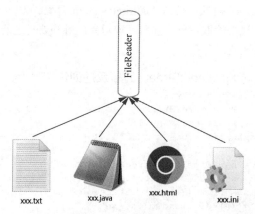

图 11.9　文件读取器

我们在 D 盘下创建一个 test.txt 文件，内容如图 11.10 所示，同时以 UTF-8 编码保存。

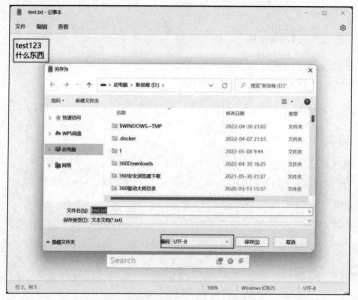

图 11.10　以 UTF-8 编码保存文件

此时我们仍然通过 FileInputStream 来读取文件内容，如代码清单 11.15 所示，看看输出什么内容。

代码清单 11.15　使用 FileInputStream 读取文件内容

```
1.  public class IOtest3 {
2.      public static void main(String[] args) throws IOException {
3.          FileInputStream fis = null;
4.          try {
```

```
5.              fis = new FileInputStream("D:/test.txt");
6.              for (;;) {
7.                  int value = fis.read();
8.                  if (value == -1)
9.                      break;
10.                 System.out.print((char) value);
11.             }
12.         } catch (FileNotFoundException e) {
13.             e.printStackTrace();
14.         } catch (IOException e) {
15.             e.printStackTrace();
16.         } finally {
17.             if (fis != null)
18.                 fis.close();
19.         }
20.     }
21. }
```

输出如下。可以看到英文和数字都能正确读取,而中文则出现了一堆问号,这些就是乱码。

```
1. test123
2. ?????????è??
```

可以通过下面的 4 种方式来创建 FileReader 对象,文件路径可以传入 String 类型或 File 类型,另一个 Charset 类型的参数表示编码类型,如果不传入则会使用默认编码。

```
1. FileReader(String fileName)
2. FileReader(File file)
3. FileReader(String fileName, Charset charset)
4. FileReader(File file, Charset charset)
```

为了能正确读取出中文,我们可以使用 FileReader 来读取文件,如代码清单 11.16 所示。由于我们使用的是 UTF-8 编码来保存文件,因此在创建 FileReader 对象时编码类型要指定为 StandardCharsets.UTF_8,否则会默认使用 GBK 编码,从而产生乱码问题。关于读取操作的代码我们已经很熟悉了,这里不再详细讲解。

代码清单 11.16　使用 FileReader 来读取文件

```
1.  public class IOtest22 {
2.      public static void main(String[] args) throws IOException {
3.          FileReader fr = null;
4.          try {
5.              fr = new FileReader("D:/test.txt", StandardCharsets.UTF_8);
6.              int value;
7.              while ((value = fr.read()) != -1) {
8.                  System.out.print((char) value);
9.              }
10.         } catch (Exception e) {
11.             e.printStackTrace();
12.         } finally {
13.             fr.close();
14.         }
15.     }
16. }
```

输出如下。可以看到中文正常显示。

1. test123
2. 什么东西

考考你
- 文件读取器一般用于读取哪些类型的文件？
- 字节与字符有什么不同？
- 为什么 FileInputstream 读取中文时会出现乱码？
- 如何创建 FileReader 对象？

动手做一做
尝试使用默认编码来读取 D 盘的 test.txt 文件，看看输出结果。

11.2.7　文件写入器

文件写入器（FileWriter）用于以字符形式将数据写入文件，如图 11.11 所示。FileWriter 类的父类是 Writer 类。

共有 8 种构造方法可以用来创建 FileWriter 对象，其中文件路径是必备参数，文件路径可以是 String 类型或 File 类型。另外还有两个可选参数，其中 boolean 类型值表示是否以追加方式写入文件，如果该值为 true 表示写入的内容追加到文件末尾，如果为 false 则表示清空原来文件的内容从头开始写入；Charset 类型参数表示用什么编码写入文件，读取时必须与这里写入的编码一致，否则会产生乱码。

图 11.11　文件写入器

```
1. FileWriter(String fileName)
2. FileWriter(String fileName, boolean append)
3. FileWriter(String fileName, Charset charset)
4. FileWriter(String fileName, Charset charset, boolean append)
5. FileWriter(File file)
6. FileWriter(File file, boolean append)
7. FileWriter(File file, Charset charset)
8. FileWriter(File file, Charset charset, boolean append)
```

下面我们来看看代码清单 11.17 中如何使用 write()方法写入字符数据，先创建 FileWriter 对象，然后调用 write()方法将"你""好"两个字符和"程序员"字符串写入文件，结果如图 11.12 所示。注意，必须要在 finally 块中关闭文件写入器。

图 11.12　文件内容

代码清单 11.17　使用 FileWriter 写入字符数据

```
1. public class IOtest23 {
2.     public static void main(String[] args) throws IOException {
3.         FileWriter fw = null;
4.         try {
```

```
5.              fw = new FileWriter("D:/test.txt");
6.              fw.write('你');
7.              fw.write('好');
8.              fw.write("程序员");
9.              fw.flush();
10.         } catch (IOException e) {
11.             e.printStackTrace();
12.         } finally {
13.             fw.close();
14.         }
15.     }
16. }
```

我们对上面的例子稍加改动，通过"FileWriter("D:/test.txt",true)"来创建文件写入器对象，它将以追加的方式写入数据，如代码清单 11.18 所示。此时如果我们执行三次程序，将写入三次"你好程序员"，最终结果如图 11.13 所示。

代码清单 11.18　使用追加方式写入文件

```
1.  public class IOtest24 {
2.      public static void main(String[] args) throws IOException {
3.          FileWriter fw = null;
4.          try {
5.              fw = new FileWriter("D:/test.txt", true);
6.              fw.write('你');
7.              fw.write('好');
8.              fw.write("程序员");
9.              fw.flush();
10.         } catch (IOException e) {
11.             e.printStackTrace();
12.         } finally {
13.             fw.close();
14.         }
15.     }
16. }
```

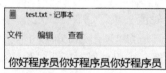

图 11.13　文件内容

考考你

- 如何创建 FileWriter 对象？
- 如果想要对某个文件追加写入该如何做？

动手做一做

指定用 UTF-8 编码将"欢迎来到 Java 世界"字符串写入 D 盘的 test.txt 文件。

第 12 章

多线程与网络编程

12.1 进程与线程

进程是指程序的一次动态执行过程，通常所说的计算机中正在执行的程序就是进程，每个程序都会各自对应一个进程，比如常用的 QQ、微信、浏览器等。一个进程包含从代码加载到执行完成的完整过程，它是操作系统中资源分配的最小单元。

早期的操作系统中将执行任务抽象为进程，它也是操作系统运行和调度的基本单元。然而随着计算机技术的不断发展，以进程为调度单元逐渐产生了弊端，因为它的资源开销较大。于是在进程的基础上又提出了线程的概念，线程是进程中的运行单位，可以把线程看成轻量级的进程。

CPU 会按照某种策略分别给每个线程一定的时间片去执行，比如图 12.1 中有 3 个线程，它们分别定义了 3 个执行任务，CPU 会轮流去执行这 3 个线程。

线程是比进程更小的执行单位，是 CPU 调度和分配的基本单位。每个进程至少有一个线程，反过来一个线程却只能属于一个进程，线程可以对所属进程的所有资源进行调度和运算。

如图 12.2 所示，假设某台计算机有 4 个 CPU，那么这 4 个 CPU 将按照某种策略去执行进程 1、进程 2 和进程 3。可以看到每个进程都包含至少一个线程，其中进程 1 包含 4 个线程，而进程 2 和进程 3 则只包含一个线程。此外，每个进程都有自己的资源，而进程内的所有线程都共享进程所包含的资源。

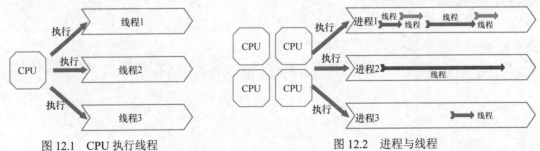

图 12.1 CPU 执行线程　　　　　　　　图 12.2 进程与线程

考考你

- 用自己的话解释进程是什么。
- 线程与进程有什么不同？
- 一个进程内能有 100 个线程吗？

12.2 多线程机制

如果我们有多个任务并且想要让多个 CPU 去"同时"执行这些任务，就可以通过多线程或多进程来实现，即启动多线程或进程一起去执行这些任务。单线程/进程与多线程/进程就好比一个人干多个活与多个人干多个活。由于线程远比进程轻量化，因此在 Java 中我们几乎只用多线程来实现多任务的执行。

接下来介绍与多线程密切相关的两个概念——并发与并行。并发是指一个或若干个 CPU 对多个进程或线程进行多路复用，简单来说就是 CPU 交替执行多个任务，每个任务都执行一小段时间，从宏观上看起来就像全部任务都在同时执行一样。并行则是指多个进程或线程在同一时刻被执行，这是真正意义上的同时执行，它必须要有多个 CPU 的支持。并发和并行都可以是相对于进程或线程而言的。

图 12.3 是并发和并行的执行时间图。对于并发来说，线程 1 先执行一段时间，线程 2 再执行一段时间，接着线程 3 再执行一段时间。每个线程都轮流得到 CPU 的执行时间，这种情况下只需要一个 CPU 就能够实现了。而对于并行来说，线程 1、线程 2 和线程 3 都是同时执行的，这种情况下需要 3 个 CPU 才能实现。

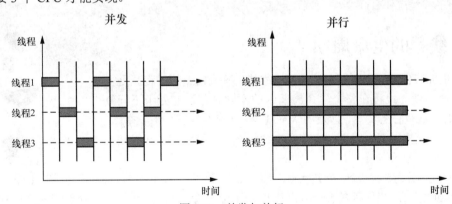

图 12.3 并发与并行

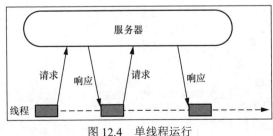

图 12.4 单线程运行

由于多线程技术可以实现并发和并行执行，因此多线程能提升总体的执行效率。如果不支持多线程的话，那么可能由于某个执行任务进入等待状态而导致运行效率低下。如图 12.4 所示，一个请求任务在对服务器发起请求后开始等待响应，从整个运行线上可以看到真正运行(方块)的时间很少，这就导致运行效率低下。但在多线程的情况下，则可以在等待时去执行其他任务。

此外，在多 CPU 环境下，如果一个任务能够分解成多个小任务，就能够用多个 CPU 同时执行，这样就能以更快的速度完成任务，毕竟单个 CPU 运行能力有限。在图 12.5 中，一旦将任务分解成三个小任务后，在多 CPU 环境下能够并行执行，大大减少了整体执行时间。

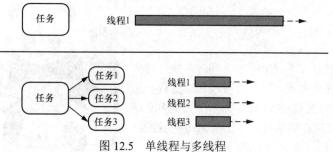

图 12.5　单线程与多线程

多线程在实际编程中十分重要，本章将向大家介绍 Java 多线程编程的基础知识。要获得更多详细深入的内容，建议参考作者的另一本专门讲解 Java 并发的著作——《图解 Java 并发编程》。

> **考考你**
> - 什么是多线程技术？
> - 什么是并发？什么是并行？
> - 并发和并行有什么区别？
> - 多线程有什么好处？

12.3　线程的生命周期

线程也拥有自己的生命周期，一个线程从创建到销毁的过程就是线程的生命周期。线程在整个生命周期中的不同时刻可能处于不同的状态，有些线程任务简单，涉及的状态就少。而有些线程任务复杂，拥有的状态也更多。那么线程到底有多少种状态？不同状态之间又是如何转换的呢？

Java 将线程分为 5 种状态：新建状态、就绪状态、等待状态、运行状态和死亡状态，如图 12.6 所示。一个线程从创建到死亡期间可能会经历若干状态，但在任意一个时间点上线程只能处于其中一种状态。

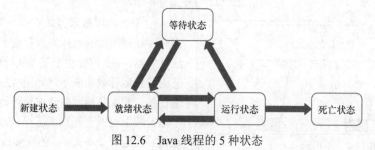

图 12.6　Java 线程的 5 种状态

- **新建状态**：如果一个线程被创建但未被启动则处于新建状态。在程序中使用 new MyThread() 来创建的线程实例在调用 start() 方法之前都处于此状态。
- **就绪状态**：创建的线程实例在调用 start() 方法后便进入就绪状态。处于此状态的线程并不意味着真正在运行，就绪的线程会被加入队列中等待 CPU 的执行时间。我们可以想象有一个线程池，start() 方法会把线程放进线程池中，然后 CPU 会按一定的规则去执行线程池里的线程。
- **运行状态**：当就绪线程获取到 CPU 执行时间时就进入了运行状态。
- **等待状态**：运行中的线程可能会因某种原因暂时放弃 CPU 的使用权，可能是因为执行了挂起、休眠或等待等操作。比如在执行 I/O 操作时由于外部设备的速度远低于处理器的速度，会导致线程暂时放弃 CPU 的使用权。
- **死亡状态**：线程执行完 run() 方法实现的任务，或因为异常导致停止执行并退出后，就进入了死亡状态，线程进入死亡状态后将无法再转换成其他状态。

> **考考你**
> - 线程有哪些状态？
> - 一个线程在"就绪状态"和"运行状态"之间是如何转换的？

12.4　创建 Java 线程

创建线程有两种方式：Thread类和Runnable接口

Java 语言提供了 Thread 作为线程类，它位于 java.lang 包中。当我们的任务不能在当前线程中执行时就可以创建一个 Thread 对象，然后启动该线程去执行。实际上定义线程有两种方式：一种是直接继承 java.lang.Thread 类，另一种则是实现 java.lang.Runnable 接口。

Thread 类是对 Java 线程的抽象，每个 Thread 对象都包含了各种属性，如线程优先级，也包含了各种操作，如启动操作。通常我们会使用如下的四个构造方法来创建线程对象，其中的参数 name 为线程名。后面两个构造方法是第二种创建线程的方法，通过 Runnable 接口指定线程的任务。

```
1.  public Thread()
2.  public Thread(String name)
3.  public Thread(Runnable target)
4.  public Thread(Runnable target, String name)
```

下面我们来看看具体如何创建线程对象。代码清单 12.1 包含了两种创建方法，第一种是自定义 MyThread 线程类去继承 Thread 类并重写 run() 方法，第二种是自定义 MyThread2 线程类去实现 Runnable 接口并实现 run() 方法。定义好线程类后就可以分别通过"new MyThread()"和"new Thread(new MyThread2())"来创建线程对象，然后调用 start() 方法即可启动线程。

代码清单 12.1　创建并启动线程

```
1.  public class ThreadTest {
2.      public static void main(String[] args) {
3.          System.out.println(Thread.currentThread().getName());
4.          new MyThread().start();
```

```
5.         new Thread(new MyThread2()).start();
6.     }
7. }
8.
9. class MyThread extends Thread {
10.    public void run() {
11.        System.out.println(Thread.currentThread().getName());
12.    }
13. }
14.
15. class MyThread2 implements Runnable {
16.    public void run() {
17.        System.out.println(Thread.currentThread().getName());
18.    }
19. }
```

输出如下。可以看到一共有三个线程，第一个是名为 main 的主线程，后两个则是我们自定义创建的线程，它们的名字由 JDK 自动生成，也可以自行指定线程名传入构造方法。

```
1. main
2. Thread-0
3. Thread-1
```

我们还可以使用一种简化的方式来创建并启动一个新线程，即通过 "new Thread(() -> {})" 的方式，其中任务逻辑写在大括号内，如代码清单 12.2 所示。

代码清单 12.2　简化的方式启动新线程

```
1. public class ThreadTest2 {
2.     public static void main(String[] args) {
3.         System.out.println(Thread.currentThread().getName());
4.         new Thread(() -> {
5.             System.out.println(Thread.currentThread().getName());
6.         }).start();
7.     }
8. }
```

输出结果：

```
1. main
2. Thread-0
```

考考你

- 如何定义线程？有哪两种方式？
- Thread 类与 Runnable 接口有什么不同？
- 如何创建线程并启动？如何用简化语法来创建并启动？

动手做一做

其实创建线程还有一种匿名内部类的写法，请实现这种写法。

12.5　线程的优先级

Java 线程的调度机制由 JVM 实现，假如有若干线程，你想让一些线程拥有更多的执行时间或者更少的执行时间,就可以通过设置线程优先级来实现。所有处于就绪状态的线程都在一个队列中,每个线程都有自己的优先级,JVM 的线程调度器会根据优先级来决定各线程每次执行的时间和执行频率。

JVM 的线程调度器的调度策略决定了上层多线程的运行机制,每个线程的执行时间都由它分配管理。调度器将按照各线程的优先级对线程的执行时间进行分配,优先级越高的线程得到的 CPU 执行时间越长,执行频率可能越高。Java 把线程优先级分成了 10 个级别,如果线程被创建时没有明确声明优先级则使用默认优先级。Java 定义了 Thread.MIN_PRIORITY、Thread.NORM_PRIORITY 和 Thread.MAX_PRIORITY 三个常量,分别代表最小优先级值(1)、默认优先级值(5)和最大优先级值(10)。

```
1.  public static final int MIN_PRIORITY = 1;
2.
3.  public static final int NORM_PRIORITY = 5;
4.
5.  public static final int MAX_PRIORITY = 10;
```

可以通过 setPriority()方法和 getPriority()方法来分别设置和获取线程的优先级值,使用很简单,如代码清单 12.3 所示。

代码清单 12.3　设置和获取线程优先级

```
1.  public class ThreadPriorityTest {
2.
3.      public static void main(String[] args) {
4.          Thread t = new MyThread();
5.          t.setPriority(7);
6.          System.out.println("线程优先级为: " + t.getPriority());
7.          t.setPriority(Thread.MAX_PRIORITY);
8.          System.out.println("线程优先级为: " + t.getPriority());
9.          t.setPriority(Thread.MIN_PRIORITY);
10.         System.out.println("线程优先级为: " + t.getPriority());
11.     }
12.
13.     static class MyThread extends Thread {
14.         public void run() {
15.             System.out.println("执行");
16.         }
17.     }
18. }
```

输出结果:

```
1.  线程优先级为: 7
2.  线程优先级为: 10
3.  线程优先级为: 1
```

优先级不保证执行的先后

我们能否在 Java 程序中通过优先级值的大小来控制线程的执行顺序呢?答案是不能。可以通过代码清单 12.4 来理解,一共创建了"线程一"和"线程二"两个线程,当启动执行两个线程时并不会因为哪个线程的优先级高就先执行它,可能先输出"线程一",也可能先输出"线程二"。

代码清单 12.4　优先级的大小不能控制线程的执行顺序

```
1.   public class ThreadPriorityTest2 {
2.     public static void main(String[] args) {
3.         Thread t = new MyThread();
4.         t.setPriority(10);
5.         t.setName("线程一");
6.         Thread t2 = new MyThread();
7.         t2.setPriority(5);
8.         t2.setName("线程二");
9.         t.start();
10.        t2.start();
11.    }
12.
13.    static class MyThread extends Thread {
14.        public void run() {
15.            System.out.print(this.getName());
16.        }
17.    }
18.  }
```

> **考考你**
> - 线程的优先级有什么作用？
> - Java 线程的优先级值的范围是什么？
> - 线程的优先级越高越先执行吗？

> **动手做一做**
> 输出线程的默认优先级值，看看是多少。

12.6　守护线程

一个 Java 程序启动时由主线程负责执行，主线程又会启动其他线程。要退出 Java 程序时，JVM 要求必须等待所有线程都执行结束后才能完全退出，否则将一直等待其他线程执行完毕。有些线程的工作就是不断循环执行，比如通过 while(true)来实现定时任务的执行，为了满足这种需求就提出了守护线程。守护线程会在 Java 程序运行结束时跟着退出。

代码清单 12.5 的代码能执行完毕吗？实际上不能，线程 t2 会一直无限循环进入休眠状态，而主线程在输出"永远退出不了"后就一直在等待线程 t2，但是 t2 无法执行完毕，所以这个 Java 程序将永远无法结束。

代码清单 12.5　无限循环进入休眠状态

```
1.   public class ThreadDaemonTest {
2.     public static void main(String[] args) {
3.         Thread t2 = new Thread(() -> {
4.             try {
5.                 while (true) {
6.                     Thread.sleep(3000);
```

```
7.              }
8.          } catch (InterruptedException e) {
9.          }
10.     });
11.     t2.start();
12.     System.out.println("永远退出不了");
13.   }
14. }
```

将上面的例子稍微进行改造后就能让程序正常结束,也就是通过 setDaemon(true)将线程 t2 设置为守护线程,如代码清单 12.6 所示。此时主线程输出"正常退出"后就能正常结束,因为守护线程会跟着主线程的结束而结束。

代码清单 12.6 设置为守护线程

```
1. public class ThreadDaemonTest2 {
2.   public static void main(String[] args) {
3.     Thread t2 = new Thread(() -> {
4.         try {
5.             while (true) {
6.                 Thread.sleep(3000);
7.             }
8.         } catch (InterruptedException e) {
9.         }
10.     });
11.     t2.setDaemon(true);
12.     t2.start();
13.     System.out.println("正常退出");
14.   }
15. }
```

考考你
- 什么是守护线程?
- 守护线程可以解决什么问题?
- 线程如何设置为守护线程?
- 线程是否默认为守护线程?

动手做一做
试一下实验线程启动后还能否设置为守护线程。

12.7 线程的休眠

线程休眠是我们经常使用的操作,特别是在开发环境中调试的时候,有时为了模拟长时间的执行就会通过休眠。该操作对应 java.lang.Thread 类的 sleep()方法,它能使当前线程休眠指定的时间。

Thread 类的 sleep()方法需要传入一个整数参数,表示休眠的时长,单位是毫秒。下面通过一个简单的例子来看 sleep()方法的操作。如代码清单 12.7 所示,我们让主线程休眠 3000ms。主线

程先输出"当前线程休眠 3000ms",然后暂停 3s,最后输出"休眠结束"。该方法只针对当前线程,即让当前线程进入休眠状态,哪个线程调用 Thread.sleep()则哪个线程休眠。

代码清单 12.7　线程的 sleep 操作
```
1.  public class ThreadSleepTest {
2.    public static void main(String[] args) {
3.      System.out.println("当前线程休眠 3000ms");
4.      try {
5.        Thread.sleep(3000);
6.      } catch (InterruptedException e) {
7.        e.printStackTrace();
8.      }
9.      System.out.println("休眠结束");
10.   }
11. }
```

从上面示例中可以看到调用 sleep()方法时需要处理 InterruptedException 异常,它提供了一种提前结束休眠的机制。

代码清单 12.8 展示了 InterruptedException 异常的作用,原来计划是让线程一休眠 30s,但假如有其他原因想让它提前结束休眠,就可以在线程二中调用线程一的 interrupt()方法进行中断,此时线程一就会提前结束休眠,结束休眠后的处理逻辑就需要在 catch (InterruptedException e)块中编写。

代码清单 12.8　InterruptedException 异常的作用
```
1.  public class ThreadSleepTest3 {
2.    public static void main(String[] args) throws InterruptedException {
3.      Thread thread1 = new Thread(() -> {
4.        System.out.println("thread1 sleeps for 30 seconds.");
5.        try {
6.          Thread.sleep(30000);
7.        } catch (InterruptedException e) {
8.          System.out.println("thread1 is interrupted by thread2.");
9.        }
10.     });
11.     Thread thread2 = new Thread(() -> {
12.       System.out.println("thread2 interrupts thread1.");
13.       thread1.interrupt();
14.     });
15.     thread1.start();
16.     Thread.sleep(2000);
17.     thread2.start();
18.   }
19. }
```

输出结果:
```
1.  thread1 sleeps for 30 seconds.
2.  thread2 interrupts thread1.
3.  thread1 is interrupted by thread2.
```

考考你
- 线程的 sleep 操作有什么作用？
- 如果 sleep()方法传入一个负数会怎样？
- 线程的休眠操作一定是针对当前线程的吗？
- 为什么要捕获 InterruptedException 异常？

动手做一做
每隔一秒输出一个 "hello"，一共输出 10 次。

12.8 线程同步 synchronized

Java 提供 synchronized 关键字来实现同步机制，同步的主要作用是避免线程安全问题。所谓同步是指控制多个线程对共享资源的访问，比如一次只能由一个线程访问，不能多个线程同时访问。在 synchronized 的作用范围内同一时间只有一个线程能进入，其他线程必须等待里面的线程出来以后才能依次进入。

synchronized 可以用来描述对象的方法，表示该对象的方法具有同步性。下面看代码清单 12.9，定义了 add()和 add2()两个方法，其中 add2()方法声明为 synchronized。这两个方法都是让各自的变量完成自增操作。在主线程中分别启动 10 个线程，并循环 10000 次去调用 add()和 add2()方法，然后让主线程休眠 3 秒，这是为了让所有线程都执行完毕。最终某次运行的输出结果为 count = 75608，count2 = 100000。这里我们不关注 count 的具体值是多少，需要关注的是 count 的值肯定小于 100000，也就是说 add()方法缺乏同步性而导致了线程安全问题。而 count2=100000 则是正确的结果，因为 add2()方法具备同步性。

有线程安全问题的 count 值为什么会小于 100000 呢？因为 count++等同于 count=count+1，假设某个时刻 10 个线程同时获取 count 的值为 100，那么 10 个线程中 count 的值加一后赋值给 count 变量的结果都为 101，而正确的结果应该是 110。

代码清单 12.9　synchronized 作用在对象的方法上
```
1.  public class ThreadSynchronizedTest2 {
2.      int count = 0;
3.      int count2 = 0;
4.
5.      public void add() {
6.          count++;
7.      }
8.
9.      public synchronized void add2() {
10.         count2++;
11.     }
12.
13.     public static void main(String[] args) throws InterruptedException {
14.         ThreadSynchronizedTest2 test = new ThreadSynchronizedTest2();
15.         for (int i = 0; i < 10; i++)
```

```
16.            new Thread(() -> {
17.                for (int j = 0; j < 10000; j++)
18.                    test.add();
19.            }).start();
20.        for (int i = 0; i < 10; i++)
21.            new Thread(() -> {
22.                for (int j = 0; j < 10000; j++)
23.                    test.add2();
24.            }).start();
25.        Thread.sleep(3000);
26.        System.out.println("count = " + test.count);
27.        System.out.println("count2 = " + test.count2);
28.    }
29.
30. }
```

synchronized 也可以作用在对象的方法内部，即用 synchronized 来描述方法内部的某块逻辑，表示该块逻辑具有同步性。

我们看代码清单 12.10，这里不像前面那样在方法上声明 synchronized，而是在 add()方法内部通过 synchronized(this){xxx}的形式来声明同步块。这里的同步块包括了 count++操作，所以该操作具有同步性，也就能够避免线程安全问题。实际使用中同步块并不要求包含整个方法的所有代码，而可以是方法内的任意代码块。在主线程上分别用 10 个线程循环调用 10000 次 add()方法和 add2()方法，最终运行的结果是 count = 100000，count2 = 100000。也就是说两个方法都获得了同步的效果，而且 add()方法和 add2()方法都使用了当前对象作为锁，所以这两个方法其实是共用一个锁的。

代码清单 12.10　作用在对象的方法内部

```
1.  public class ThreadSynchronizedTest6 {
2.      int count = 0;
3.      int count2 = 0;
4.
5.      public void add() {
6.          synchronized (this) {
7.              count++;
8.          }
9.      }
10.
11.     public synchronized void add2() {
12.         count2++;
13.     }
14.
15.     public static void main(String[] args) throws InterruptedException {
16.         ThreadSynchronizedTest6 test = new ThreadSynchronizedTest6();
17.         for (int i = 0; i < 10; i++)
18.             new Thread(() -> {
19.                 for (int j = 0; j < 10000; j++)
20.                     test.add();
21.             }).start();
22.         for (int i = 0; i < 10; i++)
23.             new Thread(() -> {
24.                 for (int j = 0; j < 10000; j++)
25.                     test.add2();
```

```
26.         }).start();
27.         Thread.sleep(3000);
28.         System.out.println("count = " + test.count);
29.         System.out.println("count2 = " + test.count2);
30.     }
31. }
```

考考你

- synchronized 关键字有什么作用？
- 解释一下你对互斥的理解。
- 为什么在没有 synchronized 作用时 count++ 会出问题？
- synchronized 的作用范围包括哪些？
- 多个线程调用两个被 synchronized 声明的对象的方法会怎样？
- 在对象的方法内部应如何使用 synchronized？

动手做一做

模拟抢票，假设 10 个人抢 6 张票。

12.9 计算机网络

计算机网络就是由很多计算机通过通信设备和线路连接起来所组成的一个网络，我们可以通过软件来实现在这个网络上搭建各种信息传递系统，如今这个网络上已经搭载了用于我们日常生活的各种应用系统，比如即时通信、Email、网上购物、远程教育、在线交易等。

计算机网络按照网络节点分布范围可以分为局域网、城域网和广域网。

- 局域网是一种小范围内实现的计算机网络，局域网一般应用在某个单位、校园或其他机构组织内，它覆盖的范围在几百米到十几千米，局域网的结构相对简单且布线较容易。
- 城域网是指在某个城市内部搭建计算机网络，它的通信范围可以覆盖整个城市。
- 广域网通常跨越很大的物理范围，可以是一个省，也可以是一个国家，甚至是国家与国家之间，广域网的传输率较低，网络结构比较复杂。

如果计算机网络中任意两台计算机要正常通信，就必须要有统一的网络传输协议，协议可以看成一种共同规则，有了共同规则大家才能正确无误地沟通。目前最常用的通信协议是 TCP/IP，其实 TCP/IP 是一个包含了很多协议的协议族，其中我们最关注的是 IP、TCP 和 UDP。

- IP（Internet Protocol），提供从源计算机到目标计算机之间的数据传输服务，使在数据传输过程中能够选择适合的路由和网络节点，网络上的每台计算机都可以看成一个节点。
- TCP（Transmission Control Protocol），提供一种面向连接的、可靠的数据传输服务，常用于点对点传输，如果实际场景要求传输可靠，则应该选择 TCP。
- UDP（User Datagram Protocol），提供一种无连接的、不可靠的数据传输服务，常用于点对多的传输，如果实际场景要求较高的数据传输速率，但可以容忍一定的数据丢失，则可以选择 UDP。

计算机的 IP 地址用于定位网络中某台计算机的位置，就好比现实生活中房子的地址，只有通过地址才能找到，想要与某台计算机通信就必须先确定它的 IP 地址。IP 地址分为 IPv4 和 IPv6 两种，其中 IPv4 采用 32 位地址，而 IPv6 则采用 128 位地址，下面分别是 IPv4 地址和 IPv6 地址的例子。

1. 125.185.100.11
2.
3. 2001:4860:4860:0000:0000:0000:0000:8888

为什么有两种 IP 地址呢？多年以前只有 IPv4，但是由于它只用 32 位来表示地址，所以很快就耗尽了所有的地址值，于是只能再设计一个 IPv6。IPv6 有 128 位，在可预见的未来几乎都是用不完的。

如图 12.7 所示，通过 IP 地址能够找到某台计算机，然而一台计算机上运行着很多个程序，传输过来的数据该分给哪个程序呢？这时就需要由端口来指定了，计算机的端口号的范围是 0～65535，每个通信程序都与一个端口绑定，这样在传输时只要指定好端口就能知道要把数据传输给哪个程序了。

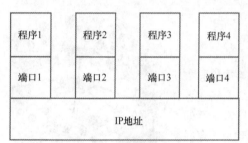

图 12.7 计算机的端口与程序

在计算机网络中通信需要借助 IP 地址来定位到主机，而 IP 地址由很多数字组成，而记住不规则的组合数字比较困难，于是为了方便大家记住某个地址而引入了域名，比如 www.baidu.com 就是一个域名，用它来替代 36.152.44.96 就好记多了。广域网有专门处理域名的系统，称为域名系统（Domain Name System，DNS），它专门用于处理域名和 IP 地址之间的映射。

考考你

- 什么是计算机网络？
- IP、TCP、UDP 分别用于什么场景？
- 有了 IP 地址为什么还需要端口？

12.10 套接字

套接字（Socket）通信是应用层与 TCP/IP 通信的中间抽象层，它是一组接口，应用层通过调用这些接口发送和接收数据。使用套接字通信可以简单地实现应用程序在网络上的通信，一台计算机上的应用程序向套接字中写入信息，另一台相连的计算机就能读取到。TCP/IP 中有两种套接字类型，它们是流套接字和数据报套接字，分别对应 TCP 和 UDP。

实际上 TCP/IP 的细节和格式非常复杂，如果每次通信都要去处理这些复杂的逻辑显然是不可能的，所以操作系统为我们抽象出了套接字概念。它把 TCP/IP 中复杂的处理过程都隐藏在套接字接口下面，自动帮助开发者组织、解析 TCP/IP 报文数据，这样开发者只需简单调用接口即可实现数据的通信，如图 12.8 所示。

为了便于进行网络编程，Java 也提供了套接字对象，它为 TCP 提供了 Socket 和 ServerSocket 两个类，分别表示客户端套接字和服务器套接字，通过操作这两个类对象便能实现 TCP 通信。而对于 UDP，Java 则对应地提供了 DatagramSocket 类来实现 UDP 通信。

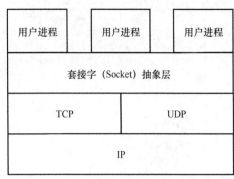

图 12.8　套接字位置

考考你
- 套接字是什么？为什么需要套接字？
- Java 套接字包含哪几个类？

12.11　网络地址

我们知道在计算机广域网（互联网）中通信需要借助 IP 地址来定位到某台计算机，而 IP 地址由很多数字组成，要记住不规则组合数字很困难，于是便引入了域名。但域名的引入在解决问题的同时也带来了其他问题，即需要将域名翻译为 IP 地址。

早期的计算机网络中的机器数量很少，我们可以通过本地配置文件来完成域名和 IP 地址的映射，这种方式需要用户自己维护网络上所有计算机的映射关系。后来互联网迅猛发展起来，本地配置文件的方式已经无法胜任，于是引入了域名系统（DNS）来解决域名和 IP 地址的映射。

局域网中常用来表示 IP 地址的名称称为主机名，而互联网上用来表示 IP 地址的名称称为域名，其核心内容相同，都用来解决名称和 IP 地址间的映射。

Java 提供了 InetAddress 类来表示 IP 地址，该类位于 java.net 包中，通过该类能实现域名到 IP 地址的解析，比如 "www.baidu.com" 域名通过该类就能查询到对应的 IP 地址为 "36.152.44.96"，当然这个 IP 地址并不是一直不变的，而且一个域名也可能对应多个 IP 地址。

代码清单 12.11 展示了如何通过 InetAddress 类对 www.baidu.com 域名进行解析。先通过 getByName()方法获取 InetAddress 对象，然后就可以调用 getHostAddress()方法获取 IP 地址。

代码清单 12.11　InetAddress 类的使用
```
1.  public class InetAddressTest {
2.    public static void main(String[] args) {
3.      try {
4.        InetAddress address = InetAddress.getByName("www.baidu.com");
```

```
5.            System.out.println("域名为: " + address.getHostName());
6.            System.out.println("IP 地址为: " + address.getHostAddress());
7.        } catch (Exception e) {
8.            e.printStackTrace();
9.        }
10.   }
11. }
```

输出结果:

```
1. 域名为: www.baidu.com
2. IP 地址为: 163.177.151.109
```

考考你?

- 为什么要进行域名解析?
- 主机名和域名有什么不同?
- InetAddress 主要有什么作用?

动手做一做

本节动手做一做任务是通过 InetAddress 查询 www.baidu.com 对应几个 IP 地址。(提示: 用 InetAddress 类的 getAllByName()方法获取所有 IP 地址)

12.12 TCP 通信编程

我们使用 Java 进行 TCP 通信编程时,实际上就是两台计算机上的两个进程进行跨机器通信。如图 12.9 所示,此时需要将其中一台计算机上的进程当作服务器端,它对应的是 ServerSocket 类,由它先启动并监听某个指定的端口。另一台计算机上的进程当作客户端,它对应的是 Socket 类,由它指定服务器端的 IP 地址和端口。客户端一旦成功连接服务器端就表示建立了 TCP 连接,双方就能互相发送和接收数据。

图 12.9 TCP 通信

ServerSocket 类实现了服务器端套接字功能,该类位于 java.net 包中。该类包含了 4 种构造方法: 第一种表示创建服务端套接字对象但不绑定端口; 第二种表示创建服务端套接字对象并且绑定指定端口; 第三种表示创建服务端套接字对象、绑定指定端口并且指定在繁忙时最大的客户端积压量; 第四种是在第三种的基础上指定服务器端地址。

```
1.  ServerSocket()
2.  ServerSocket(int port)
3.  ServerSocket(int port, int backlog)
4.  ServerSocket(int port, int backlog, InetAddress bindAddr)
```

Socket 类实现了客户端套接字功能，该类位于 java.net 包中。该类有下面三种常用的构造方法：第一种表示创建一个未连接的套接字对象；第二种表示创建一个套接字对象并连接到指定的地址和端口上；第三种表示创建一个套接字对象并连接到指定的 IP 地址和端口上。

```
1.  Socket()
2.  Socket(String host, int port)
3.  Socket(InetAddress address, int port)
```

下面具体看如何实现服务器端和客户端的通信。服务器端的代码如代码清单 12.12 所示，首先创建 ServerSocket 对象并绑定本地 8888 端口，然后调用 accept()方法等待客户端的连接，程序会阻塞在这里等待客户端连接，一旦有客户端连接就会创建一个套接字并返回。接着获取套接字的输入流和输出流，输入流用于获取客户端传输的数据，而输出流则用来向客户端响应发送数据。最后在数据处理完后关闭套接字。为了简化代码，这里的逻辑是完成一次响应后便把 ServerSocket 关闭。服务器端的程序启动后输出"服务器端套接字正在等待客户端的连接"，然后就一直阻塞等待客户端的连接。

代码清单 12.12　TCP 的服务器端代码

```
1.  public class TCPSocketServer {
2.      public static void main(String[] args) {
3.          ServerSocket serverSocket = null;
4.          try {
5.              serverSocket = new ServerSocket(8888);
6.              System.out.println("服务器端套接字正在等待客户端的连接");
7.              Socket socket = serverSocket.accept();
8.              System.out.println("成功接收一个客户端套接字连接");
9.              DataOutputStream dos = new DataOutputStream(socket.getOutputStream());
10.             DataInputStream dis = new DataInputStream(socket.getInputStream());
11.             System.out.println("客户端发送的数据: " + dis.readUTF());
12.             dos.writeUTF("你好，客户端！");
13.             socket.close();
14.             serverSocket.close();
15.         } catch (IOException e) {
16.             e.printStackTrace();
17.         }
18.     }
19. }
```

客户端的代码如代码清单 12.13 所示。我们知道服务器端的 8888 端口已经处于监听状态，客户端如果要与之通信则要先指定服务器端 IP 地址与端口并创建一个套接字对象，注意"localhost"是一个特殊的地址，表示当前本地计算机。接着同样是获取套接字的输出流与输入流，输出流用于向服务器端发送数据，输入流用于读取服务器端发送过来的数据。最后当交互处理完后关闭套接字。

代码清单 12.13　TCP 的客户端代码

```
1.  public class TCPSocketClient {
2.      public static void main(String[] args) {
3.          Socket socket = null;
4.          try {
```

```
5.              socket = new Socket("localhost", 8888);
6.              DataOutputStream dos = new DataOutputStream(socket.getOutputStream());
7.              DataInputStream dis = new DataInputStream(socket.getInputStream());
8.              System.out.println("准备向服务器端发送数据");
9.              dos.writeUTF("我是客户端!");
10.             System.out.println("准备读取服务器端数据");
11.             System.out.println(dis.readUTF());
12.             socket.close();
13.         } catch (UnknownHostException e) {
14.             e.printStackTrace();
15.         } catch (IOException e) {
16.             e.printStackTrace();
17.         }
18.     }
19. }
```

服务器端的输出结果：

1. 服务器端套接字正在等待客户端的连接
2. 成功接收一个客户端套接字连接
3. 客户端发送的数据：我是客户端！

客户端的输出结果：

1. 准备向服务器端发送数据
2. 准备读取服务器端数据
3. 你好，客户端！

通过上面的通信例子我们已经了解了如何使用套接字，服务器端和客户端的套接字使用存在一些不同，下面我们总结一下服务器端和客户端的套接字使用步骤。

- **服务器端**

1. 创建 ServerSocket 对象。

2. 将 ServerSocket 对象绑定一个指定的端口，通常这一步可以直接由构造方法完成。

3. 调用 accept()方法使 ServerSocket 对象开始监听客户端的套接字连接。

4. 编写成功接收到客户端连接后的处理逻辑，通过输入流和输出流分别读取客户端数据和向客户端发送数据。

5. 处理结束后关闭 ServerSocket 对象。

- **客户端**

1. 创建 Socket 对象。

2. Socket 对象对指定 IP 地址和端口发起连接，通常这一步直接由构造方法完成。

3. 获取 Socket 对象的输出流以便向服务器端发送数据。

4. 获取 Socket 对象的输入流以便读取服务器端发送过来的数据。

5. 关闭 Socket 对象。

考考你

- 如何使用服务器端套接字？
- 如何使用客户端套接字？

> **动手做一做**
>
> 实现一个可以由控制台输入的套接字通信例子，如果服务器端接收到"stop"字符串则关闭服务器端。

12.13　UDP 通信编程

TCP 通信是一种基于连接的通信，也就是说在传输数据前必须先建立连接，所以它的操作比较复杂，比如涉及输入流输出流。然而对于有些场景在不要求可靠性的情况下可以使用 UDP 通信，它不必建立连接，大大简化了通信流程。

DatagramSocket 类实现了 UDP 套接字功能，该类位于 java.net 包中。该类包含了下面三种构造方法，第一种表示创建 UDP 套接字对象但不绑定端口，第二种表示创建 UDP 套接字对象并且绑定指定端口，第三种表示创建 UDP 套接字对象并且绑定指定端口和 IP 地址。

1. `DatagramSocket()`
2. `DatagramSocket(int port)`
3. `DatagramSocket(int port, InetAddress laddr)`

对于 UDP 编程，虽然也有分服务器端和客户端，但是两端都使用 DatagramSocket 类，这点与 TCP 编程不同。UDP 的服务器端代码如代码清单 12.14 所示，首先创建 DatagramSocket 对象并绑定本地 8888 端口，然后创建 DatagramPacket 对象并调用 receive()方法阻塞等待接收数据，一旦有客户端发送数据过来它就会接收数据并往下执行。

代码清单 12.14　UDP 的服务器端代码

```
1.  public class UDPSocketServer {
2.    public static void main(String[] args) {
3.      try {
4.          DatagramSocket ds = new DatagramSocket(8888);
5.          byte[] buf = new byte[5];
6.          DatagramPacket dp = new DatagramPacket(buf, buf.length);
7.          System.out.println("开始等待接收数据");
8.          ds.receive(dp);
9.          System.out.println("接收到数据: " + new String(buf));
10.         ds.close();
11.     } catch (Exception e) {
12.         e.printStackTrace();
13.     }
14.   }
15. }
```

客户端的代码如代码清单 12.15 所示，首先创建 DatagramSocket 对象，然后调用 connect()方法连接指定的服务器端，接着创建 DatagramPacket 对象并将数据放入后调用 send()方法即可完成发送。

代码清单 12.15　UDP 的客户端代码

```
1.   public class UDPSocketClient {
2.     public static void main(String[] args) {
3.         try {
4.                DatagramSocket ds = new DatagramSocket();
5.                InetAddress ip = InetAddress.getByName("localhost");
6.                ds.connect(ip, 8888);
7.                byte[] data = "hello".getBytes();
8.                DatagramPacket dp = new DatagramPacket(data, data.length);
9.                System.out.println("发送数据");
10.               ds.send(dp);
11.               ds.close();
12.       } catch (Exception e) {
13.               e.printStackTrace();
14.       }
15.   }
16. }
```

服务器端的输出结果：

1. 开始等待接收数据
2. 接收到数据：hello

客户端的输出结果：

1. 开始发送数据

> **考考你**
> - UDP 套接字是否分为服务器端和客户端？
> - 简单复述一下 UDP 通信服务器端和客户端的步骤。

> **动手做一做**
> 测试 TCP 和 UDP 的端口是否为独立的端口，即是否允许 TCP 和 UDP 都绑定同一个端口号。

12.14　广播通信

前面介绍的两种通信方式都属于一对一通信模式，即一台计算机一次只能发送数据给另一台计算机。假如一份数据要从某台计算机发送到若干计算机上，在一对一的通信模式下必须将同样的数据依次发送给若干计算机，这种传送方式效率极低。

为了解决一对一通信模式的不足，我们可以通过 UDP 来实现广播通信，它可以一次性向路由器连接的所有计算机都发送消息，广播通信只能在局域网内传播。如图 12.10 所示，在某局域网内，计算机 S1 向网络中广播消息，网络中的其他机器都将接收到消息。机器 S2、S3、S4、S5 和 S6 预先启动进程监听端口，当 S1 将消息发往交换机后，交换机负责将消息广播到这些机器上。

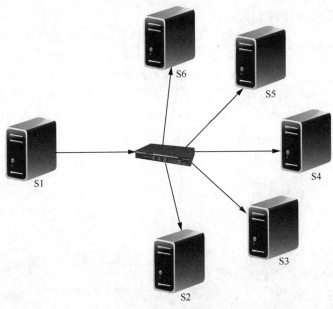

图 12.10 广播消息

下面我们来看如何实现广播通信,所有想接收广播的都为接收端,每台计算机上都可以运行一个接收端用于接收广播消息。对于接收端,如代码清单 12.16 所示,首先创建 DatagramSocket 对象指定监听 8888 端口。然后创建 DatagramPacket 对象用来存放待接收的数据,这里我们使用一个长度为 5 的字节数组来保存数据。接着调用 receive()方法阻塞等待发送端的广播消息,一旦有广播消息就会解除等待并往下继续执行。

代码清单 12.16 广播的接收端

```
1.   public class UDPSocketReceiver {
2.      public static void main(String[] args) {
3.          try {
4.              DatagramSocket ds = new DatagramSocket(8888);
5.              byte[] buf = new byte[5];
6.              DatagramPacket dp = new DatagramPacket(buf, buf.length);
7.              System.out.println("开始等待接收广播数据");
8.              ds.receive(dp);
9.              System.out.println("接收到广播数据:" + new String(buf));
10.             ds.close();
11.         } catch (Exception e) {
12.             e.printStackTrace();
13.         }
14.     }
15.  }
```

在发送端,由于 IP 地址为 192.168.0.100,子网掩码为 255.255.255.0,所以广播地址为 192.168.0.255。广播地址的计算公式为:广播地址 = 网络地址 | (~子网掩码)。然后通过 DatagramPacket 对象将数据、IP 地址和端口都封装起来,并调用 send()方法向该网络中所有机器的 8888 端口发送消息 "hello",所有接收端都将接收到此消息,如代码清单 12.17 所示。

代码清单 12.17 广播的发送端

```java
1.   public class UDPSocketSender {
2.     public static void main(String[] args) {
3.       try {
4.             InetAddress ip = InetAddress.getByName("192.168.0.255");
5.             DatagramSocket ds = new DatagramSocket();
6.             String str = "hello";
7.             DatagramPacket dp = new DatagramPacket(str.getBytes(), str.getBytes().length, ip, 8888);
8.             System.out.println("开始发送广播数据");
9.             ds.send(dp);
10.            ds.close();
11.      } catch (Exception e) {
12.            e.printStackTrace();
13.      }
14.    }
15.  }
```

考考你

- 什么是一对一通信模式？
- 为什么需要广播模式？
- 如何计算广播地址？

动手做一做

自己找两台以上的计算机连接到局域网中，并将示例中的代码部署到所有计算机上运行并成功发送数据。